ZEICHNEN UND Malen

ce, que tu veux –
est dedans

Ich danke Uschi, meiner Frau, ohne deren Hilfe dieses Buch nie entstanden wäre, Professor Rudolph Krchwinkel, Frank Reger, Tom Rummonds und allen Leuten aus dem Verlag, die an diesem Buch mitgearbeitet und mir sehr geholfen haben.

Brian Bagnall

Brian Bagnall

Zeichnen und Malen

FALKEN

Inhalt

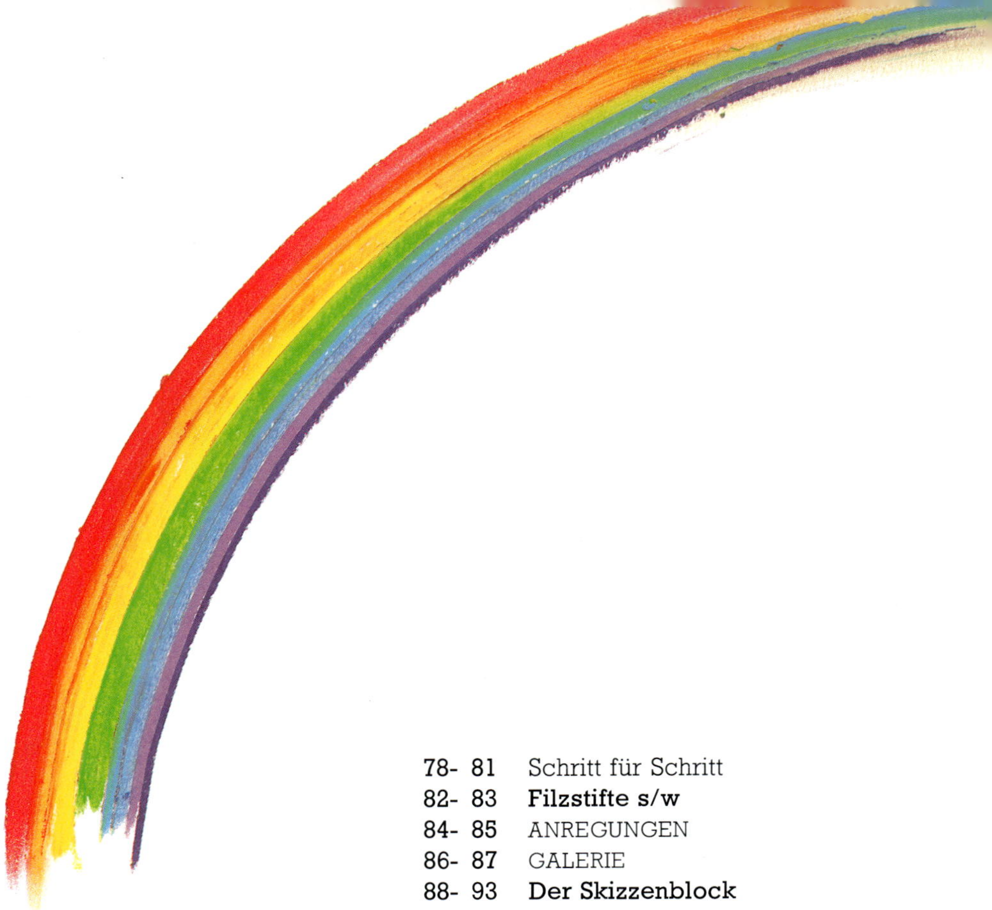

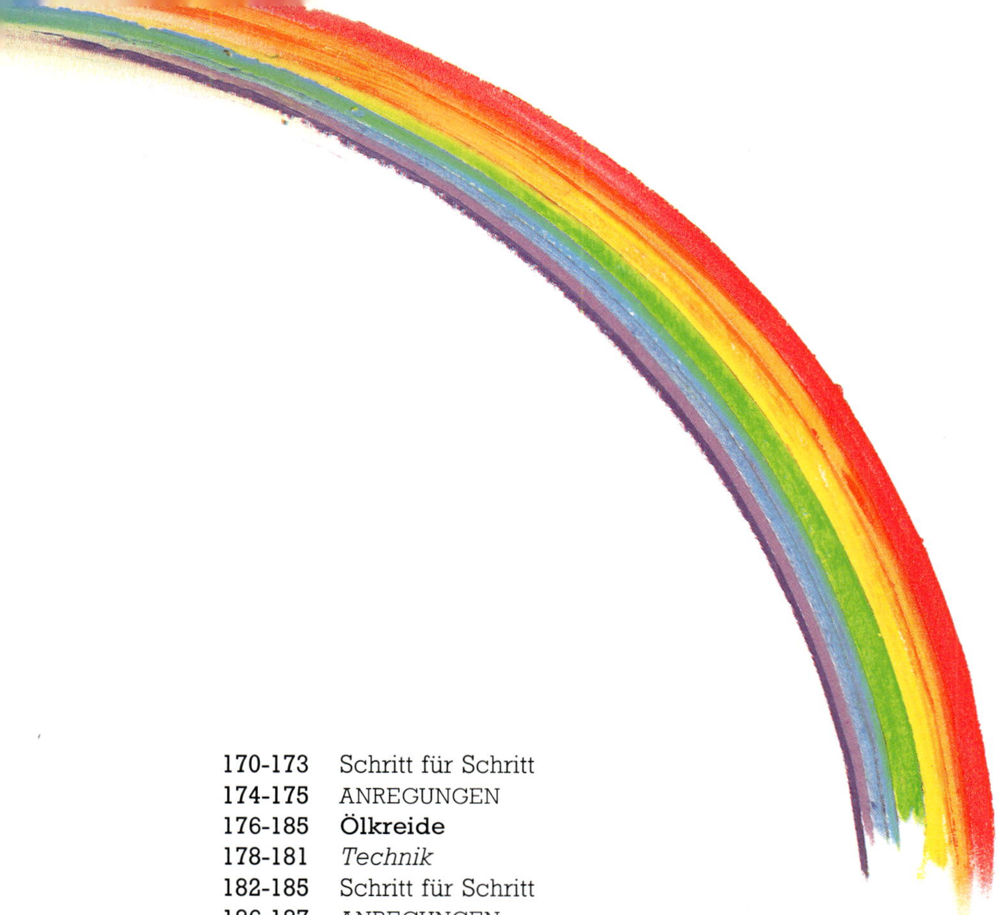

MALEN

SEHEN LERNEN

Malen und zeichnen können – das möchte eigentlich jeder gerne. Nur werden damit oft so große Namen verbunden, daß man vor lauter Respekt gar nicht erst wagt anzufangen. Von Kindheit an wird uns beigebracht, daß Kunst etwas Besonderes ist. Wir stehen andächtig in Galerien oder Museen und denken: »Sowas könnte ich nie.«

Dabei sind gerade Malen und Zeichnen Liebhabereien, die jeder lernen und die sich vor allem auch jeder leisten kann. Man muß sich keine teure Ausrüstung anschaffen, wie zum Beispiel beim Tennisspielen, und dann auch noch für den Platz bezahlen, an dem man arbeitet. Ein Bild kann Postkartenformat haben oder eine ganze Zimmerwand einnehmen, man kann in einem Lokal ebenso zeichnen wie irgendwo unterwegs oder daheim im Wohnzimmer.

Natürlich müssen bestimmte Techniken erst einmal gelernt werden. Das sieht aber schwieriger aus, als es tatsächlich ist. Erst wie jemand mit den verschiedenen Techniken umgeht und wie er seine Fantasie einsetzt, das macht den besseren oder schlechteren Künstler aus.

Die Freude an der Ästhetik, am Schönen sitzt tief in uns allen. Dieses Buch soll zuerst einmal die Scheu nehmen und Mut machen, einfach zu beginnen. Es soll die Angst vor dem weißen Blatt abbauen und davor, etwas »nicht richtig« zu machen; denn Richtig und Falsch gibt es in der Kunst nicht.

Noch bevor die Menschen eine Schrift hatten, malten sie mit primitiven Mitteln und Farben an die Felsenwände der Höhlen. Die Zeichnung war ein wichtiges Kommunikationsmittel, und ihr ist es zu verdanken, wenn wir heute überhaupt etwas über das Leben der ersten Menschen wissen.

Auch Kinder kritzeln schon, bevor sie richtig sprechen können, und einfache Zeichnungen, symbolische Zeichen, geben uns in Ländern, deren Sprache wir nicht verstehen, Hinweise auf Gebäude oder Einrichtungen. Ein Künstler wiederum will durch seine Darstellung seine Eindrücke und Gefühle vermitteln. Die Malereien und Radierungen Francisco de Goyas (spanischer Maler, Radierer und Lithograph; 1746–1828) zum Beispiel zeigen uns deutlich die politische Atmosphäre und das Leben des spanischen Volkes, lange bevor es Fotografie oder gar Film gab.

Wichtig ist aber auch der Spaß am Experiment, am Ausprobieren neuer Methoden, den die Künstler aller Zeiten hatten. Da die Kunst nicht nur eine geistige Beschäftigung ist, sondern auch handwerkliche Fertigkeiten verlangt, kommt man mit schönen Ideen allein nicht weit. So liegt die Substanz eines Künstlers auch in der physischen Arbeit: Ein sanfter oder harter Druck auf den Bleistift, eine heftige oder weiche Pinselbewegung haben die unterschiedlichsten Wirkungen. Ein einziger Strich kann dramatisch sein oder völlig langweilig. Es liegt in der Hand des Zeichners oder Malers, fröhliche oder melancholische Stimmungen entstehen zu lassen. Selbst ein Stilleben kann nach Ermessen des Künstlers düster oder heiter werden.

Zum Zeichnen und Malen gehört auch die Kunst des Sehens. So muß ein Felsen nicht nur ein Stück Stein sein. Zusammen mit seiner Umgebung kann er bedrohlich wirken; jede seiner Seiten hat eine andere Form und Gestalt, Licht und Schatten verändern sein Aussehen; kurz, wer sich mit dem Felsen beschäftigt, wird entdecken, daß da viel mehr zu sehen ist als nur ein Stein.

Schauen Sie sich einmal um, studieren Sie die Welt um sich herum, beobachten Sie die Beziehungen der Dinge zueinander, wie Farben überstrahlen oder wie ein Gegenstand seinen Schatten auf einen anderen wirft. Sie werden feststellen, daß Sie Schönheit in Dingen entdecken, die anderen ganz belanglos erscheinen. Dieses Sehen ist ungeheuer wichtig, wenn Sie ein Bild malen wollen.

Wenn der erste Versuch, eine Landschaft zu malen, unbefriedigend ist, dann hat das meistens zwei Gründe. Der eine ist ungenügende Beobachtung der Landschaft; flüchtiges Hinschauen führt auch zu einem flüchtig gemalten Bild.

Der zweite Grund ist die Wahl des falschen Arbeitsmaterials, das dann das Umsetzen der Landschaft auf Papier erschwert. Auch das hängt wieder mit dem richtigen Sehen zusammen. Wenn man die Natur gut beobachtet, wird man bald auch das geeignete Arbeitsmaterial finden. Ein zarter Sonnenuntergang beispielsweise kann mit dicken, schwarzen Kohlestrichen nicht zart dargestellt werden.

Alle guten Künstler der Geschichte haben gelernt, die reale Welt zu interpretieren. Schauen Sie sich einmal an, wie die alten Meister gesehen, wie sie beobachtet, entdeckt und umgesetzt haben.

Nehmen wir zum Beispiel Vincent van Gogh (niederländischer Maler; 1853–1890) und seine Zypresse (Seite 289). Es handelt sich um einen ganz einfachen Baum in einer Landschaft, der auf einem Foto vermutlich nicht besonders eindrucksvoll aussähe. Die Art und Weise aber, wie van Gogh diesen Baum gesehen hat, macht ihn einmalig. Er gibt dieser friedlichen Szene eine Atmosphäre der Kraft, das Bild hat Harmonie und Rhythmus. Die einfache Zypresse, die jemand anderem still oder belanglos erschienen wäre, wird bei van Gogh zu einem bewegten Wesen, das sich bemüht, den Himmel zu erreichen.

»Schauen« ist notwendigerweise noch lange nicht gleichbedeutend mit »sehen«. Sie werden überrascht sein, was Sie alles wahrnehmen werden, wenn Sie anfangen zu malen und zu zeichnen. Vielleicht werden Sie feststellen, daß Sie manche Dinge eigentlich jetzt zum ersten Mal richtig sehen.

Ich hoffe, daß Ihnen dieses Buch bei all dem helfen wird. Sie sollen jedoch nicht nur ein bißchen etwas über die einzelnen Techniken lernen, sondern auch angeregt werden, mit Ihrem Arbeitsmaterial zu spielen, es für sich selbst auszuprobieren, da die Möglichkeiten der einzelnen Medien gar nicht alle aufgezeigt werden können. Sie bekommen Anregungen für Ihre eigene Motivsuche, da es oft passiert, daß man vor dem Aquarellkasten sitzt und ein Bild malen möchte, aber einfach nicht weiß, was man nun malen soll. Vor allen Dingen aber möchte ich Ihnen den Spaß, die Freude vermitteln, die Sie beim Zeichnen und Malen empfinden werden.

Nicht nur ein gelungenes Bild befriedigt den angehenden Künstler, sondern schon allein die Tatsache, sich sinnvoll beschäftigt zu haben. Lassen Sie sich also auch von den Experimenten anregen, die ich Ihnen auf den letzten Seiten zeige. Da werden Techniken gemischt, fremdes Material kommt dazu. Toben Sie sich einmal richtig aus, und vergessen Sie jegliches »Aber-das-kann-man-doch-nicht-Machen«!

Malen und zeichnen bedeuten uneingeschränktes Vergnügen, bei dem alles erlaubt ist, was die Fantasie bietet. Was kann schon passieren? Sie müssen höchstens einmal ein Blatt wegwerfen.

Georges Braque (französischer Maler und Graphiker; 1882–1963) hat in diesem Zusammenhang gesagt: »Ich weiß vorher nie, wie ein Bild werden wird, das ich in Angriff nehme. Es ist jedes Mal ein Abenteuer. Zwar gibt es wohl eine Anfangsidee, aber diese dient nur als Ausgangspunkt. Von ihr soll möglichst wenig übrigbleiben. Sie ist nur etwas Halblebendiges. Aber ich bin nicht eigentlich ein revolutionärer Maler. Die Inbrunst genügt mir.«

Wer einmal die verschiedenen Techniken beherrscht, erlebt eine neue Dimension, sich anderen mitzuteilen. Den Spaß daran soll dieses Buch vermitteln.

Grundformen

Vielleicht fragen Sie sich, wieso man das Sehen erst lernen muß. Natürlich „sieht" man; doch was jeder einzelne sieht, ist sehr unterschiedlich. Das Sehen ist natürlich besonders wichtig, wenn Sie zeichnen wollen. So entdeckt der eine beispielsweise Formen in einem Baum, die einem anderen gar nicht auffallen. Man kann bei einem Baum – um bei dem Beispiel zu bleiben – nicht links oben anfangen und dann der Reihe nach alle Äste und Blätter abzeichnen. Zuerst muß die Grundform des Baumes erkannt und dann auf das Papier übertragen werden. Mit ein bißchen Übung und, wie ich hoffe, mit Hilfe dieses Buches, werden Sie bald einen Sinn dafür bekommen.
Versuchen wir zuerst herauszufinden, wie vielfältig man seine Augen überhaupt benützen kann. Sie werden sich wundern, wie anders Sie Ihre Umgebung sehen werden. Beginnen wir mit den einfachen Formen: Kreis, Dreieck, Viereck und Oval. Schauen Sie sich einmal um! Ob beim Einkaufen oder beim Zahnarzt, beim Sport oder beim Autofahren – immer und überall werden Sie diesen Formen begegnen. Egal wie kompliziert ein Objekt auf den ersten Blick aussehen mag, es läßt sich auf diese Grundformen reduzieren. Die Zeichnung von Paul Klee ist ein gutes Beispiel dafür.

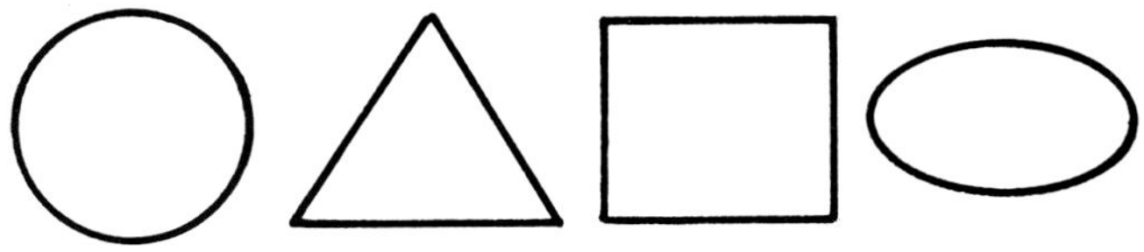

»The great dome 1927«, Stiftung Berne Paul Klee

Besonders Kinder erkennen problemlos die Grundformen. Völlig ungeniert wird da der Baum zu einem Kreis mit länglichem Viereck als Stamm oder die Mutter zu einem Dreieck mit einem Kreis als Kopf.

Beim ersten Hinschauen ist hier ein Baum mit Haus abgebildet. Wenn Sie aber genauer hinsehen, sind da ein Kreis, zwei Vierecke, ein Dreieck usw. zu erkennen. Natürlich sind diese Grundformen nicht immer so eindeutig. Oft werden sie auch kombiniert oder gehen ineinander über. Schatten und Tonabstufungen sind noch nicht so wichtig, damit beschäftigen wir uns später. Von Bedeutung ist, daß Sie Ihr Auge dazu erziehen, spontan Grundformen zu erkennen. Nehmen Sie – wie ich hier – einen weichen Bleistift (2B oder 4B), und versuchen Sie, die Grundformen so zu kombinieren, daß verschiedene einfache Landschaften entstehen.

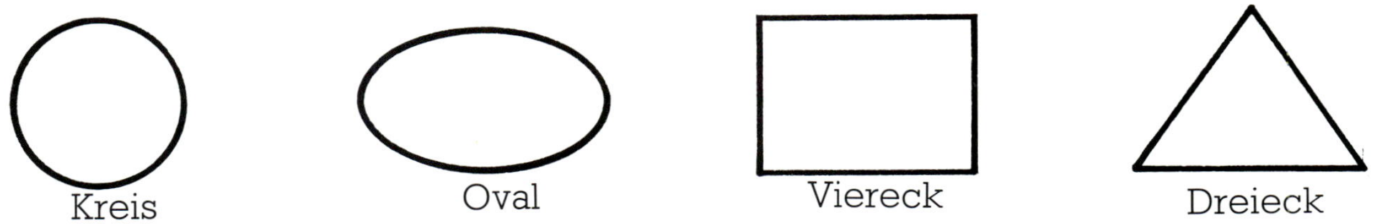

Diese Grundformen werden Sie in nahezu allen Objekten wiederfinden, sobald Sie sich diese flach vorstellen. So steckt der Kreis in der Kugel, das Oval im Zylinder, das Viereck im Würfel und das Dreieck im Kegel. Schauen Sie sich einmal um, wo sie diese Formen wiederfinden können. Sehen Sie sich Obst an, Schränke, Geschirr und Häuser, aber auch Berge, Pflanzen, Seen usw.

Jedes Objekt hat eine Grundform, aber nicht jede ist sofort zu erkennen. Vielleicht hat ein Kegel keine Spitze oder ein Kreis eine Delle, doch sobald wir die Form mit dem Auge ergänzen, erhalten wir wieder die Ausgangsform. Reduziert man ein Objekt auf seine Grundform, läßt es sich auch einfacher zeichnen.

Wir können zunächst diese Grundform festlegen und dann die notwendigen Details, wie Licht und Schatten, Farben, Schraffuren oder was auch immer dem Objekt sein typisches Aussehen gibt, wieder hinzufügen. Am Anfang ist es jedoch nicht erforderlich, daß Sie sich um solche Einzelheiten kümmern. Schauen Sie sich Gegenstände Ihrer Umgebung und deren Grundformen an. Fassen Sie sie ruhig an, erfühlen Sie die Form ein bißchen. Nehmen Sie dann einen Block und einen Bleistift, und versuchen Sie, diese Gegenstände schnell zu skizzieren. Beginnen Sie mit einfacheren Formen, beispielsweise einem Stuhl oder einer Flasche. Nach einiger Übung können Sie es dann mit schwierigeren Dingen probieren, wie z.B. dem Telefon oder einer Kamera.

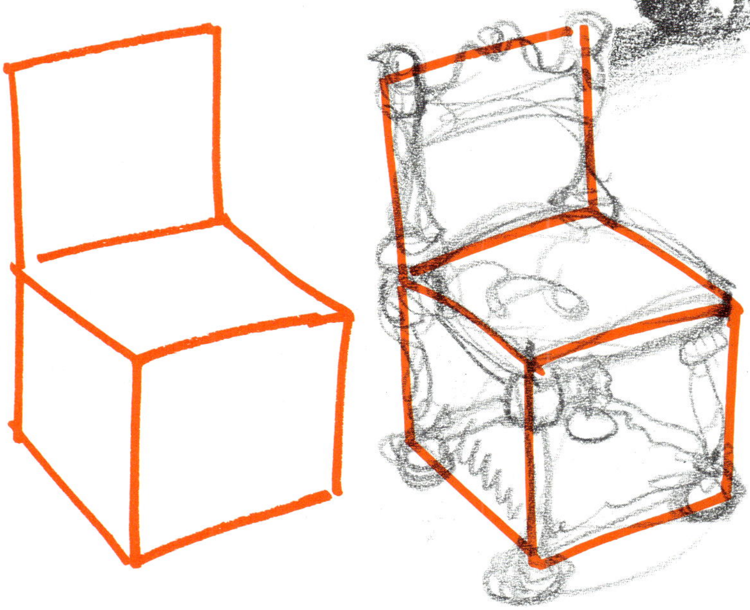

Dieser verschnörkelte Stuhl besteht ausschließlich aus Vierecken bzw. Würfeln. Um seine Proportionen festzuhalten, wird erst die Grundform skizziert, dann kommen die Details dazu.

Wenn Sie nun kein einfaches Objekt, sondern beispielsweise eine Landschaft zeichnen wollen, können Sie natürlich nicht alles, was Sie sehen, in Grundformen auflösen. Sie müssen sich zuerst für den Teil der Landschaft entscheiden, der Ihnen am besten gefällt. Wenn Sie dann einen Ausschnitt festlegen, brauchen Sie keine Angst zu haben, störende Dinge, wie zum Beispiel einen Telegrafenmast, einfach wegzulassen. Wichtig ist ausschließlich das, was Sie persönlich wiedergeben wollen. Setzen Sie nun Ihren Ausschnitt in Grundformen um, und bauen Sie dann darauf Ihr Bild auf.

Gerade bei komplizierten Motiven hilft eine Vereinfachung sehr. An diesem Dorf haben mich die Dächer am meisten gereizt. In meinen Ausschnitt habe ich dann zusätzlich nur noch die Lampe einbezogen, weil sie als Vordergrund dem ganzen Bild mehr Tiefe gibt. Auf dieser Basis läßt es sich nun leicht weiterarbeiten, gleichgültig ob ein Ölbild daraus werden soll oder Buntstifte benützt werden.

Komposition

Diese Feder- und Tusche-Zeichnung stammt aus meinem Skizzenblock. Es ist der erste Entwurf für ein späteres Bild, durch den ich die Komposition schon festgelegt habe.
Das Diagramm zeigt vereinfacht den dreiteiligen Bildaufbau. Das Schwergewicht liegt bei Teil zwei auf den Häusern. Während der Blick in diesem zentralen Teil eigentlich aus dem Bild geführt wird, hält er bei den Häusern an und kehrt somit wieder nach vorne in das Bild zurück, wie der Pfeil zeigt.

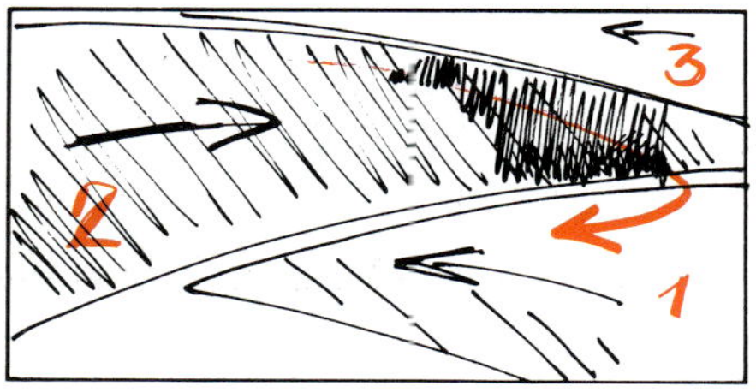

Bei der Gestaltung eines Bildes ist die Anordnung, die Komposition der einzelnen Bildelemente besonders wichtig.
Betrachten wir als erstes einmal die Anordnung von Formen oder Dingen in einem begrenzten Raum. Wenn Sie – um ein einfaches Beispiel zu nehmen – einen Stuhl, einen Tisch und einen Schrank in ein leeres Zimmer stellen sollen, kommen rein gefühlsmäßig nur ganz bestimmte Zusammenstellungen in Frage, bei denen das Arrangement dieser Möbelstücke Ihnen das Gefühl von Harmonie vermittelt. Sie fühlen sich wohl, wenn Stuhl, Tisch, Schrank und die leeren Teile des Raumes zueinander passen.
Bei den hier gezeigten Beispielen fällt die Anordnung von schwarzen und weißen Flächen besonders ins Gewicht.

Links eine Schwarzweiß-komposition von Ursula Bagnall. Der Kontrast zwischen den schwarzen und den weißen Flächen wurde sorgfältig geplant, die negativen Flächen haben die gleiche Wichtigkeit wie die positiven.

Boris Sajtinacs Komposition (unten) ist in zwei fast gleiche Hälften geteilt, wobei der Verlauf der Tonwerte die Balance schafft. Durch die immer kleiner werdenden Zahlen, den dunklen Vordergrund und den hellen Hintergrund entsteht der Eindruck von Tiefe, von Entfernung.

Aubrey Beardsley (englischer Zeichner und Illustrator; 1872-1898) war ein exzentrischer Künstler. Am bekanntesten sind seine Zeichnungen mit den stark kontrastierenden Schwarzweißflächen sowie den schwungvollen Linien und Strukturen. Das Gleichgewicht von negativen und positiven Flächen ist genauestens geplant und durchdacht, die betonte Außenlinie ist kombiniert mit der starken Schwarzfläche wichtiger Bestandteil der Komposition. Linien, Formen und Flächen machen die Darstellung zu einer abstrakten Dekoration.

Diese Zeichnung von Früchten zeigt, wie verschiedene Tonwerte das Grundmuster einer Komposition ergeben. Später in diesem Kapitel werden wir sehen, wie wichtig die Tonabstufung für die Tiefe eines Bildes ist.

Eine einfache Komposition beginnt mit der Anlage der positiven und negativen Flächen in einem vorgegebenen Raum. Irgendein Raum, eine Begrenzung, wird immer gegeben sein: Ihr Blatt Papier, der Zeichenblock, eine Leinwand oder eine Rahmenlinie, die Sie selbst auf dem Papier ziehen. In dieser Begrenzung also müssen Sie nun Ihre Bildelemente unterbringen, und zwar so, daß Sie Ihre Idee besonders gut verdeutlichen. Schon allein die Art der Komposition kann ein Bild aggressiv oder ruhig machen, langweilig oder bewegt. Ein Gegenstand kann in einer Fläche vollkommen verloren oder durch übertriebene Größe beängstigend wirken. Für die Komposition als solche ist die Technik unwichtig. Ob Sie Bleistift oder Ölfarben benützen, das Verhältnis der Flächen zueinander muß immer stimmen. Zweiffellos braucht man einige Übung, um das in den Griff zu bekommen. Schauen wir uns einmal anhand von einfachen Beispielen die unterschiedlichen Wirkungen von Flächen aufeinander an. Nicht nur die positive Form, also der Gegenstand, den wir abbilden, ist wichtig, ebenso wichtig sind die ihn umgebenden leeren Flächen.

Wir haben hier also nicht nur einen Apfel, sondern zusätzlich noch eine leere Fläche.

Sehen Sie sich nun diese drei Bilder an. Was empfinden Sie?
Bei diesem Bild fühlt man sich irgendwie nicht wohl. Der Apfel sitzt unharmonisch in der falschen Ecke.

Hier fällt er nach unten und man sieht eigentlich nur den leeren Raum, der zum wichtigsten Bildteil wird.

Nun steht der Apfel in ausgewogenem Verhältnis zu der ihn umgebenden Fläche. Form und Flächen wirken harmonisch.

Jetzt verändern wir die Größen. Der kleine Apfel scheint in dem großen Raum zu schweben.

Machen wir ihn aber groß und dick, scheint er in den Rahmen eingeklemmt, er dominiert. Dieser Effekt entsteht nicht nur durch die schwere, schwarze Form, sondern auch durch die sie umgebenden Flächen.

Drehen wir das Ganze um, sehen Sie deutlich, daß die den Apfel umgebenden Flächen auch eine eigene Form haben.

Stellen wir ausschließlich gleiche Formen nebeneinander, so entsteht der Eindruck eines Musters. Auch hier ergeben die positiven Formen gleichzeitig negative.

Verändern wir aber die Größen, ändert sich die gesamte Aussage, die negativen Formen werden sehr viel komplizierter. Die Formen beeinflussen sich gegenseitig: Der große Apfel wirkt näher als der kleine.

Die drei Figuren (1, 2 und 3) aus Papier ausschneiden und durch unterschiedliche Anordnungen mehrere Kompositionen auslegen.

Ein Gefühl für die Komposition eines Bildes, für seinen bildnerischen Aufbau, für das Verhältnis der Flächen und Formen zueinander, für die durch sie entstehenden Bewegungen und Gegenbewegungen bekommt man nicht von heute auf morgen.
Auch hier bedarf es der Übung und des Experimentierens. Instinktiv werden Ihnen später »schlechte« Kompositionen unangenehm werden, auch wenn Sie vielleicht nicht genau sagen können warum. Sie werden dann manchmal nach Beendigung eines Bildes feststellen, daß die Komposition stimmt, ohne daß Sie besonders viel darüber nachgedacht haben.
Diese beiden Seiten sollen Ihnen das Üben erleichtern. Wir nehmen wieder unseren Apfel und dazu eine Serviette. In diesen vier Bildern habe ich nur die negativen und die positiven Flächen verändert. Variieren Sie jetzt auch noch die Größen, wächst die Zahl der Möglichkeiten. Nehmen Sie ein Stück Papier und probieren Sie es einmal aus!
Anhand dieser einfachen Formen sehen Sie – bei immer gleich bleibenden Größen – wie nicht nur durch Verschieben der Teile die Aussage eines Bildes verändert werden kann.
Wann ist der Apfel weiter weg? Wann liegt er im Vordergrund?
Wo ist der Hintergrund wichtiger als der Vordergrund?
Erscheint Ihnen der Apfel vielleicht als Loch, schwebt oder liegt er? Lassen Sie die Abbildungen in Ruhe auf sich wirken.
Welche Komposition gefällt Ihnen, welche nicht? Überlegen Sie auch, warum!

Spielen Sie zuerst mit diesen Objekten, dann mit anderen. Fangen Sie aber mit einem einfachen Motiv an, es genügt zum Beispiel ein Haus mit zwei Bäumen. Allein durch die Verschiebung der Größen verändert sich die Aussage. So kann ein riesiger Baum das Haus bedrohen, ein kleiner weit entfernt sein, das Haus kann aber auch ganz nah bei einem Baum stehen, während der andere im Hintergrund liegt. Runde Objekte wirken im Kontrast zu eckigen weicher, Zacken aggressiver als Wellen.
Gehen Sie nicht mit einer festen Vorstellung vom fertigen Bild an die Arbeit. Skizzieren Sie verschiedene Größen und Formen, verschiedene negative und positive Flächen, um die unterschiedlichen Aussagen kennenzulernen.
Wenn Sie dann die folgenden Seiten über Grauwerte gelesen haben, probieren Sie die gleichen Übungen noch einmal und variieren auch die Grautöne. Sie werden erstaunt sein, wie stark sich der Ausdruck der Kompositionen wieder verändert.
Die Frage der Komposition begleitet Sie auch in vielen Bereichen des täglichen Lebens, wie zum Beispiel bei der Einrichtung eines Wohnraums oder der Bepflanzung eines Gartens. Ein Gefühl für Komposition liegt tief in uns allen, wir müssen nur lernen, damit umzugehen und es anzuwenden.

Versuchen Sie, diese einfachen Formen miteinander zu kombinieren. Es spielt dabei keine Rolle, daß eine Tasse in Wahrheit viel kleiner ist als ein Baum. Steht sie im Vordergrund, wirkt einfach der Baum weiter entfernt. Was machen Sie daraus?

Sehen wir uns einmal an, welche unterschiedlichen Wirkungen einfache Linien auf Flächen haben. Die einfache Spirale wirkt ruhig und ebenmäßig. Rechts dagegen entsteht durch das Verschieben der Linien eine Unruhe, es wird Spannung erzeugt.

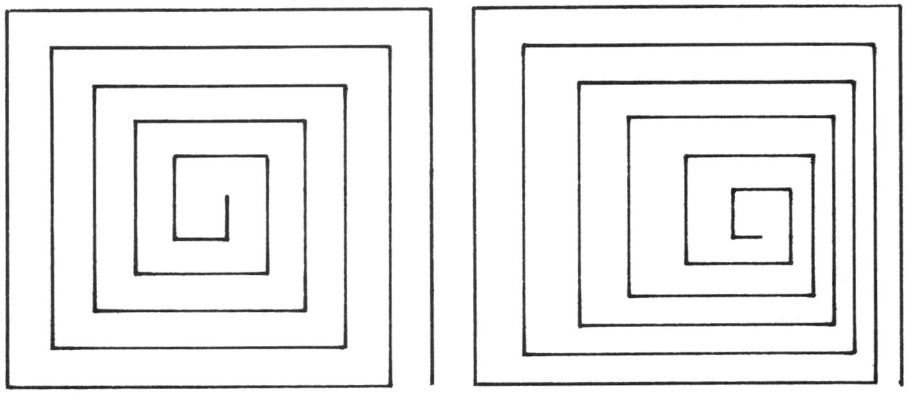

Auch hier sind die Flächen zuerst ruhig und ausgeglichen, zwischen den einzelnen Formen herrscht keine Spannung. Durch das Verschieben der Proportionen aber entstehen Spannung und Tiefe. Der Mittelteil wurde übrigens nur verschoben, nicht aber in seiner Größe verändert.

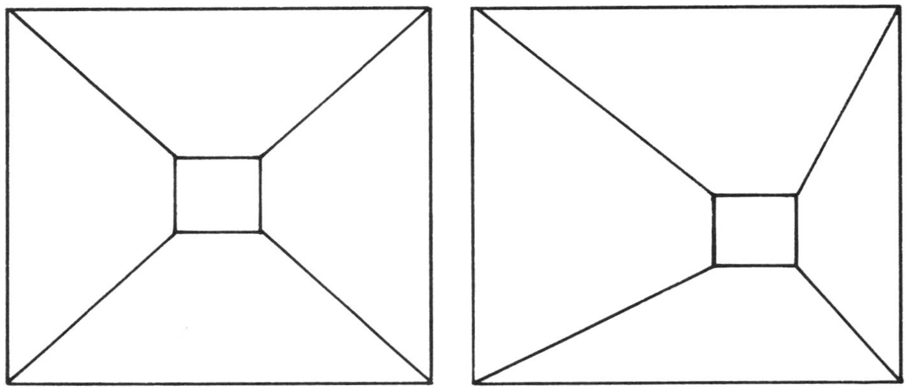

Ruhe **Spannung**

Ganz leicht kann dieses Vorgehen auch bei einem Landschaftsbild eingesetzt werden. Hier habe ich einfach einen Baum in eine Landschaft gestellt. Links gibt die Anordnung von Baum und Horizont das Gefühl von Ruhe, man kann sich ausruhen und atmen. Rechts dagegen entsteht Spannung, man bekommt das Gefühl von Tiefe, die Ruhe ist der Spannung gewichen.

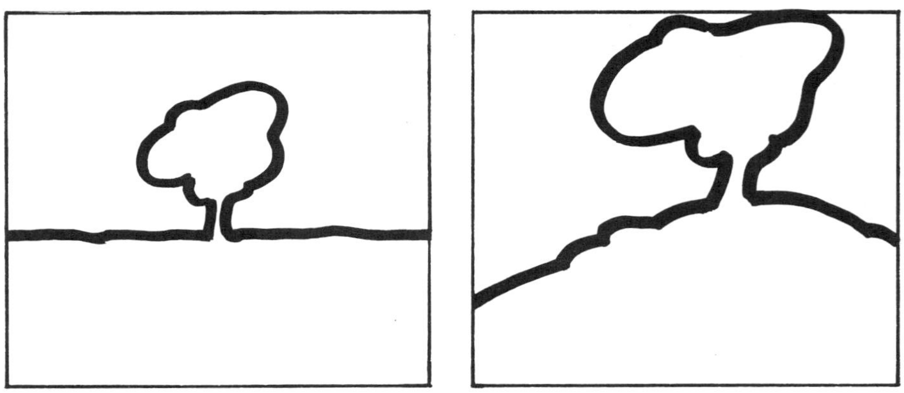

Zur Aufteilung der Flächen kommen nun die Grauwerte, mit denen sich Tiefe und Stimmungen ausdrücken lassen. Viele Menschen aber sehen nur die hellen und die dunklen Töne, die vielen Zwischentöne werden oft nicht registriert. Eine gute Übung, um das Auge zu schulen, ist das Anlegen einer Grauskala; es hilft Ihnen, die verschiedenen Nuancen von ganz dunkel bis ganz hell zu erkennen.

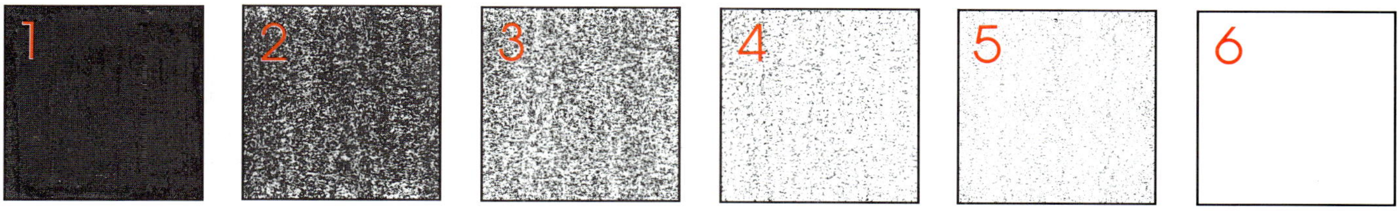

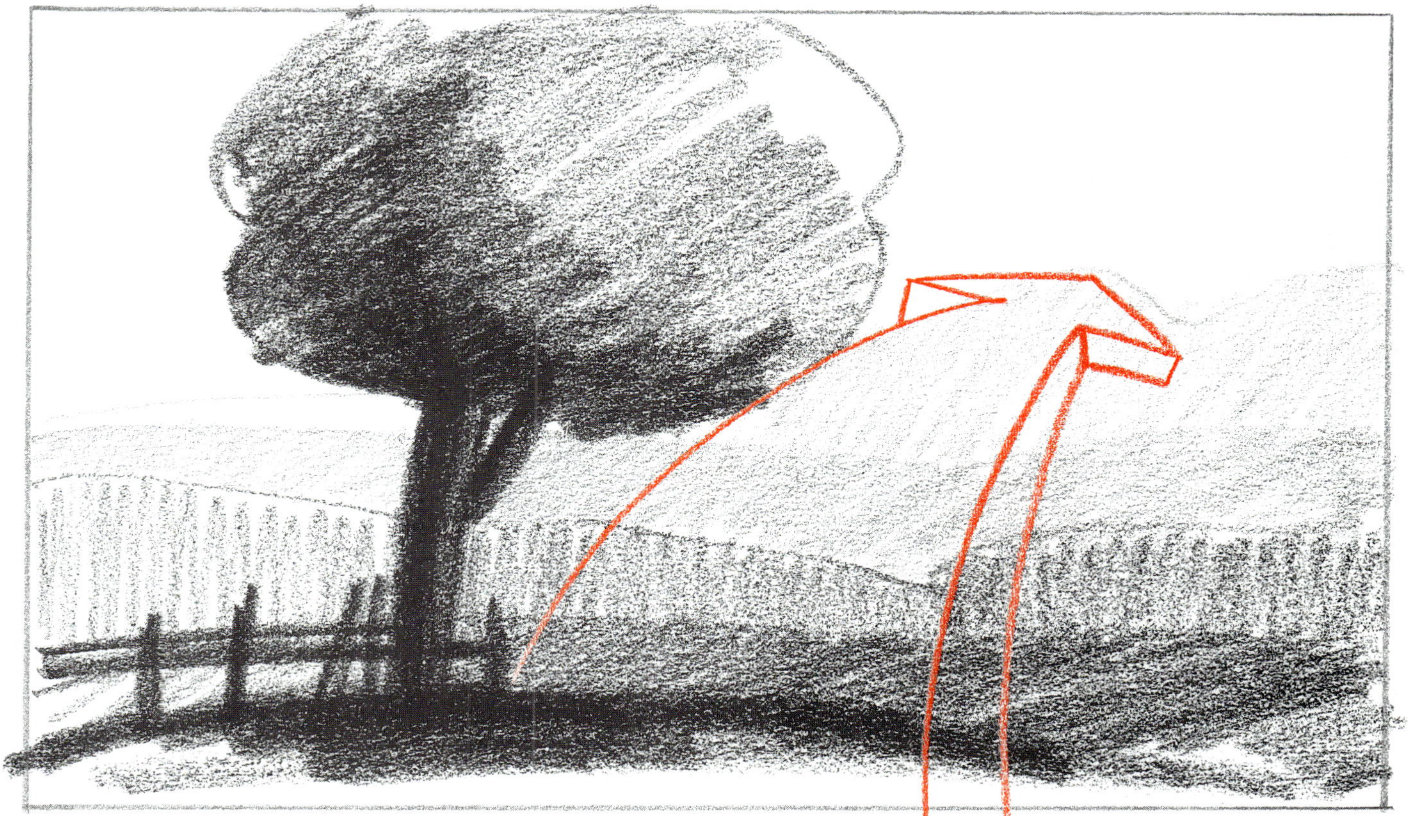

Versuchen Sie einmal, die Grautöne in verschiedenen Techniken herzustellen (Tusche, Bleistift, Kohle usw.). Nicht nur bei Schwarz und Weiß entstehen Tonnuancen. Auch oder gerade bei Farbe sind sie sehr wichtig, um Tiefe in ein Bild zu bringen.
Objekte, die Sie in der Ferne sehen, wirken nicht nur kleiner, sondern auch grauer, dunstiger und weniger detailliert als die Objekte, die direkt um Sie herum sind. Sie werden verschwommener und weicher durch die Luft, die sich zwischen Ihnen und den entfernteren Objekten befindet. Bei diesem Beispiel bin ich bei sechs Grautönen geblieben. Sie sehen, wie dunkel der nahe Baum ist, die Hügel im Hintergrund werden immer heller.

Finden Sie alle Tonwerte der Skala in diesem Bild wieder? Zum Vergleich haben Sie hier das Diagramm.

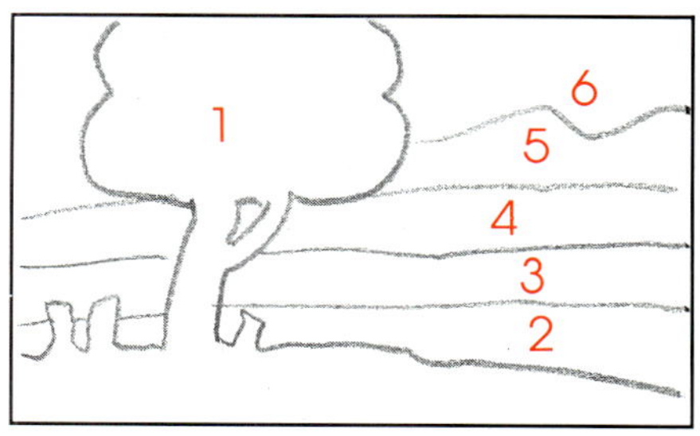

Nehmen wir noch einmal unseren Apfel. Sie sehen deutlich, wie allein durch unterschiedliche Grauwerte der vordere Apfel näher rückt und sich der hintere entfernt.

Wenn wir von Tonwert sprechen, ist damit immer die Helligkeit oder Dunkelheit von Farbtönen gemeint. Weiß ist der hellste Wert, Schwarz der dunkelste. Sie werden feststellen, daß alles, was Sie sehen, seinen eigenen Farbwert hat. Trainieren Sie Ihre Augen, die verschiedenen Farbnuancen zu erkennen. Schauen Sie sich einmal Ihre Umgebung an, und vergleichen Sie die Farbwerte miteinander. Stellen Sie fest, ob ein Objekt heller oder dunkler ist als seine Umgebung. Ist das glitzernde Meer heller oder dunkler als der sonnige Himmel? Ist eine weiße Möwe heller als der Himmel oder eher dunkler? Durch unterschiedliche Farbwerte heben sich Objekte voneinander ab, auch Stimmungen lassen sich durch feine Farbnuancen verändern. Aus diesen Gründen ist es sehr wichtig, sich mit den Farbwerten vertraut zu machen. Erinnern Sie sich an die Äpfel von Seite 18/19? Nun setzen wir unsere sechs Grautöne dazu, verändern die Größen, und schon entstehen Spannung und Tiefe in dem Bild.

Bevor Sie weiterlesen, würde ich Ihnen raten, mit diesen Grauwerten und den Äpfeln zu spielen und zu experimentieren. Machen Sie Skizzen von verschiedenen Zusammenstellungen und unterschiedlichen Größen. Mit solchen kleinen Arbeiten trainieren Sie das Sehen und entdekken außerdem die Tonwerte Ihrer Umgebung.

Eine interessante Komposition entsteht nicht einfach, man muß schon eine Weile herumprobieren und verschiedene Aufteilungen versuchen. Üben Sie mit den Grundformen, arrangieren Sie sie in allen möglichen Anordnungen, und setzen Sie Grauwerte dazu. Bald werden Sie selbst ein Gefühl dafür bekommen, was harmonisch wirkt und was nicht. Ich möchte hier auch gleich erwähnen, wie wichtig es für eine Komposition ist, zuerst Skizzen zu machen, bevor man sich an das endgültige Bild begibt. Es genügen kleine Skizzen, in denen die Bildelemente verschieden angeordnet sind und die Tonwerte in groben Zügen festgelegt werden. Wenn Sie auf diese Art und Weise vorgehen, wird Ihnen das bei der Konstruktion des Bildes sehr helfen.

Die Beispiele oben sollen Ihnen zeigen, wie solche schnellen und einfachen Skizzen aussehen können, bei denen nur Formen und Töne festgehalten sind. Die Entwürfe helfen Ihnen, sich für die beste Komposition zu entscheiden und somit die beste Lösung für Ihr späteres Bild zu finden. Wenn Sie zuerst in solchen Skizzen denken, werden Sie bald sicherer werden, wenn Sie ein Bild anfangen und eine Komposition festlegen.

»Goldener Schnitt«

Die Regel des Goldenen Schnitts wurde und wird häufig in der Kunst angewendet. Mit ihr glaubte man fälschlich, eine Gesetzmäßigkeit der Idealproportionen gefunden zu haben, die allen Naturformen zugrunde liegt.
Tatsächlich erfüllt der »Goldene Schnitt« bei der Mehrzahl der Betrachter die gestellten ästhetischen und harmonischen Forderungen.
Was versteht man nun unter dem »Goldenen Schnitt«? Er ist die Teilung einer geraden Linie von begrenzter Länge durch einen Punkt in zwei ungleiche Teile, wobei sich der kleinere Teil zum größeren verhält wie der größere Teil zur gesamten Länge der ungeteilten Strecke. Da der »Goldene Schnitt« in ganzen Zahlen nur unvollkommen auszudrükken ist, empfiehlt es sich, ihn von Fall zu Fall geometrisch zu konstruieren.

*Sie können nun sehen, wie diese geometrische Theorie in einem Aquarell angewendet wurde.
Die Linien zeigen Ihnen genau, wo der Goldene Schnitt hier liegt.*

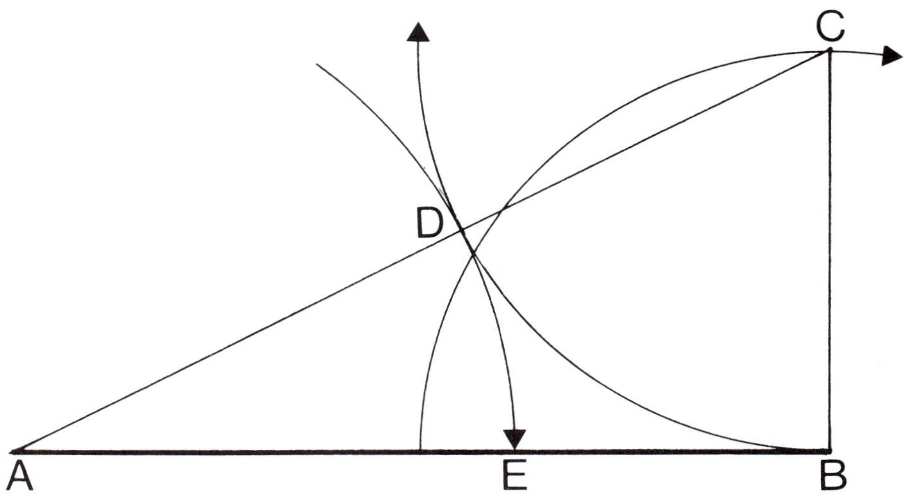

So sieht dann die Teilung einer Geraden AB nach dem »Goldenen Schnitt« durch Punkt E aus: Im Punkt B errichtet man eine Senkrechte, deren Höhe aus der Hälfte von AB besteht. Deren Endpunkt C wird mit Punkt A verbunden. Auf dieser Geraden AC ist Punkt D zu bestimmen, indem man die Strecke BC mit einem Zirkelschlag um C auf AC abträgt. Nun einen Zirkelschlag um Punkt A durch Punkt D auf die Strecke AB, und wir erhalten Punkt E.

Zur Unterteilung eines Rechtecks sähe diese Methode wie folgt aus: Die Seite AB wird harmonisch durch die Punkte a und b geteilt. Dann teilen wir die Seiten CD in c und d, die Seiten AD in g und h, die Seiten BC in e und f.
Die Verbindungen ad, bc, eg und fh werden als »Goldene Linien« be-

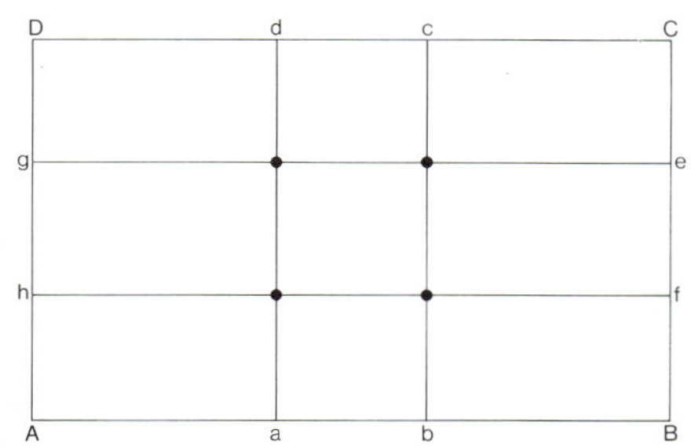

zeichnet. Ihre Schnittpunkte nennt man die »Goldenen Punkte«. Beide sind für den Bildaufbau von besonderer Bedeutung, wobei den Linien eine anordnende Teilung der Fläche zukommt, während sich an den Punkten Farbflecke oder Gegenstände befinden können, die den Ausdruck des Bildes beeinflussen.

»Le Port de Courbevoie« (Originalgröße 457 x 546 mm) ist eines von diesen, in pointillistischer Manier gemalten Bildern, deren vertikale und horizontale Aufteilungen dem »Goldenen Schnitt« entsprechend geplant sind.

Georges Seurat (französischer Maler; 1859–1891) war ein Künstler, der seine Bilder geometrisch aufbaute. Durch Skizzieren nach der Natur sammelte er lediglich Anregungen und Informationen, die er dann im Atelier für seine Bilder auswertete. Viele seiner Kompositionen sind beispielhaft für die klassische Anwendung des »Goldenen Schnitts«, wie diese beiden Abbildungen besonders deutlich zeigen.

»Une Dimanche d'Eté à l'Ile de la Grande Jatte« (Originalgröße 210 x 288 mm). Für dieses Bild hat Seurat ungefähr 62 Skizzen und Farbkompositionen angefertigt.
Ein Beispiel für die Genauigkeit und die Exaktheit der Komposition ist die Position des Schmetterlings über dem schwarzen Hund. Er flattert präzise über einem der »Goldenen Punkte«.

Perspektive

Es ist notwendig sich ein bißchen mit der Perspektive zu befassen, damit beim Zeichnen und auch beim Malen die Figuren und Formen richtig »stehen«.
Die Perspektivkonstruktion hilft uns, die Illusion räumlicher Tiefe auf einem Bild zu vermitteln. Hierbei unterscheiden wir zwischen der Parallelperspektive und der Fluchtpunktperspektive.
Lassen Sie sich jedoch auf keinen Fall von der Perspektive beherrschen – zu leicht geht vor lauter »Richtigmachen-Wollen« die Spontanität einer Zeichnung kaputt.

Parallelperspektive

Die einfachste Form der räumlichen Darstellung ist die Parallelperspektive. Alle Linien verlaufen parallel zueinander, wobei sich die Grundebene, auf der ein Körper steht, schräg zur Blickrichtung des Betrachters verhält.
Mit anderen Worten, wir betrachten den Körper von schräg oben, wobei immer drei Seiten eines rechteckigen Körpers gleichzeitig sichtbar sind.
Es gibt eine Reihe von Methoden, einen Körper in der Parallelperspektive darzustellen, von denen jede ihre eigenen Gesetze hat. Drei der gebräuchlichsten seien hier genannt:
1. Isometrie
2. Kavalierperspektive
3. Militärperspektive
Bei der Isometrie (1) werden die Maße auf den Hauptachsen übernommen und im Winkel von 30 Grad nach den Seiten abgetragen. Die Kavalierperspektive (2) ist eine häufig angewandte Frontalperspektive. Hier wird die interessanteste Fläche eines Gegenstandes oder eines Hauses in den Originalmaßen frontal übernommen, die beiden anderen noch sichtbaren Seiten werden um die Hälfte verkürzt in einem Winkel von unter 45 Grad zur Waagerechten gezeichnet.
Bei der Militärperspektive (3) übernimmt man den unveränderten Grundriß und dreht ihn in einem beliebigen Winkel zur Waagerechten. Die Senkrechten werden parallel zueinander gezeichnet, und zwar im Winkel von 90 Grad zur Waagerechten sowie um ein Drittel verkürzt.

Fluchtpunktperspektiven

Die Linien eines rechteckigen Körpers, in der Parallelperspektive parallel laufend, treffen sich bei der Fluchtpunktperspektive verlängert in einem gedachten Punkt auf der Horizontlinie, die auch von Fall zu Fall eine gedachte Linie sein kann, denn nur auf absolut ebenem Gelände, auf dem Meer oder auf dem Flachland, erscheint sie nicht als Trennlinie zwischen Himmel und Erde. Nur dort können wir beobachten, wie sich zwei parallel zueinander laufende Linien scheinbar in einem Punkt vereinen, wie Breiten und Höhen sich für unser Auge verkleinern und zu einem Punkt schrumpfen: dem sogenannten Fluchtpunkt. Man spricht hierbei von einer Zentralperspektive.
Sind nun diese Linien für uns in der Natur nicht alle sichtbar, müssen wir sie als Hilfslinien (Fluchtlinien) in unseren Bildentwurf einzeichnen. Sie helfen uns, auf der zweidimensionalen Ebene unseres Zeichenblatts die Illusion eines dreidimensionalen Raums zu schaffen.
Je nachdem, wie sich die abzubildenden Gegenstände oder Bauwerke in ihrer Lage zu uns befinden, muß man mit einem oder mehreren Fluchtpunkten arbeiten, dabei bleibt aber immer die Horizontlinie konstant auf Ihrer Augenhöhe oder auf der des eingezeichneten Betrachters, gleich ob Sie stehen, sitzen oder liegen.

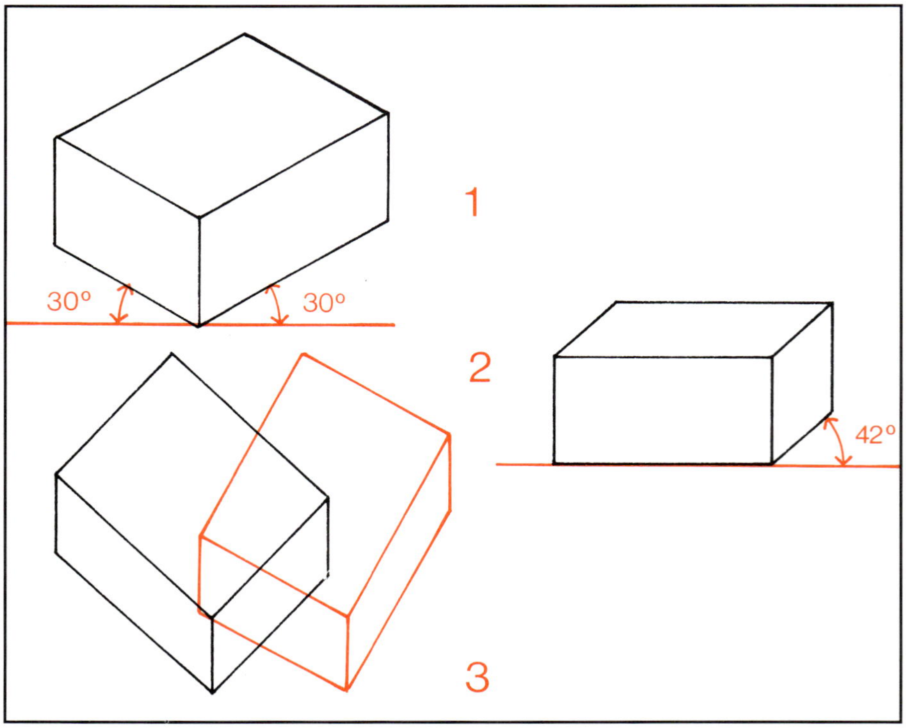

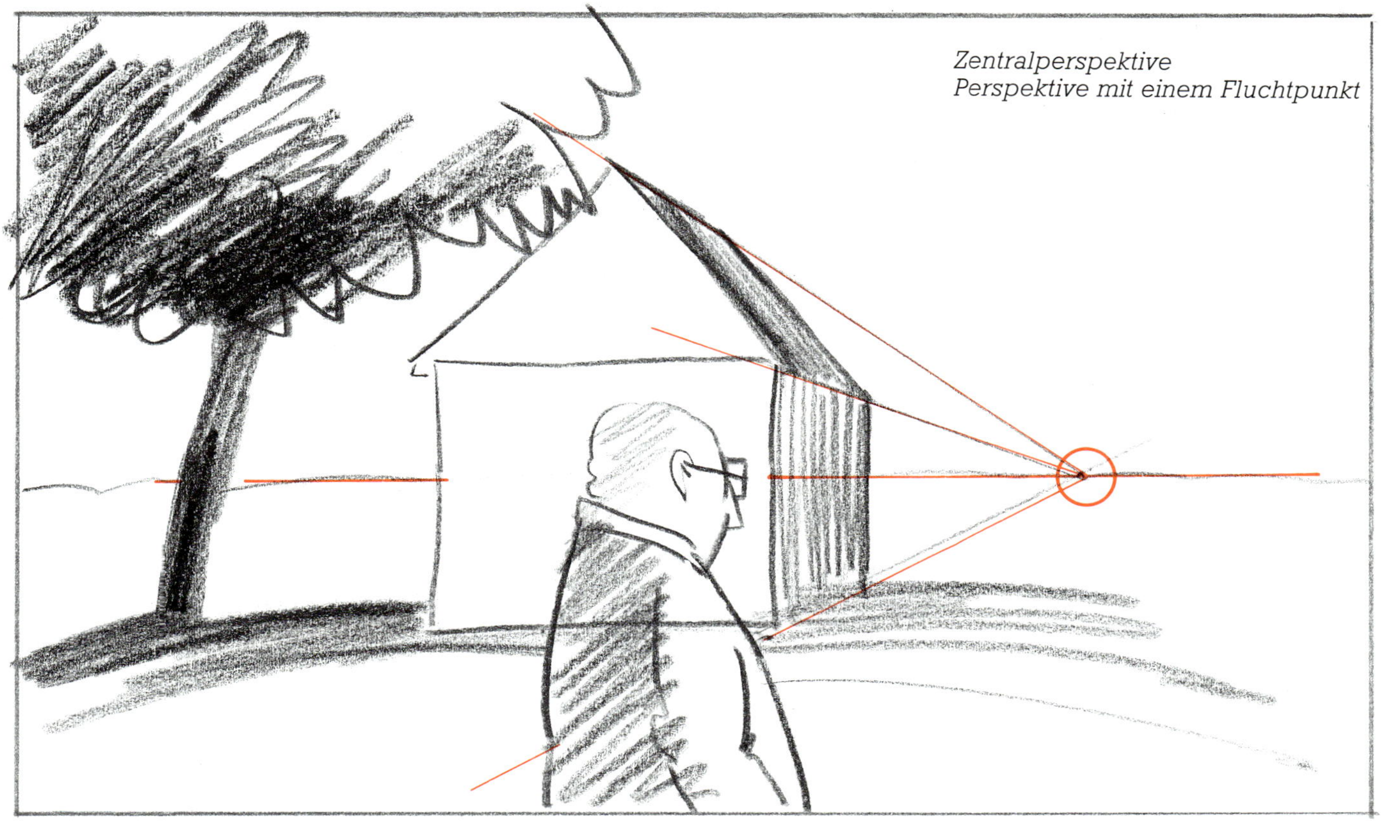

Zentralperspektive
Perspektive mit einem Fluchtpunkt

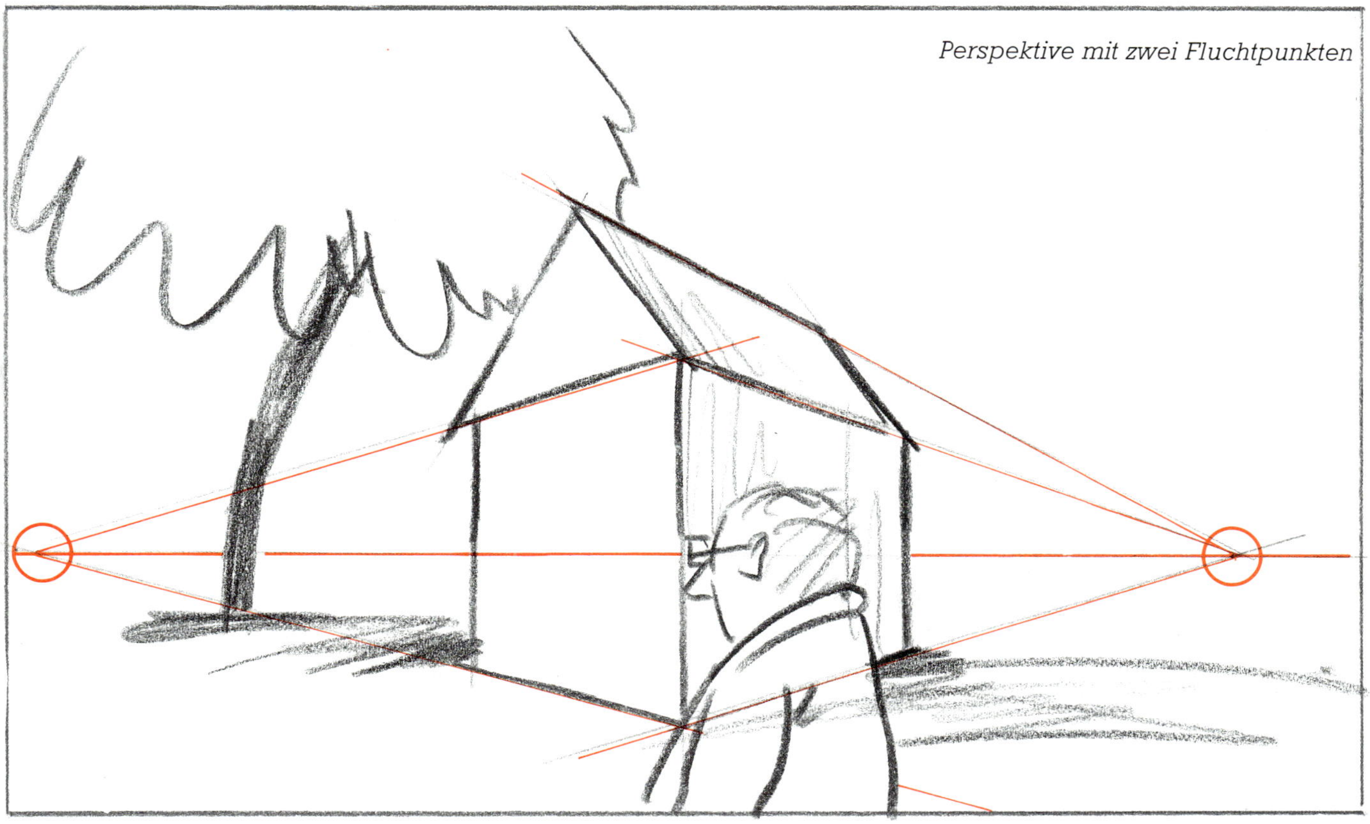

Perspektive mit zwei Fluchtpunkten

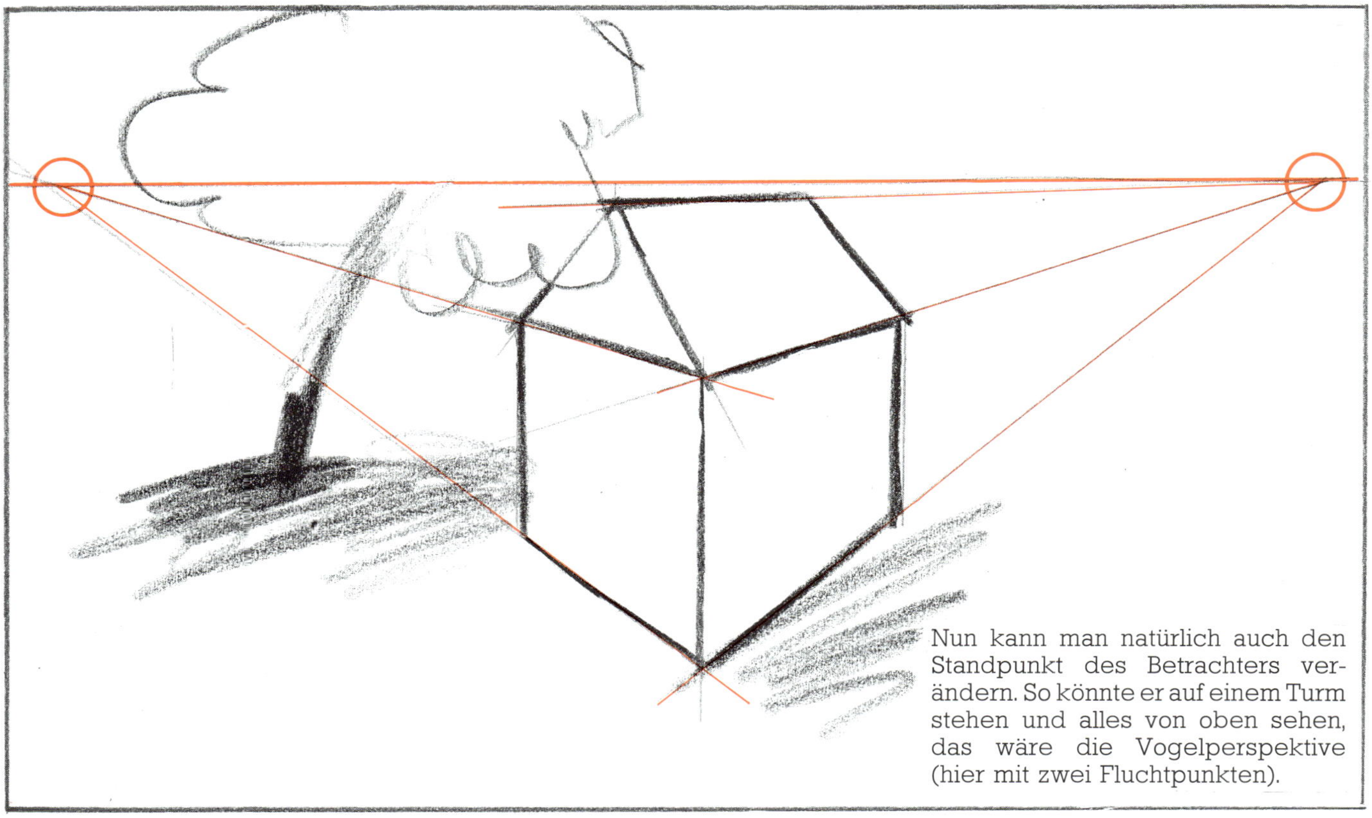

Nun kann man natürlich auch den Standpunkt des Betrachters verändern. So könnte er auf einem Turm stehen und alles von oben sehen, das wäre die Vogelperspektive (hier mit zwei Fluchtpunkten).

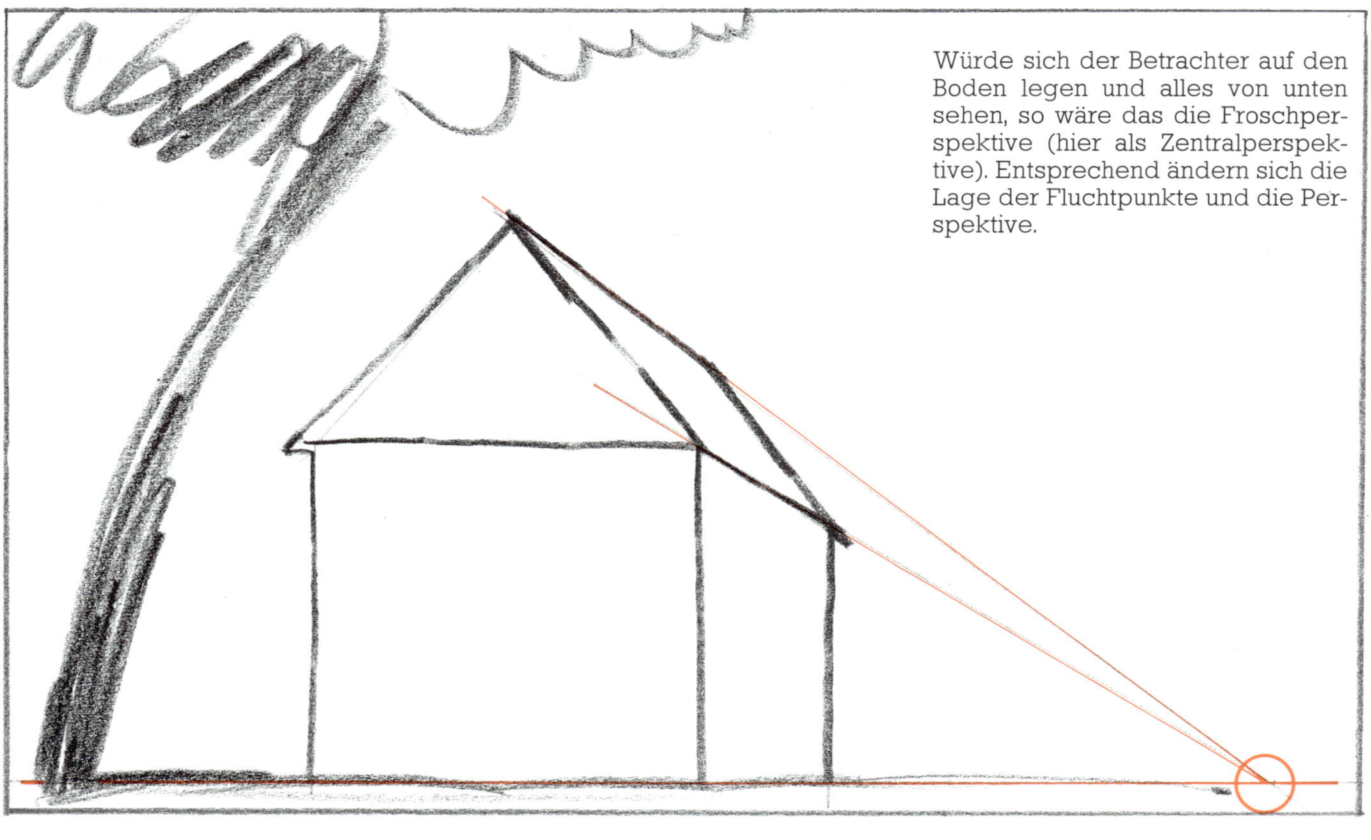

Würde sich der Betrachter auf den Boden legen und alles von unten sehen, so wäre das die Froschperspektive (hier als Zentralperspektive). Entsprechend ändern sich die Lage der Fluchtpunkte und die Perspektive.

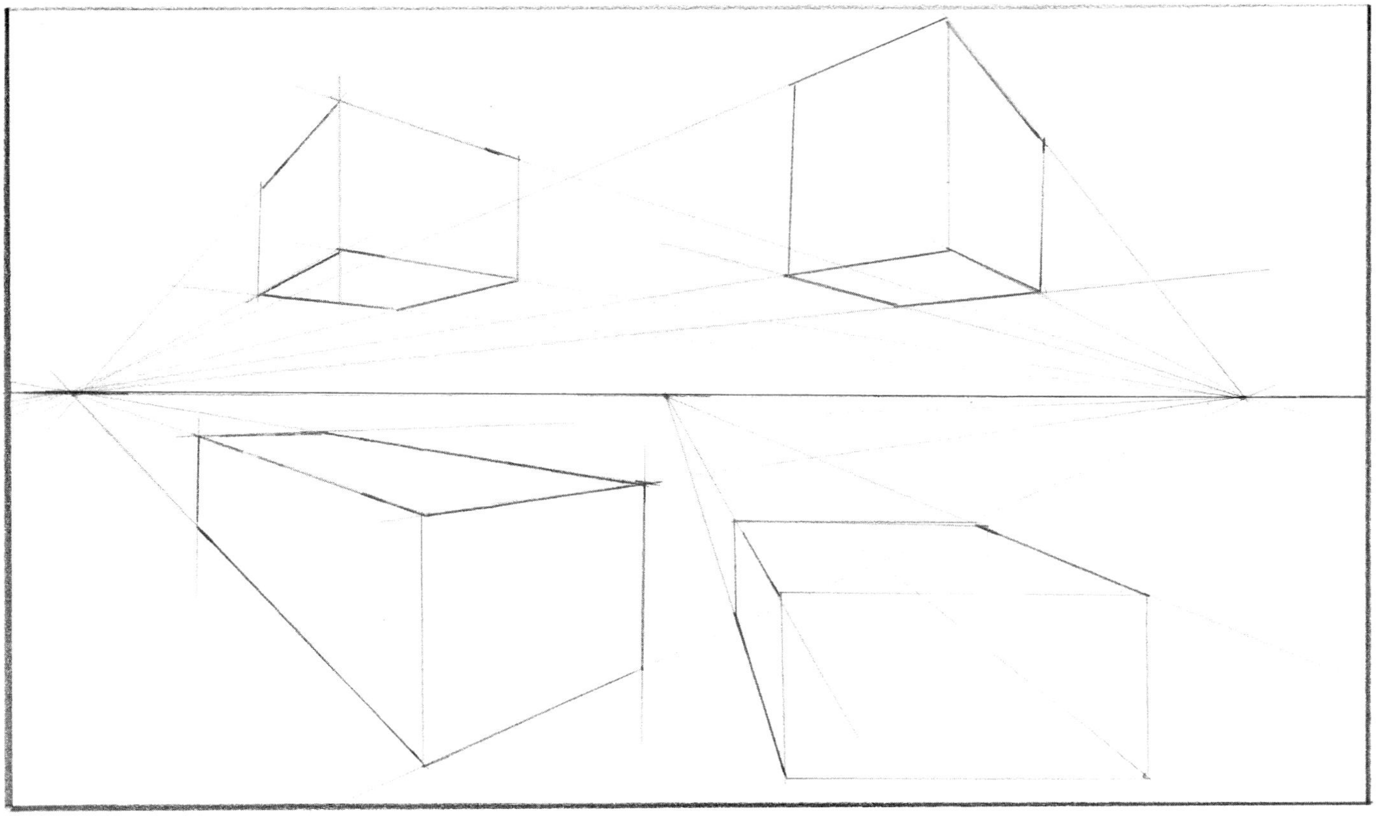

Nehmen Sie ein Stück Papier, und zeichnen Sie einen Würfel oder ein Haus mit verschiedenen Fluchtpunkten. Versuchen Sie, ohne große Konstruktionen verschiedene Fluchtpunkte festzulegen und so die Perspektive zu verändern. Hier einige Beispiele dazu. Sollten Sie sich intensiver mit der Perspektive auseinandersetzen wollen, rate ich Ihnen zu Fachliteratur, da wir hier nur besprechen, was grundsätzlich für das Zeichnen und Malen notwendig ist.

Licht und Schatten

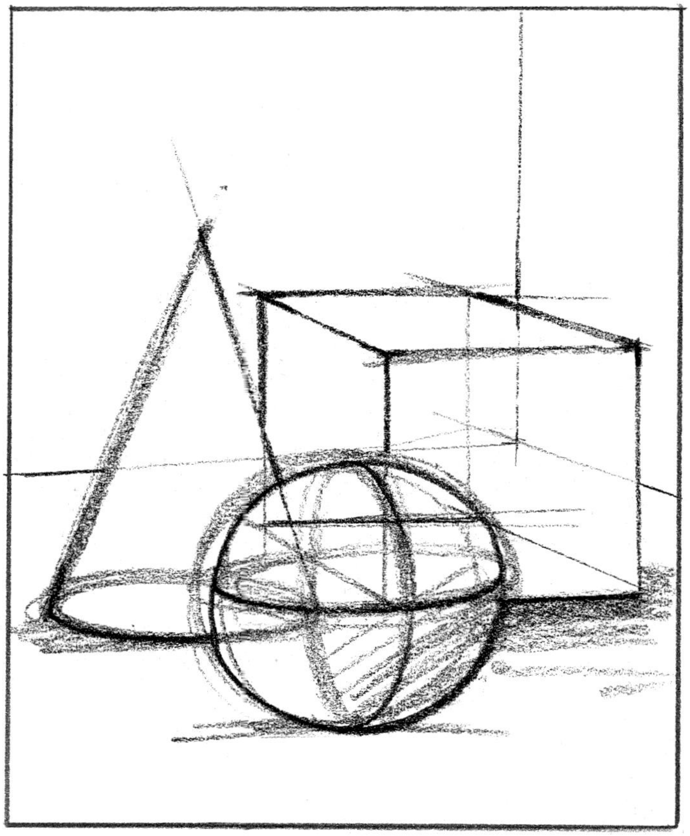

Wann auch immer Sie etwas von der Natur abzeichnen, entsteht das Problem, den dreidimensionalen Raum auf einer zweidimensionalen Fläche darstellen zu müssen, nämlich auf Ihrem Papier oder Ihrer Leinwand.
Das ist nicht ganz einfach, denn Sie werden automatisch die Tendenz haben, etwas zu flach zu zeichnen. Dagegen gibt es eine praktische Hilfe: Zeichnen Sie die Gegenstände ganz durch, so, als seien sie durchsichtig. Sehen Sie sich dazu die Grundformen an, und beginnen Sie der Einfachheit wegen mit tatsächlich durchsichtigen Gegenständen wie einem Wasserglas, eine Vase oder einer Flasche. Wenn Sie keinen rechteckigen, durchsichtigen Gegenstand haben, dann nehmen Sie eine Streichholzschachtel, ziehen den Innenteil heraus, und schon haben Sie einen kubischen Körper vor sich, dessen acht Kanten alle sichtbar sind.

Auf den Bildern oben habe ich einfache und schon etwas kompliziertere Körper zunächst nur mit ihren Außenlinien vollständig durchgezeichnet. So kann es schon nicht mehr passieren, daß Gegenstände im Bild umzufallen scheinen. Die Linie in der Bildmitte deutet die Grundfläche an, auf der die Gegenstände stehen, und hilft, das Verhältnis der Körper zur Vertikalen zu bestimmen. Der räumliche Eindruck wird dem Zeichnenden auf diese Weise bewußter. Bei der nächsten Studie versuchen Sie nun, diesen räumlichen Eindruck zu erzielen, indem Sie Licht und Schatten bei der Modellierung der zu zeichnenden Gegenstände mit einbeziehen.
Beobachten Sie, wie sich das Bild bei wechselndem Lichteinfall verändert, und skizzieren Sie das.

Wenden wir uns noch einmal den Grundformen zu. Linear ist ein Körper noch nicht als solcher zu erkennen, erst Licht und Schatten geben ihm Form. Es gibt zwei Arten von Schatten: den Eigenschatten und den Schlagschatten. Der Eigenschatten formt einen Gegenstand, der Schlagschatten zeigt uns seine Position, ob der Gegenstand steht, liegt oder schwebt. Für die Aussage eines Bildes kann also der Schlagschatten eine große Bedeutung gewinnen.

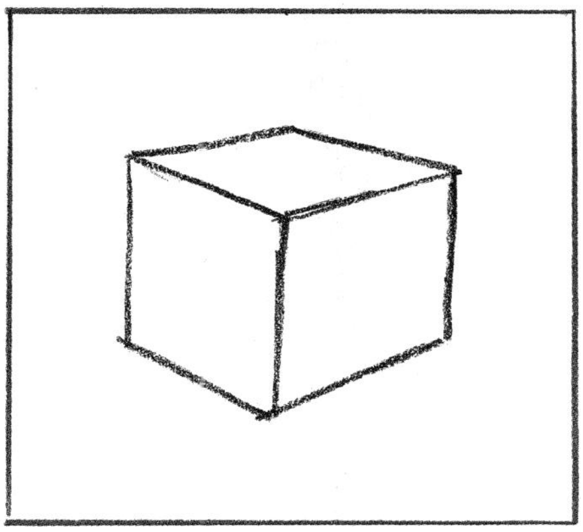

Würfel, Kugel und Zylinder sind in dieser linearen Darstellung eigentlich nur Quadrat, Kreis, Oval und Rechteck.

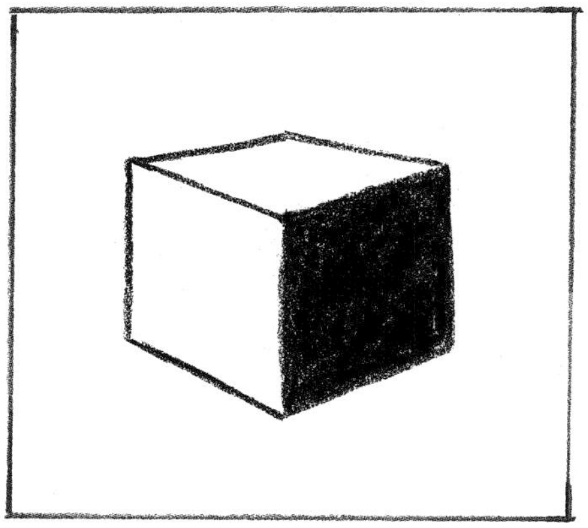

Benützen wir aber eine Lichtquelle – stellen wir sie uns hier von links hinten kommend vor –, werden diese Grundformen plastisch. Wo genau sie aber im Raum stehen, können wir noch nicht erkennen.

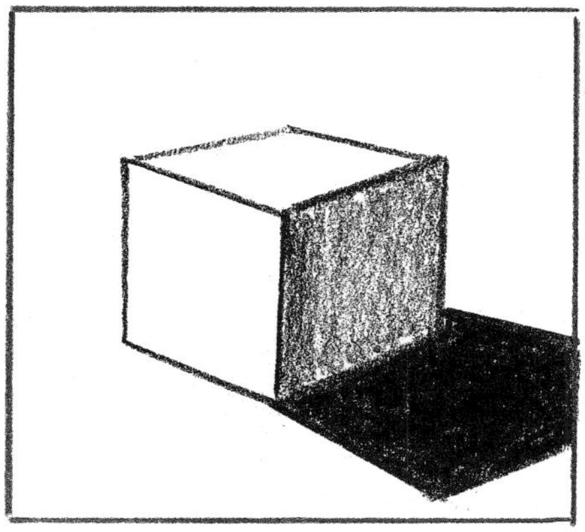

Fügen wir noch einen Schlagschatten hinzu, dann verdeutlichen wir die Position des Gegenstandes im Raum.

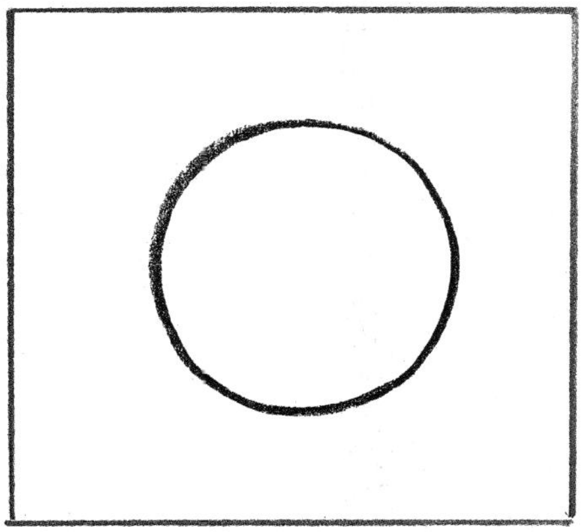

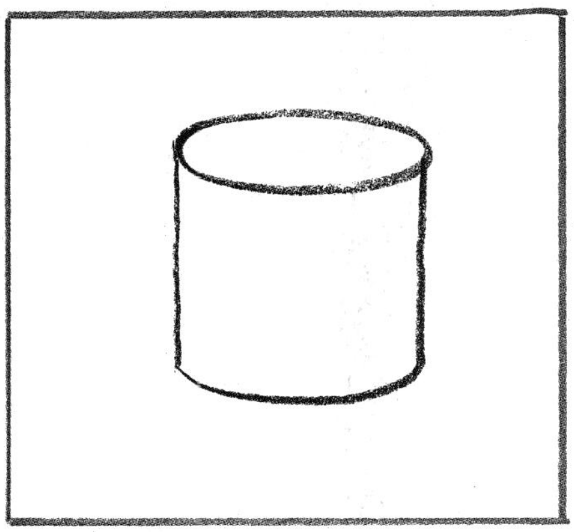

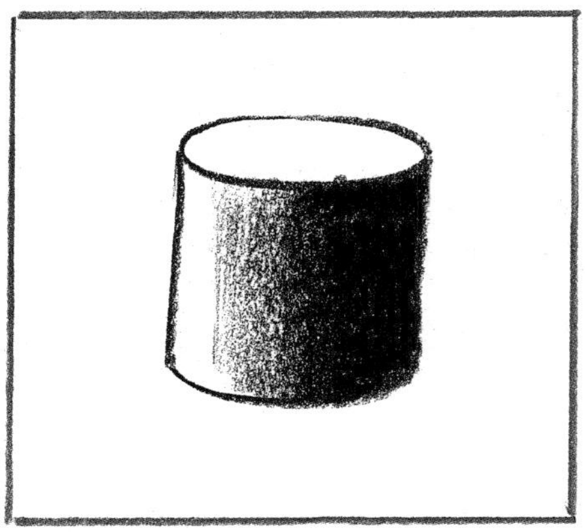

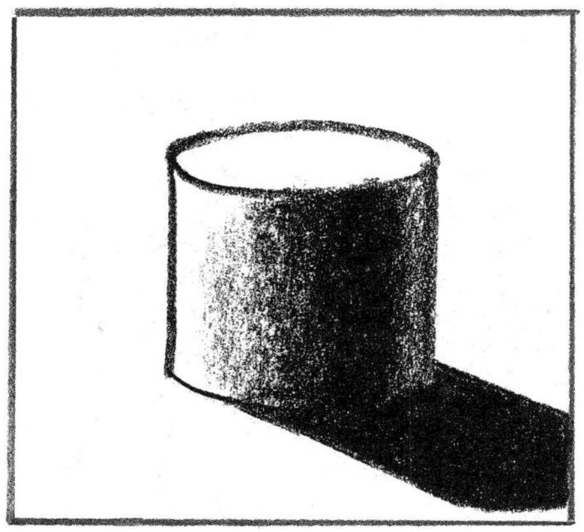

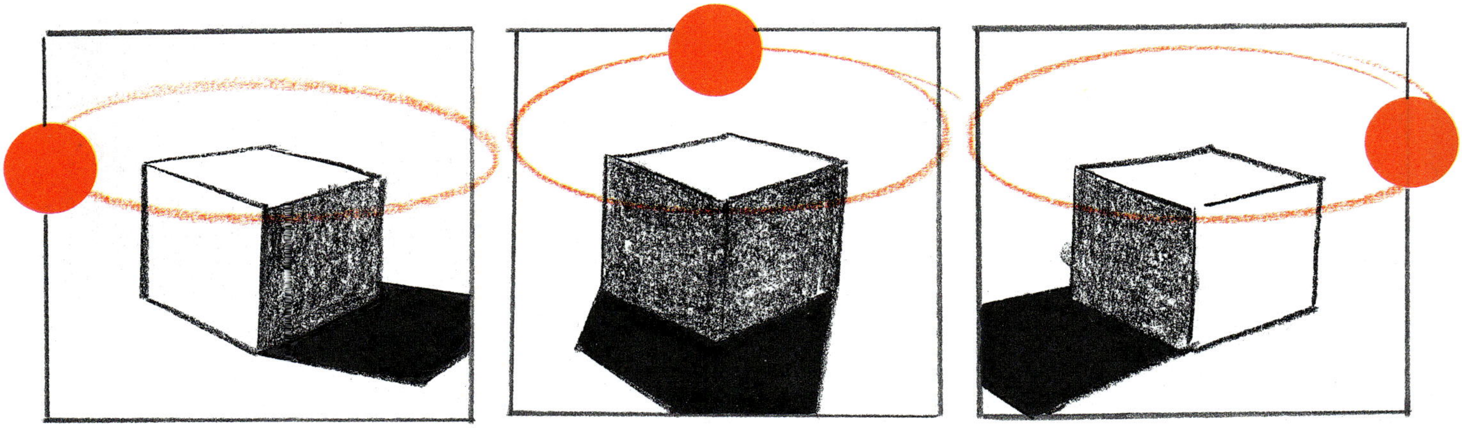

Beachten Sie auch, daß Schatten in ihren Helligkeitswerten unterschiedlich sind. So ist der Körperschatten oder Eigenschatten immer heller als der Schlagschatten, denn das vom Licht angestrahlte Umfeld hellt durch seine Reflexion die am Körper befindlichen Schatten auf.

In den Abbildungen oben haben wir eine Lichtquelle, die in gleicher Höhe um den Würfel wandert. Steht sie links, fällt der Schatten zur rechten Seite. Steht sie in der Mitte und vom Betrachter aus gesehen hinter dem Objekt, bekommen wir eine Gegenlichtsituation. Alle sichtbaren Seitenflächen liegen im Schatten und der Schlagschatten wandert zum Betrachter hin.

Kommt das Licht von rechts, fällt der Schatten nach links, und wir haben wieder eine angestrahlte Fläche sowie eine Schattenfläche.

Da die Sonne nicht in gleicher Höhe um einen Gegenstand wandert (wie hier um diesen Baum), verändert sich die Länge des Schattens: Je tiefer die Sonne sinkt, um so länger wird er.

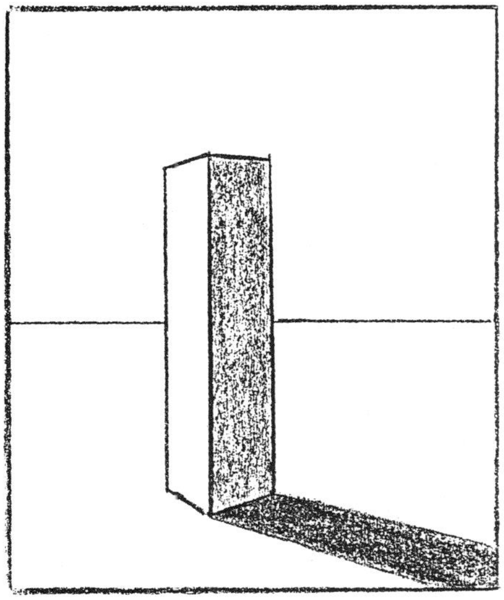

Auch der Hintergrund beeinflußt den Schatten. Sehen Sie sich bei diesen Beispielen die Grauwerte, also die verschiedenen Helligkeiten der Schatten an. Ist der Hintergrund sehr hell, wirkt der Schatten dunkler. Je dunkler aber der Hintergrund wird, desto heller wirkt der Schatten. Immer aber bleibt der Schlagschatten dunkler als der Eigenschatten.

Die Beispiele in der Fotografie: Wir haben hier einmal unsere Äpfel und einmal drei Eier. Bei den Äpfeln kommt das Licht von hinten oben, die Situation entspricht also den Beispielen in der Mitte von Seite 34. An der glatten Form der Eier kann man den Schatten besonders gut erkennen. Das Licht kommt hier von links oben. Versuchen Sie beide Fotos nach dem zu analysieren, was wir auf den letzten Seiten besprochen haben.

ZEICHNEN

Das Angenehme am Zeichnen ist, daß man es überall tun kann. Ob Bleistift, Rötel oder Kohle, man kann alles leicht einstecken, braucht nur noch Papier dazu und kann so auf dem Balkon ebenso wie am Flußufer damit arbeiten. Sicher ist der Bleistift das bekannteste Zeichengerät; dabei gibt es ihn in der Form, in der wir ihn kennen, erst seit dem 18. Jahrhundert. Der erste Graphitbleistift wurde im 16. Jahrhundert in England entwickelt, davor benützte man den Silberstift. Das ist ein spitzer Stift, der aus einer Mischung von Zinn und Blei besteht. Der erste Bleistift bestand aus einem geschnitzten Holzzylinder, in den eine Mischung aus Graphit und Lehm (oder anderen Streckmitteln) gefüllt wurde. Heute wird der Graphit im Bleistift synthetisch hergestellt, denn nur so sind die unterschiedlichsten Härtegrade zu erreichen.

Die Zeichnung unten wurde mit einem weichen Bleistift (2 B) und einem Zimmermannsbleistift angefertigt. Dadurch entstanden die unterschiedlichen Strichstärken und die Weichheit in der Zeichnung.

Mit einem HB-Bleistift auf weichem Papier ist dieses Kinderporträt angefertigt. Die Weichheit und die Leichtigkeit der Bleistiftlinien eignen sich besonders gut, um Licht und Schatten von zarten, weichen Formen zu zeigen, wie eben denen eines Kindergesichtes.

Überall in Venedig kann man Künstlern bei dieser Art zu zeichnen zuschauen: Eine schwarze, scharfkantige Rötelkreide wird mit unterschiedlichem Druck flach über das Papier geführt. Die italienischen Studenten verkaufen diese Bilder billig an Touristen und verdienen sich so das Geld für ihr Studium. Die Geschwindigkeit, mit der so ein Bild entsteht, ist verblüffend. (Zu diesem Bild brauchte der junge Mann nicht ganz zehn Minuten!)

Die Kohle ist schon immer ein bevorzugtes Mittel vieler Künstler gewesen, um schnelle Skizzen oder Untergrundskizzen von Ölbildern anzulegen. Aber auch für eine eigenständige Zeichentechnik eignet sich Kohle sehr gut. Hier ist die Kohle sehr frei benützt worden, um in erster Linie Licht und Schatten festzuhalten.

Zeichnung und Skizze

Zeichnen, skizzieren – was ist das eigentlich? Ist das schon Kunst? Und warum möchten so viele Menschen es gerne können?
Fast alle kleinen Kinder haben Zeichen- und Maltalent, verlieren es aber wieder, während sie heranwachsen. Woran liegt das? Kinder gehen unbekümmert an das Malen heran, sie stellen nur das Wesentliche dar und sind an irgendwelchen Details wenig interessiert; die Vollständigkeit eines Gegenstandes ist für sie unwichtig. Das haben sie mit vielen Künstlern gemeinsam, doch während das Kind improvisiert, setzt der Künstler bewußt Technik, Wissen und Erfahrung ein.
Schon während der Schulzeit verliert das Kind seine Unbekümmertheit, weil ihm nun beigebracht wird, was falsch und was richtig ist. Es wird zu einem gewissen Perfektionismus erzogen. Kommt der Mensch aber später wieder mit Mal- oder Zeichentechniken in Berührung und übt ein bißchen damit, so kann das die frühen Talente wieder wecken und spontane Bilder entstehen lassen. Ein gutes Bild »passiert« allerdings nicht einfach, wenn man es gerne möchte, man muß meistens einige Entwürfe machen und sich etwas einfallen lassen. Den meisten Werken der alten Meister liegen mehrere Studien und Skizzen zugrunde.
Skizzen dokumentieren die Entwicklung eines Bildes und helfen einem, sich über seine Aussage klarzuwerden. Sie sind eigentlich die einzige Möglichkeit, sich auf ein Bild vorzubereiten.

Das sind einige Vorskizzen der nebenstehenden Zeichnung. Ich habe dabei Bleistift und Füller benützt, beides sind für mich Werkzeuge, die sich zu schnellem Arbeiten eignen. Die Skizzen sollen ja nur dazu dienen, meine Gedanken festzuhalten. Ich schreibe auch Bemerkungen dazu, probiere Tonwerte aus und verändere die Proportionen. Die oberen Skizzen sind mit dem Füller gemacht, die untere mit einem weichen Bleistift (4B). Bei den letzteren ging es mir hauptsächlich darum, die Grauwerte festzulegen.

Was ist nun der Unterschied zwischen einer Skizze und einer fertigen Zeichnung? Die Skizze entspricht dem Aufschreiben von Gedanken, die auf diese Weise schnell festgehalten werden. Sie hilft bei der Komposition und der gesamten Gestaltung des Bildes. Die Skizzen alter Meister zum Beispiel helfen uns, die Aussage ihrer Werke besser zu verstehen, und oft ist das Studieren von Skizzen und Entwürfen aufschlußreicher als das eigentliche Werk!
Außerdem können Skizzen auf unterschiedliche Art und Weise entstehen. Leonardo da Vinci (italienischer Maler, Bildhauer, Architekt, Naturforscher und Techniker; 1452–1519) beispielsweise skizzierte aus der Fantasie heraus Maschinen, die seiner Zeit weit voraus waren; John Constable (englischer Maler; 1776–1837) und William Turner (englischer Maler; 1775–1851) – die Vorläufer des Impressionismus – skizzierten direkt nach der Natur. Eine dritte Möglichkeit stellen dann die Skizzen aus der Erinnerung dar.
Erst in jüngster Zeit wurden Skizzen und unfertige Zeichnungen durch Ausstellungen und Kataloge populär. Früher verstaubten sie dagegen in Archiven oder in den Hinterzimmern der Galerien. Die Grenzen zwischen Skizze und fertiger Zeichnung haben sich im Laufe der Jahre verwischt, und heutzutage wird eine Skizze oft schon als das eigentliche Werk ausgegeben.

Materialien

FÜR DIE ZEICHENTECHNIK

Keine Angst, Sie müssen jetzt nicht gleich alle abgebildeten Materialien kaufen. Beginnen wir mit dem Bleistift. Es gibt da sehr harte (7H) bis zu sehr weichen Stiften (9B). Mit welchen Sie am liebsten arbeiten, werden Sie bald selbst herausfinden.
Sie können zwischen normalen Holzbleistiften und Minenbleistiften wählen. Letztere haben den Vorteil, daß Sie nur einmal das Gehäuse kaufen müssen und die Minen wechseln können. Selbstverständlich gibt es auch die Minen in verschiedenen Stärken. Klemmstifte gibt es für sehr feine Minen, für dicke und für Kreiden. Sie können auch mit Druckbleistiften (Feinminenstiften) arbeiten, die überfeinen Minen müssen allerdings mit viel Gefühl behandelt werden.
Spitzer brauchen Sie für alle Arten von Bleistiften, Minen können allerdings auch mit Sandpapier spitz geschliffen werden.
Außerdem benötigen Sie Radiergummis, von denen ebenfalls weiche und harte Arten angeboten werden. Zu harte Radiergummis greifen das Papier an und das kann unter Umständen von Nachteil sein (so kann zum Beispiel Tusche auf einer stark radierten Stelle zerfließen).
Radiergummireste werden mit einem kleinen Besen von der Zeichnung entfernt, da man mit der Hand leicht etwas verwischen könnte.
Kohle, Rötel und Kreide gibt es auch mit Holzhüllen, so daß man nicht so schnell schmutzige Finger bekommt. Der Graphitstift hat eine Lackhülle, damit man ihn besser anfassen kann.
Zuletzt noch das Fixativ. Es bewahrt Ihre Zeichnung vor dem Verwischen und macht sie haltbar. Es ist in Sprayform oder mit Blasröhrchen erhältlich. Was Sie nun noch alles mit Messer, Rasierklinge, Zimmermannsbleistift, Kugelschreiber und Papierwischer machen können, erfahren Sie auf den nächsten Seiten.

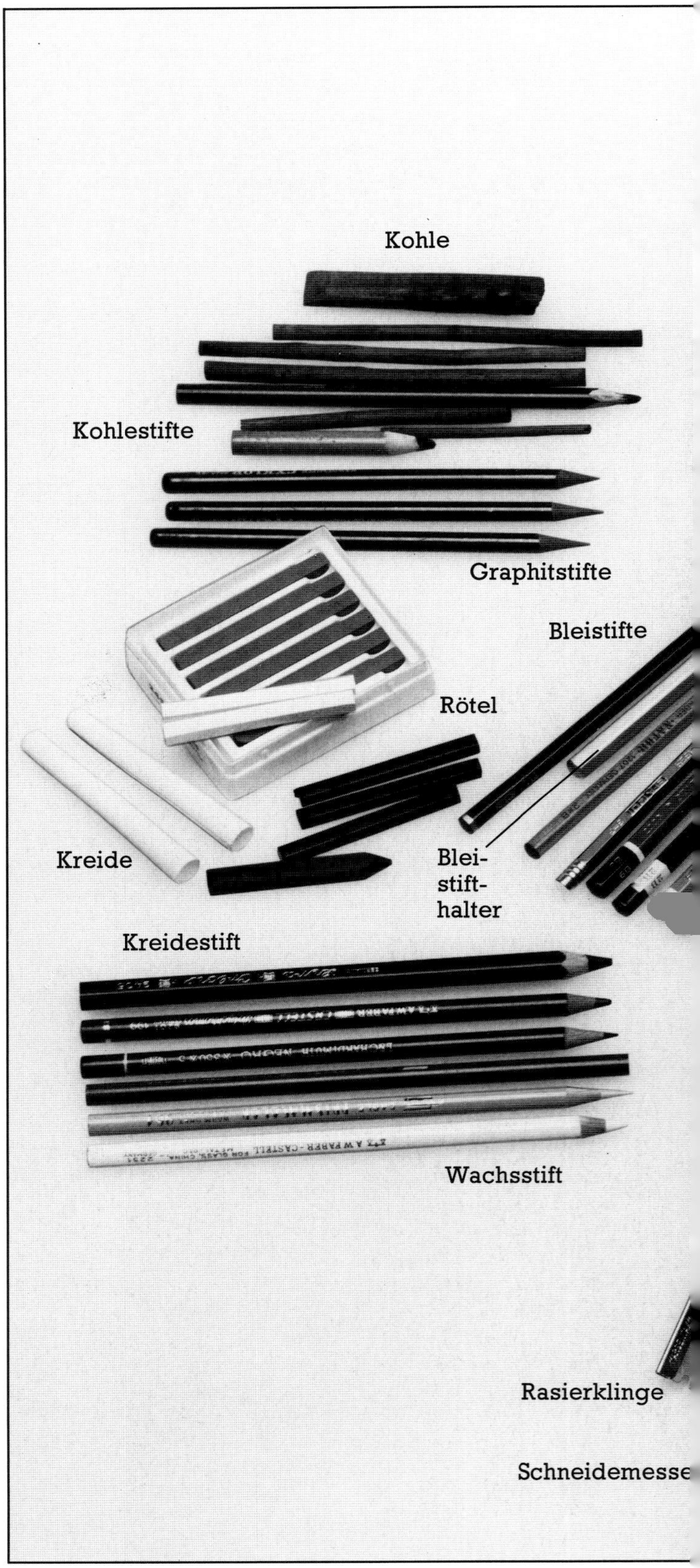

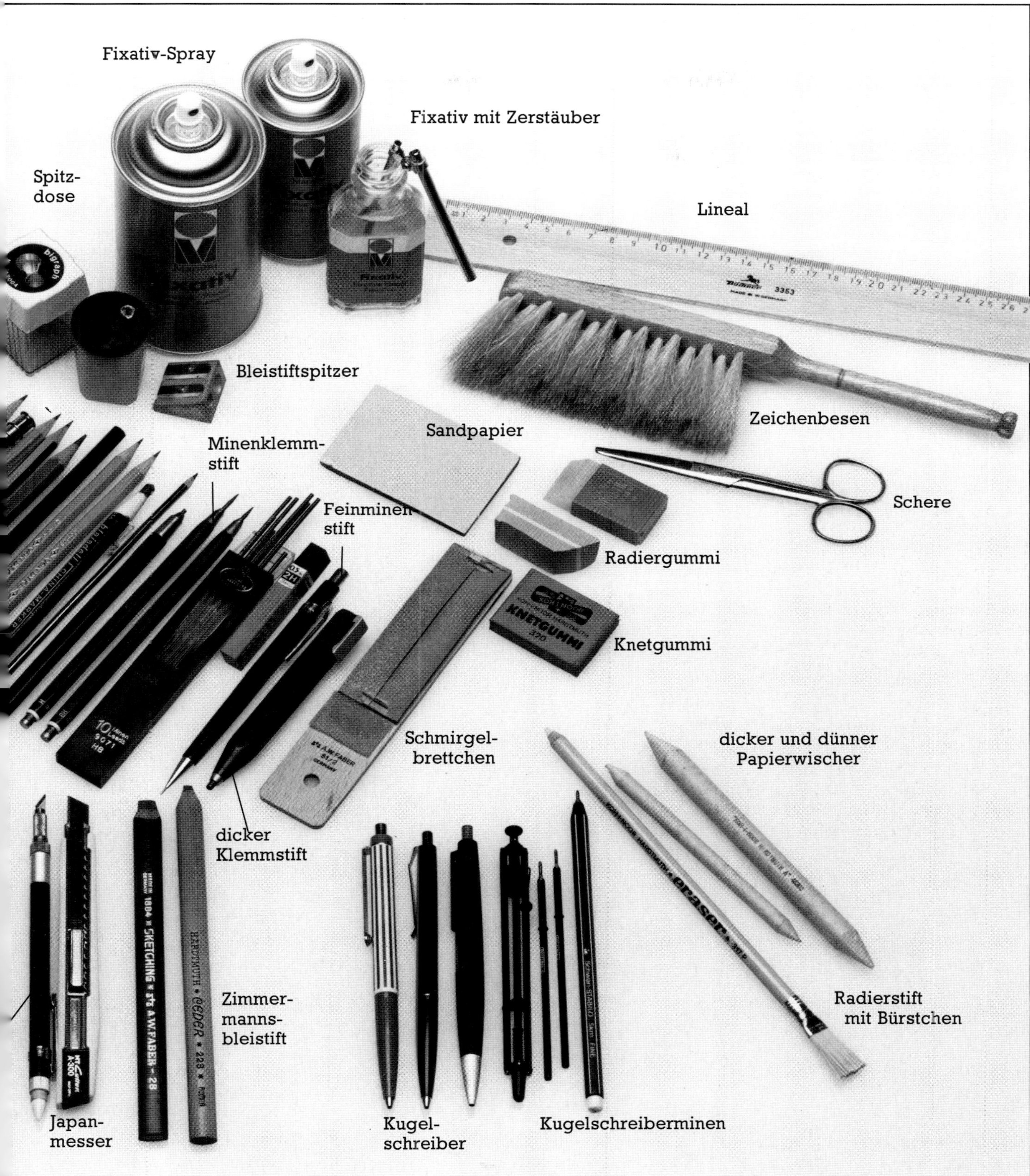
Fixativ-Spray
Fixativ mit Zerstäuber
Spitz-
dose
Lineal
Bleistiftspitzer
Zeichenbesen
Sandpapier
Minenklemm-
stift
Feinminen-
stift
Schere
Radiergummi
Knetgummi
Schmirgel-
brettchen
dicker und dünner
Papierwischer
dicker
Klemmstift
Zimmer-
manns-
bleistift
Radierstift
mit Bürstchen
Japan-
messer
Kugel-
schreiber
Kugelschreiberminen

Zeichenpapiere

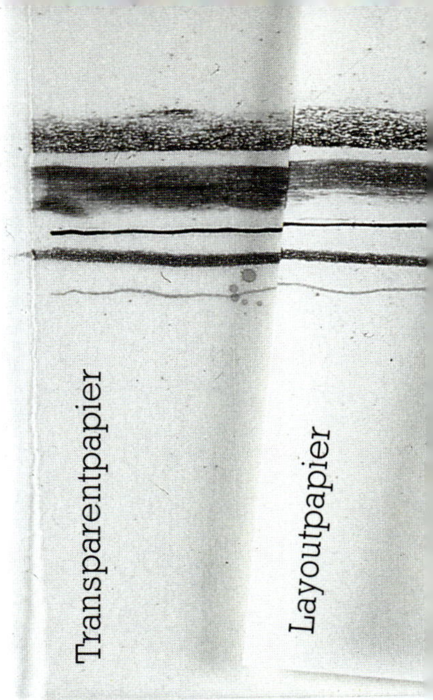

Zeichnen können Sie eigentlich auf jedem Papier, da gibt es keine festen Regeln. Am besten ist es, wenn Sie einige der angebotenen Papiere selbst ausprobieren, damit Sie sehen, womit Sie persönlich am besten zurechtkommen.
Wichtig ist für den Anfang die Beschaffenheit der Papieroberfläche. Wie Sie an dem Beispiel auf dieser Seite sehen können, wird der Bleistiftstrich auf weichem Papier glatter als auf rauhem. Es gibt Künstler, die am liebsten auf Packpapier zeichnen. Es ist also nicht immer das teuerste Papier auch das beste. Experimentieren Sie ruhig einmal mit ungewöhnlichen Papieren! Wenn Sie verschiedene zur Hand haben, können Sie sich Ihren Block auch selber machen. Sie klemmen die Papiere an einen harten Karton oder eine Hartfaserplatte. Dabei ist es besser, zwei Klemmen zu benützen. Das Papier verrutscht nicht und fliegt nicht so leicht hoch, wenn Sie im Freien zeichnen.

Das Papier wird nach Gewicht pro Quadratmeter unterschieden. So hat normales Schreibmaschinenpapier 70–80 Gramm, bei 200 Gramm fangen dann schon die Zeichenkartons an. Natürlich ist es bei Arbeiten mit Tusche und Filzstift wichtig, daß diese auf dem Papier nicht fließen; es muß holzfrei sein. Haben Sie keine Scheu, auch auf Aquarellpapier zu zeichnen. Die Struktur des Papiers kann der Zeichnung einen ganz besonderen Reiz verleihen; außerdem ist es sehr strapazierfähig. Da es die meisten Papiere nicht nur in Blockform, sondern auch einzeln zu kaufen gibt, ist es am günstigsten, wenn Sie sich zuerst ein paar verschiedene Papiere kaufen und auf ihnen mit unterschiedlichen Stiften probieren.

rauh

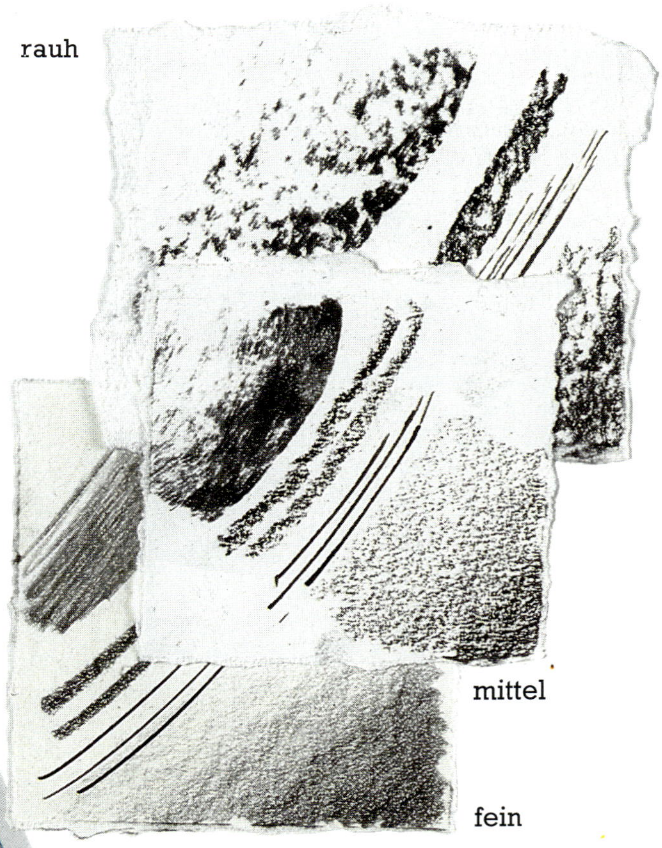

mittel

fein

Sie können hier sehr deutlich sehen, wie Linien, die mit dem gleichen Werkzeug gemacht wurden, auf jedem der Papiere anders werden. Links der Unterschied auf rauhem, mittlerem und feinem Papier. Auf den anderen Papiersorten von außen nach innen: Rötel, Kohle, Tusche, 2B-Graphitstift und H-Bleistift.

Bleistift

Natürlich haben Sie schon tausendmal einen Bleistift benutzt. Aber ist Ihnen dabei jemals bewußt geworden, wie vielseitig dieser einfache Stift ist? Wahrscheinlich werden Sie ihn jetzt schon öfter benützen als jedes andere Zeichengerät. Sie brauchen ihn zum Skizzieren von Aquarellbildern ebenso wie beim Anlegen eines Ölbildes. Es gibt eine riesige Auswahl verschiedener Bleistifte, für den Anfang genügen aber drei Arten: ein sehr weicher, ein mittlerer und ein harter Bleistift. Dazu brauchen Sie eine Menge Papier zum Üben und Ausprobieren. Am besten, Sie nehmen preiswertes: Zeitungs- oder Schreibmaschinenpapier genügen vollkommen.

Wir benützen vorerst drei Stärken:

2H hart
HB mittel
6B sehr weich

Hier haben wir das Foto eines Baumes. Ich setze ihn nun in die verschiedenen Bleistiftlinien um. Sie sehen deutlich, daß sich der Charakter des Baumes jedesmal ändert.
Achten Sie immer darauf, daß Sie auf einer glatten Unterlage arbeiten. Bei dünnem Papier kommt sogar die Holzmaserung eines Tisches auf Ihre Zeichnung; jedes kleine Körnchen drückt sich ab. Legen Sie also immer ein Stück Papier oder Karton unter.

Zeichnen Sie zuerst einmal einfach Linien. Vergleichen Sie Ihre Bleistiftlinie mit einer Melodie. Ein Strich mit immer gleichem Druck und gleicher Handhaltung wird so langweilig und monoton, als wollte man eine Melodie mit nur einer Note spielen. Drehen Sie aber den Stift und spielen mit ihm, lassen Sie Ihre Hand schwerer und leichter werden, dann wird Ihre Linie lebendig.

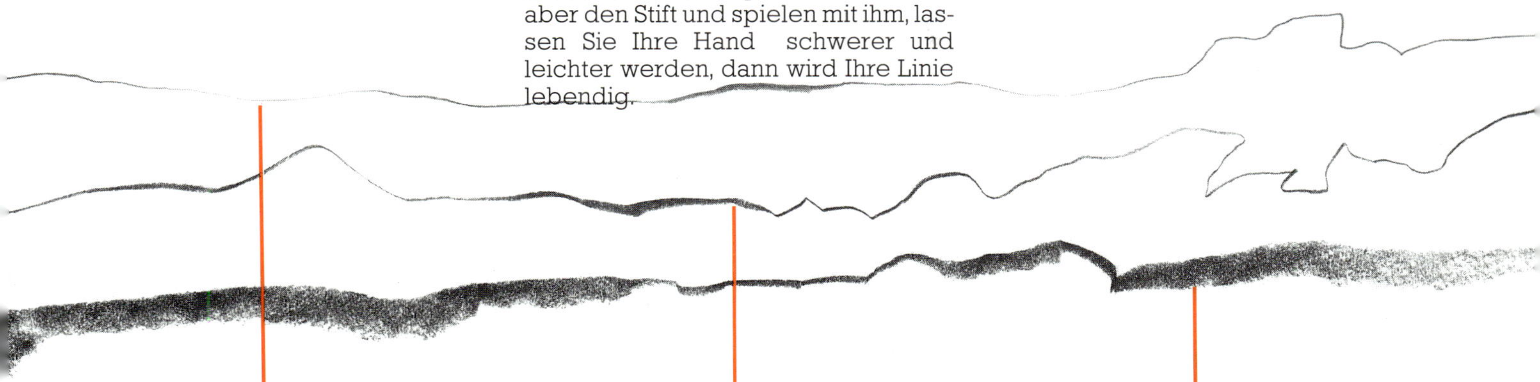

Leicht und zart, aber auch krakelig und nervös kann die Linie mit dem harten Bleistift werden.

Drehen und Zittern des Stiftes läßt die Linie vibrieren. Spielen Sie mit dem Stift in Ihrer Hand, und Sie werden überrascht sein, was da plötzlich alles auf dem Papier entsteht.

Ihre Gedanken fließen durch Ihre Hand auf das Papier. Bei weichem Bleistift wird die Linie tiefschwarz, sobald Ihre Hand schwerer wird.

Um einen Stift kennenzulernen, kritzeln und zeichnen Sie am besten vor sich hin. Das Gekritzel gibt Anregungen, man entdeckt darin Formen, die unbewußt entstanden sind und mit denen man weiterarbeiten kann. Scheuen Sie sich nicht, viele Blätter damit zu füllen. Sie werden bald feststellen, daß Sie immer freier werden. Aus einer runden Linie wird plötzlich eine Blume, aus einer eckigen ein Gebäude.

An dem Beispiel unseres Baumes können Sie sehen, wie verschiedene Bleistifttechniken für ein einziges Motiv verwendet werden können.

Wenn man mit dem Finger über weiche Bleistiftlinien wischt, ergibt das weiche, graue Flächen, die sich bewußt mit den Linien kombinieren lassen. Mit Knetgummi habe ich aus der gewischten Fläche helle Flecke herausgehoben.

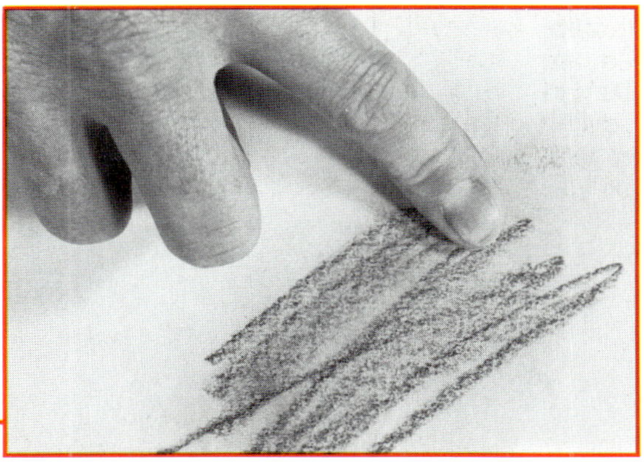

Haben Sie keine Angst, mit Ihren verschiedenen Radiergummis über die Bleistiftlinien zu fahren. Man kann damit Lichter auf dunkle Flächen setzen; bei weicheren Bleistiften ist die Wirkung intensiver als bei harten. Experimentieren Sie ein bißchen, bis Sie Gefühl für die Technik bekommen.

Der senkrecht gehaltene Bleistift erzeugt andere Linien als der flach gehaltene. Probieren Sie es aus!

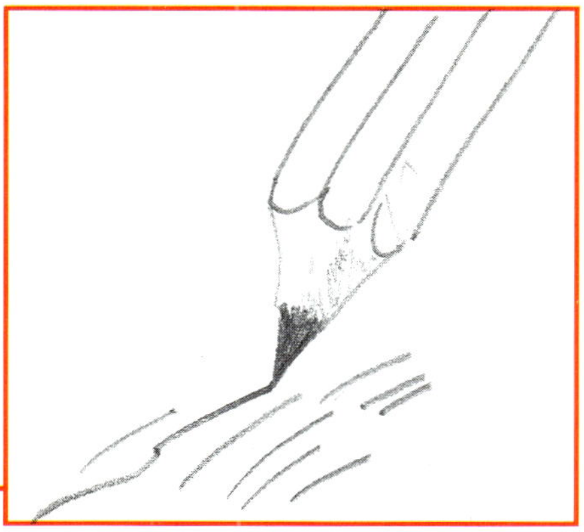

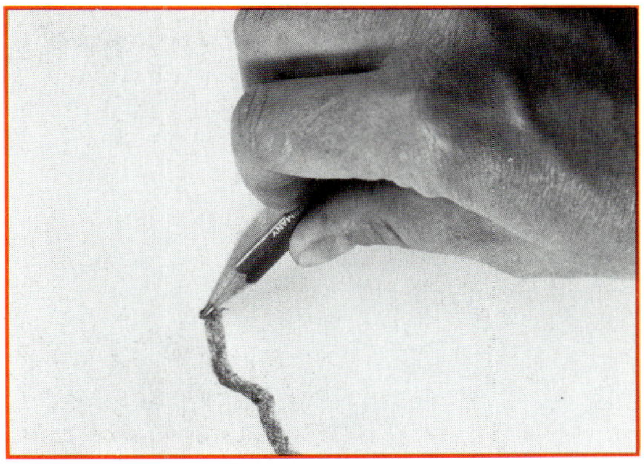

Kreuzschraffuren ergeben Strukturen und können gut als Schatten eingesetzt werden. Man nimmt dazu einen härteren Bleistift. Zusammen mit weichen Bleistiftlinien kommt man zu effektvollen Kontrasten.

Das Flachhalten eines Stiftes hat bei weichen Minen eine intensivere Wirkung als bei harten. Auch die Beschaffenheit des Papiers ist wichtig. Nehmen Sie zum Vergleich einmal rauhes und einmal weiches Papier. Sie werden sehen, daß die Linie auf dem rauhen Papier wesentlich mehr ausfranst als auf dem weichen.

Auf den beiden folgenden Doppelseiten wollen wir einmal ausprobieren, welche Möglichkeiten uns der Bleistift bietet. Manche der Strukturen scheinen auf den ersten Blick sehr kompliziert und schwierig. Aber ich bin sicher, daß Sie nach einigem Probieren noch viel mehr und ganz andere Effekte erzielen können.

Hier habe ich einfach eine Schablone geschnitten, d.h. runde Löcher in einen nicht zu dicken Karton, bin dann mit weichem Bleistift drübergegangen und habe schließlich das Ganze mit dem Finger verrieben.

Mit einer Rasierklinge kann man in die Bleistiftstruktur hineinkratzen. So entsteht ein Baum, der sich leicht im Wind zu bewegen scheint (glattes Papier eignet sich hierzu besser als rauhes).

Eine weitere Möglichkeit, eine Steinmauer darzustellen, ist die folgende: Auf eine Struktur aus weichem Bleistift oder Zimmermannsstift werden mit härterem Bleistift Ziegelformen gezeichnet.

Durch schnelles Auf- und Abfahren mit dem Bleistift, der dabei leicht gedreht wird, entsteht diese einfache Baumstruktur. Haben Sie keine Angst davor, auch einmal ganz schnell und ungehemmt über das Papier zu gehen.

Die Struktur der Mauer wurde hier mit einem Zimmermannsbleistift gemacht, den man mehr oder weniger fest aufdrückt.

Diese Halme und Gräser bekommen ihren schimmernden Effekt durch lockeres und freies Hinwerfen der Linien.

Dann habe ich mit einem weichen Bleistift die Zwischenräume ausgefüllt. Sie sehen, wie nun der dunkle Hintergrund die hellen Halme nach vorne bringt.

Die etwas stoppelige Grasstruktur kann dadurch erreicht werden, daß man einen HB-Bleistift etwas schräg hält und ihn dann schnell auf das Papier stößt.

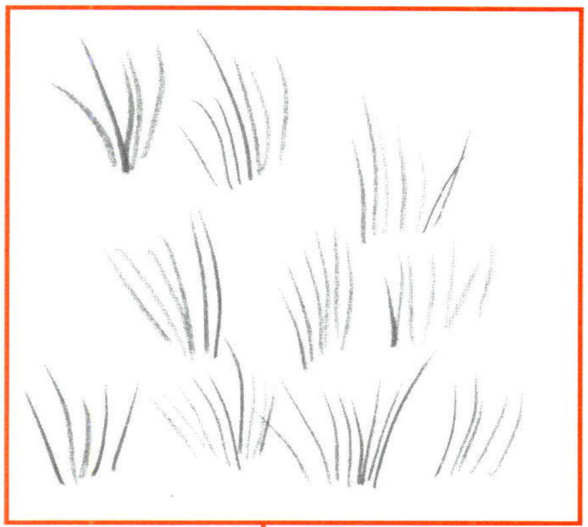

Das Gras am Ufer entsteht ganz einfach: Man hält den Stift so flach wie möglich und zittert damit schnell auf und ab.

Dieser etwas aggressive Baum entstand mit einem dicken weichen Bleistift, der ganz flach zwischen Daumen und Zeigefinger gehalten wurde. Mit kurzen Bewegungen habe ich dann lauter kleine Striche aneinandergereiht.

Schritt für Schritt

»Zeichne, zeichne, zeichne!« sagte Michelangelo zu seinem Assistenten, und das gilt auch heute noch für jeden Künstler. Der Bleistift mit seinen vielfältigen Anwendungsmöglichkeiten ist die Grundlage für jede weitere künstlerische Arbeit. Wenn Sie das für sich selbst erkannt haben, sind Sie schon einen großen Schritt weitergekommen. Der Bleistift soll kein notwendiges Übel, sondern eher eine Art Freund sein, der ausdrücken kann, was Sie fühlen. Viele Menschen haben im Urlaub Zeit und Muße, end-

lich einmal zu zeichnen oder zu malen, und gezeichnete Erinnerungen sind genauso schön – wenn nicht gar schöner – als fotografierte. Hier habe ich ein Motiv aus Griechenland gewählt: Boote in leicht bewegtem Wasser. Es ist natürlich immer besser, nach der Natur zu zeichnen als nach Fotos, doch die kann ich in diesem Buch leider nicht zu Ihnen bringen.
Der erste Schritt (linke Seite) besteht im Anlegen der Komposition und in der Festlegung der Größenverhältnisse. Dazu habe ich einen HB-Bleistift, und leicht strukturiertes Zeichenpapier (Schoellershammer G4) genommen. Die Hand muß leicht und locker über das Papier gleiten; Sie müssen versuchen, die gesamte Komposition im Auge zu behalten, und sollten sich nicht in Details verlieren. So empfand ich das zweite, angeschnittene Boot (rechts im Bild) als störend und ließ es weg. Das Schiff im Hintergrund verschob ich ein bißchen nach rechts, damit ich mein Boot im Vordergrund besser ausarbeiten konnte.

Nun habe ich die Hauptpartien der Schatten mit weichen Bleistiften (2B und 6B) aufgebaut. Die unruhigen Reflexe im Wasser habe ich mit einem Zimmermannsbleistift verstärkt, im Kontrast dazu die weichen Flächen des Bootes mit dem Finger verrieben. Die Striche werden jetzt schon kräftiger und bestimmter, da ich ja die leicht aufskizzierte Komposition als Grundlage habe.

Die Tonwerte von Wasser, Boot und Landschaft wurden mit flach gehaltenem Bleistift stufenweise aufgebaut (Stärke HB und 6B). Den weichen 6B-Stift habe ich sorgfältig so gespitzt, daß die Bleispitze möglichst lang wurde. Somit vergrößerte sich die Fläche, mit der ich bei Flachhalten des Stiftes arbeiten konnte. Form und Struktur des Holzbootes lassen sich durch dunkler werdende Bleistiftstrukturen erarbeiten. Die etwas unruhige und durchbrochene Wasserspiegelung im Vordergrund habe ich durch flache Striche mit dem 6B-Stift weiter verstärkt. Dadurch entsteht der Eindruck, daß das Boot schwer im Wasser liegt.

Die hellen und die dunklen Felsen hinter dem zweiten Boot wurden ebenfalls mit stufenweisen Tonwerten aufgebaut. Der dunklere Felsen davor verbindet den nahen Vordergrund mit dem sehr weit entfernten Hintergrund. Wie die Tiefe dieses Bildes verläuft, verdeutlicht das Diagramm.

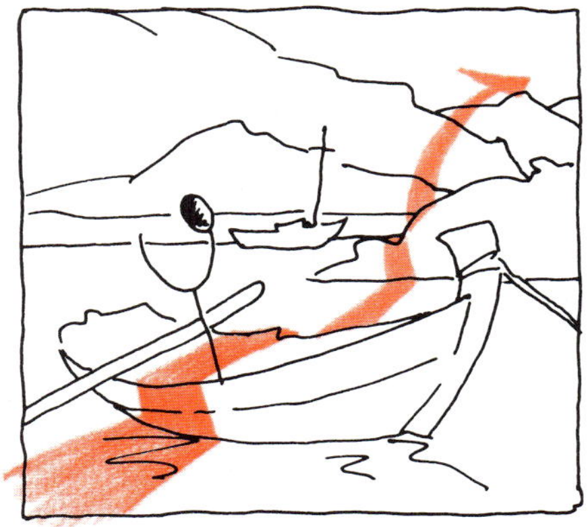

Mit Papiertuch und Radiergummi wurden nun die Wasserreflexe weicher gestaltet; dadurch entsteht ein Kontrast zur Holzstruktur des Bootes. Mit einem sehr spitzen HB-Bleistift habe ich Buchstaben und Zahlen auf die Bootswand gezeichnet, die Zeichnung wird sofort vertrauter, man bekommt eine genauere Vorstellung der Situation. Zusätzlich heben die klaren Buchstaben das Boot stärker in den Vordergrund – wenn man etwas nicht allzu groß Geschriebenes lesen kann, muß es ja ziemlich nahe sein.

Vergleichen Sie die nach hinten heller werdenden Tonwerte mit dem, was wir auf Seite 23 zur Komposition gesagt haben.

Natürlich könnten Sie das gleiche Motiv auch zeichnen, ohne auf die Tonwerte und die Schatten einzugehen. So ließe sich das Boot zum Beispiel in allen Details ausarbeiten, während die Landschaft nur schemenhaft angedeutet wird. Etwas Ähnliches habe ich mit einer Palme gemacht. Sie sehen das betreffende Bild in der »Galerie« auf Seite 64. Die Palme wurde in allen Details gezeichnet, während das Kloster auf dem Felsen nur zur Untermalung dient. Denken Sie immer daran, daß Sie in Ihrem Bild Ihre Eindrücke wiedergeben und keiner Sie zwingt, jede Kleinigkeit naturgetreu nachzumalen.

Kohle

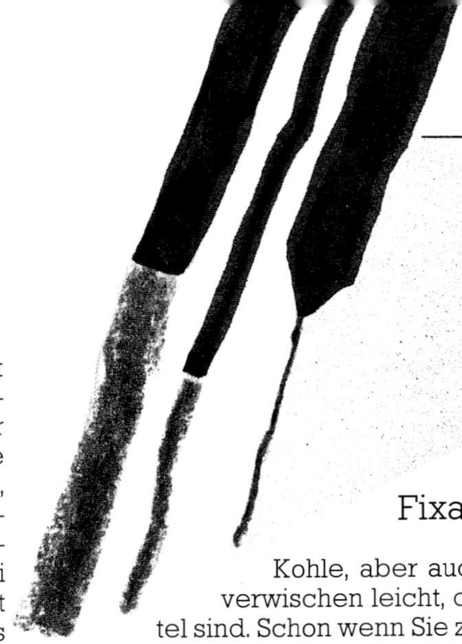

Einer der ältesten Zeichenstifte ist zweifellos die Kohle. Lineare, flächige, sanfte und dramatische Bilder lassen sich damit anfertigen, sie eignet sich aber auch zum Skizzieren, zum schnellen Festhalten von Situationen. Der Nachteil: Es ist eine ziemlich schmutzige Angelegenheit, bei der nicht nur die Hände, sondern oft auch ungewollt andere Teile des Papiers mit eingefärbt werden. Daher müssen Kohlezeichnungen immer fixiert (siehe Kasten) und die Hände oft gewaschen werden.
Die tatsächlichen Eigenschaften des Materials bekommen Sie, wie immer, am besten durch Ausprobieren und Experimentieren heraus. Besonders geeignet ist die Kohle, wenn Linien und Tonflächen kombiniert werden sollen. Letztere erzielen Sie durch (absichtliches) Verwischen von Strichen, Linien werden mit angespitzter Kohle gezeichnet. Es ist eine Kleinigkeit, Kohle mit Knetgummi wieder auszuradieren, wenn man sich verzeichnet hat. Aber auch Glanzlichter lassen sich sehr gut mit einem Knetgummi setzen, indem man einfach kleine Stellen heraustupft.

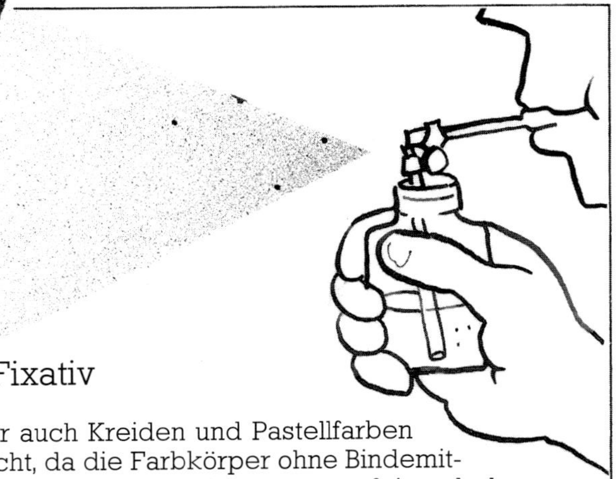

Fixativ

Kohle, aber auch Kreiden und Pastellfarben verwischen leicht, da die Farbkörper ohne Bindemittel sind. Schon wenn Sie zwei Kohlezeichnungen aufeinanderlegen, werden Sie feststellen, daß sich die eine auf der anderen abdrückt. Deshalb müssen Sie solche Zeichnungen fixieren. Fixativ gibt es fertig zu kaufen, und zwar in zwei Ausführungen. Einmal als Spraydose und einmal in einer Flasche mit dazugehörigem Zerstäuber; dieser besteht aus einem Röhrchen, das zusammengeklappt werden kann. Den längeren Teil stellt man in die Fixierflüssigkeit und bläst dann durch den kürzeren. Das Fixativ legt sich – gleichgültig welche Methode man anwendet – als leichter Film über die Zeichnung, die deshalb nicht mehr verwischt werden kann. Probieren Sie aber vor dem endgültigen Gebrauch auf einem kleinen Stück Papier die Wirkung des Fixativs aus. Wenn Sie zu nah an das Papier gehen und zuviel aufsprühen, kann die Zeichnung verlaufen und das Papier sich verziehen. Den Zerstäuber müssen Sie nach Gebrauch wieder auswaschen, da er sonst verklebt. Man kann auch während des Arbeitens einmal einen Teil der Zeichnung fixieren. Bevor Sie dann weiterarbeiten, muß das Fixativ getrocknet sein; berücksichtigen Sie aber, daß die Zeichnung nach dem Fixieren nicht mehr korrigiert werden kann.
Achten Sie auch darauf, daß Sie nur in einem gut gelüfteten Raum sprühen. Das Fixativ hat einen starken Eigengeruch, wenn man zu nah herangeht, tränen die Augen.

Kohle und Wasser

Es gibt zwei Möglichkeiten, mit Wasser und Kohle zu arbeiten. Entweder man schabt etwas Kohle ab und vermischt sie mit Wasser, oder man malt in die bereits aufgetragene Kohle hinein. Die Graunuancen und die Art der Struktur unterscheiden sich vollkommen von allem, was durch einfaches Wischen mit dem Finger entsteht: Die Töne werden fließender und weicher. Vorsicht aber bei der Auswahl des Papiers! Wenn es zu dünn ist, wellt es sich.

Kohle kann für alle Arten von Linien – von ganz dicken bis zu ganz dünnen – verwendet werden, da sie je nach Bedarf angespitzt werden kann.

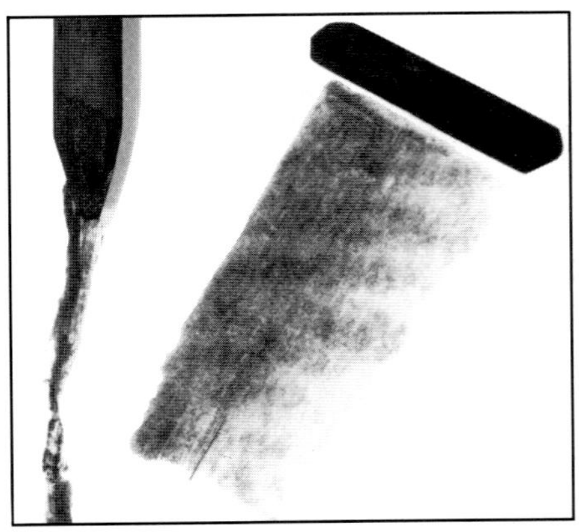

Kohle ist sehr flexibel und leicht veränderbar. Wenn Teile der Zeichnung nichts geworden sind, lassen sie sich leicht mit einem Papiertaschentuch wegwischen. Dieses Wischen kann aber auch eingesetzt werden, um größere Flächen gleichmäßig grau einzufärben.

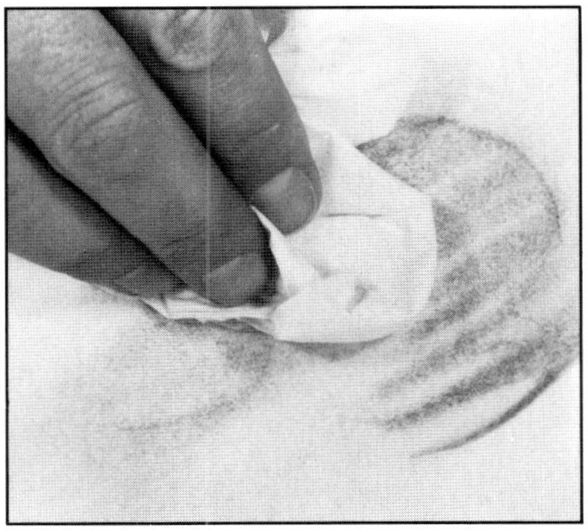

Eine sehr beliebte Art, »Highlights«, also Glanzlichter, zu setzen, ist das Radieren einzelner Stellen mit Knetgummi.

Zum Verwischen von Kohlestrichen und zum Anlegen kleiner Flächen eignet sich der Papierwischer sehr gut. Das ist ein an beiden Enden angespitzter Stift, der aus Papier gedreht ist. Den gleichen Effekt erzielt man mit etwas abgeschabter Kohle, die dann mit dem Papierwischer verrieben wird.

Rötel

Rötelkreiden werden aus komprimierter Kreide hergestellt und als rechteckige Stifte oder – wie Bleistifte – mit einer Holzhülle angeboten. Es gibt sie nicht nur wie der Name vermuten läßt, in Rot, sondern auch in verschiedenen Erdfarben, also Brauntönen, in Schwarz und in Weiß. Sie sind etwas härter als Kohle und verschmieren deshalb weniger leicht, müssen aber ebenso fixiert werden.
Es lassen sich damit sehr feine Arbeiten ausführen, verschiedene Strichstärken bekommt man durch Anspitzen oder Brechen der Kreiden. Damit sind wir auch schon bei einer Schwierigkeit; Rötelkreiden brechen sehr leicht, man muß sie sorgfältig aufbewahren, am besten getrennt von anderen Zeichenutensilien.
Sehen wir uns jetzt einmal anhand eines Porträts einige Möglichkeiten dieser Technik an.

Die Wangen

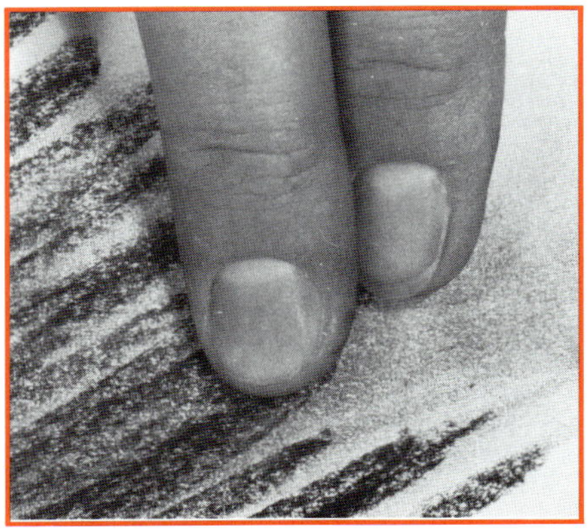

Durch Reiben mit dem Finger entsteht eine weiche Struktur, die sich gut für Gesichtspartien, wie hier die Wangen, eignet.

Der Kragen

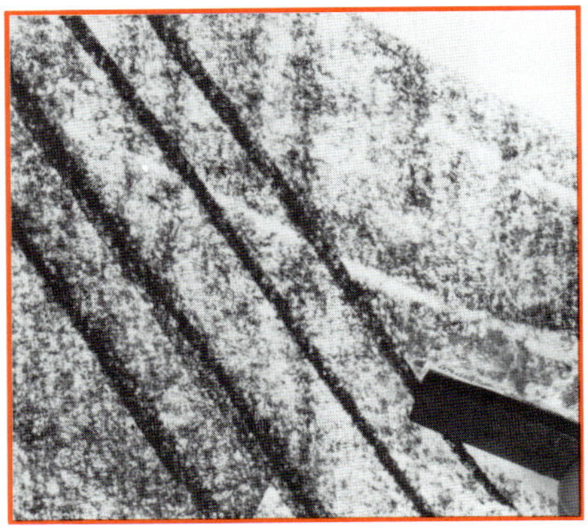

Verschiedenfarbige Rötelstifte lassen sich auch kombinieren. Bei dem Kragen zum Beispiel bin ich mit Weiß über die Fläche gegangen. Sobald sich Schwarz mit Weiß vermischt, ergeben sich leichte Grautöne. Hier habe ich lediglich die schwarzen Ränder mit dem weißen Stift etwas nach innen gezogen, dadurch ergibt sich die unregelmäßige graue Fläche, die den Eindruck kleiner Falten hervorruft.

Das Haar

Rötelstifte lassen sich anspitzen, werden aber auch mit dem stumpfen, viereckigen Ende oder sogar mit der Breitseite verwendet. Hier bin ich mit der ganzen Breite zuerst sehr leicht über die Haarpartien gegangen und habe dann die Haarformen mit einer Kante der Kreide darübergezeichnet.

Kugelschreiber

Vielleicht werden Sie sich wundern, was ein so alltägliches Gerät wie der Kugelschreiber hier zu suchen hat. Da er nur wenige Strichvariationen ermöglicht, ist er von Künstlern wenig benutzt worden. Dieser Nachteil wird durch die inzwischen erhältlichen

guten, nicht schmierenden Qualitäten etwas ausgeglichen. Der Standardkugelschreiber hat eine rollende Stahlkugel an der Spitze, aus der wasserfeste Tinte läuft; es gibt ihn in verschiedenen Strichstärken. Andere Kugelschreiber haben Nylon- oder Wolfram-Karbid-Kugeln, aus denen Tinte auf Wasserbasis läuft.

Haben Sie schon einmal während des Telefonierens vor sich hingekritzelt? Meistens sind das kleine »Schmierereien«, die man wegwirft, sobald man den Hörer aufgelegt hat. Schauen Sie sich einmal genauer an, was Sie da so gezeichnet haben. Auch das sind kleine Kompositionen, vielleicht interessante Formgebilde oder Muster.

Versuchen Sie einmal bewußt, Ihre Kritzeleien in eine Zeichnung umzusetzen. Und gehen Sie an diese genauso heran wie an die Kritzeleien. Benutzen Sie die Muster, Linien und Töne, um ein richtiges Bild zu schaffen.

Dieser Blumenstrauß ist aus Telefonkritzeleien entstanden. Da sich in dem Gekritzel hellere und dunklere Flächen ergeben hatten, erinnerte es an Pflanzen.

Der Kugelschreiber hat den Vorteil, daß man ihn leicht einstecken und überall mit hinnehmen kann. Er trocknet nicht aus, man braucht keine weiteren Hilfsmittel, wie etwa Wasser oder einen Spitzer, und kann Skizzen machen, wo immer man gerade ist. Deshalb hat er sich auch als Skizzierstift durchgesetzt. Sie sehen hier eine typische Skizze, die das Wesentliche festhält, obwohl sie schnell ausgeführt wurde. Verschiedene Tonwerte entstehen durch mehrmaliges Übereinanderzeichnen und Schraffieren. Sparsam eingesetzt, können auch farbige Kugelschreiber dazwischen interessante Effekte geben.

ANREGUNGEN

Diese Seiten mit Anregungen und Vorschlägen sollen Ihnen beim Aussuchen von Motiven, beim Weitermachen auf eigene Faust helfen. Wenn Sie alles um sich herum aufmerksam beobachten und sich nach allen Seiten öffnen, werden Sie feststellen, daß man eigentlich alles zeichnen kann, egal ob mit Bleistift, Kohle oder Kreide. Ob es sich um einen alten Stuhl, Windmühlen oder eine Landschaft handelt, Motive gibt es überall. Und wenn Sie weder eine malerische Aussicht noch einen attraktiven Stuhl in Ihrer Nähe haben, versuchen Sie doch einmal Ihr Telefon zu zeichnen oder Ihren Lieblingsgegenstand.

Das einfachste Arbeitsmaterial, Bleistift oder Kreide, die Grundlage jeder Art von Zeichen- oder Malkunst. Wenn Sie erst einmal zeichnen können, wird Ihnen das bei allen anderen Techniken helfen.

Die hier vorgeschlagenen Motive sind aber nicht ausschließlich für Bleistift oder Kohle bestimmt, Sie können Sie auch in jeder anderen Technik ausprobieren. Die Windmühle zum Beispiel könnte man ebensogut mit Filzstift zeichnen, die Stühle mit Tusche. Bevor Sie anfangen, nehmen Sie das, was Sie zeichnen wollen, in die Hand, befühlen Sie es. Vielleicht klingt das etwas merkwürdig, doch wenn Sie ein Wollknäuel im Vergleich zu einem Ei einmal »erfühlt« haben, werden Sie es ganz anders zeichnen, als wenn Sie die beiden Dinge nur sehen.

Wenn Sie spazierengehen und sich dabei nach Motiven umsehen, versuchen Sie, Ihr Auge im Sehen von Grundformen zu üben (wir haben das in dem Kapitel »Sehen lernen« besprochen). Es wird Ihnen helfen, sich für eine Komposition zu entscheiden. Das obenstehende Foto eines süditalienischen Dorfes eignet sich seiner eigenartigen Architektur wegen sehr gut zum Übertragen in Grundformen.

Suchen Sie sich hier einen Ausschnitt, der Ihnen gefällt, Sie können das ganze Bild oder nur einen Stuhl zeichnen. Für den Stuhl könnten Sie Kreide oder einen 6B-Bleistift nehmen; die Schatten an der Wand lassen sich mit einem kleinen Stück Kohle, das flach gehalten wird, arbeiten. Die Linien werden dann mit dem Finger verrieben.

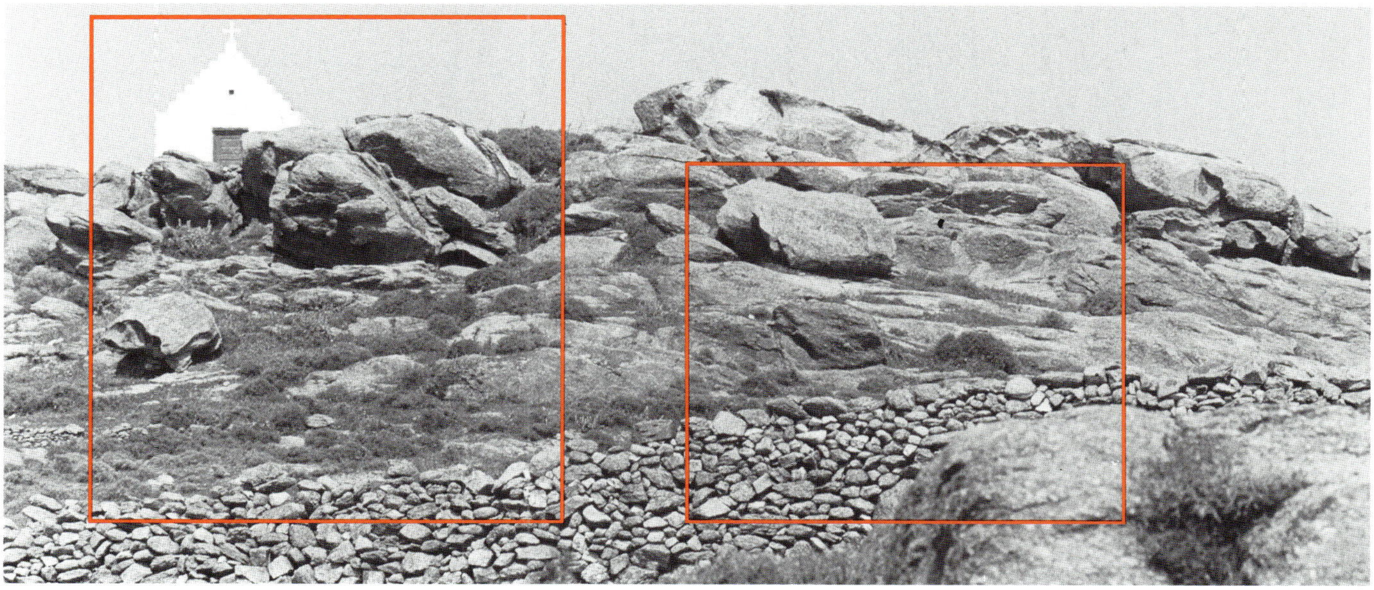

Aus diesem Landschaftsfoto lassen sich mehrere Bilder machen; zwei Möglichkeiten habe ich Ihnen eingezeichnet. Haben Sie keine Angst, verschiedene Techniken zu mischen. Man kann durchaus mit Kohle in eine Bleistiftzeichnung gehen und umgekehrt. Für den Ausschnitt mit der Kirche können Sie harte und weiche Bleistifte benützen. Bei den Steinen können Sie auch einmal die Grautöne mit den Fingern einreiben und mit Bleistift darüberzeichnen.

Vielleicht möchten Sie eine Windmühle vergrößern, übertreiben Sie dabei ruhig einmal. Interessant sind hier die stark geometrischen Linien und Formen. Auch aus dem Kontrast von weichem Gras und strenger Architektur läßt sich eine interessante Komposition machen.

Überhaupt eignen sich gerade für Arbeiten mit Bleistift und Kohle unterschiedliche Materialien, wie zum Beispiel ein glatter Apfel in einem geflochtenen Korb, ein Wollknäuel mit einer Flasche, ein Holzschemel auf einem flauschigen Teppich usw. Probieren Sie alles aus. Wie Sie wissen, kann ja nichts Schlimmeres passieren, als daß Sie einmal ein Papier wegwerfen müssen!

Galerie

Inzwischen haben Sie sicher schon eine gewisse Sicherheit im Umgang mit Bleistift, Kohle und Rötel bekommen, und manche der Galeriebilder könnten eigentlich auch von Ihnen sein. Schauen Sie sich die Bilder einmal auf die Technik hin an, nehmen Sie Ihr eigenes Zeichenwerkzeug, und versuchen Sie, Teile zu kopieren, die Ihnen gut gefallen.

Die Windmühle: Hintergrund und Gebäude sind mit flach gehaltener Kohle angelegt, die Flügel wurden mit angespitzter Kohle darübergezeichnet (Originalgröße 110 x 120 mm).
Das Portrait wurde mit verschiedenen Rötelkreiden gezeichnet (Originalgröße 295 x 345 mm).

Oben: Eine Bleistiftschraffur von Giovanni Greco, einem italienischen Zeichner. Die Glanzlichter wurden mit weißem Stift darübergesetzt (Originalgröße 240 x 330 mm).

Links: Bleistift mit Radiergummi (Originalgröße 205 x 220 mm).

Unten: harter und weicher Bleistift (Originalgröße 101 x 85 mm)

Materialien

FÜR TUSCHE UND SCHWARZE FILZSTIFTE

Das Angebot an Zeichenmaterial für Tusche ist inzwischen sehr groß und beschränkt sich nicht nur auf einfache Zeichenfedern. Trotzdem genügt es für den Anfang, wenn Sie sich einen Federhalter und vielleicht drei oder vier verschiedene Zeichenfedern kaufen. Auf den nächsten Seiten zeige ich Ihnen, was man alles mit ihnen machen kann. Entscheiden Sie sich danach für die Technik, die Ihnen am besten gefällt.

Zuerst zu den Tuschen. Außer den normalen Zeichentuschen gibt es Spezialtuschen, mit denen man auch auf Folien arbeiten kann. Ein besonders dichtes Schwarz, das auch dem Radiergummi standhält, bietet die extramatte Graphiker-Tusche der Firma Schmincke. Für Isographen braucht man eine Spezialtusche zum Nachfüllen, die von den Herstellerfirmen (Faber-Castell, Rotring, Staedtler) passend zu den Geräten angeboten werden. Wie man diese Zeichengeräte handhabt, ist in einem gesonderten Kapitel auf Seite 71 beschrieben.

Flüssige Chinatusche ergibt ein besonders weiches, samtartiges Schwarz. Feste Chinatusche (Kiefernruß wird mit Knochenleim gebunden und in feste Formen gepreßt) wird mit Wasser auf einem Tuschestein abgerieben und dann meist mit dem Pinsel verarbeitet.

Nun zu den Federn. Sie sehen hier drei verschieden starke Rohrfedern, die Sie in jedem Fachgeschäft bekommen. Eine besondere Variante ist die Feder mit eingebautem Pinsel. So können Sie den nicht übermäßig variablen Strich der Rohrfedern mit dem malerischen des Pinsels verbinden, ohne zusätzliches Werkzeug einstecken zu müssen. Die Stahlfedern, die in einen Federhalter gesteckt werden, gibt es in vielen verschiedenen Ausführungen, die für die unterschiedlichsten Techniken der Strichführung geeignet sind. Von den sehr harten bis zu den ganz weichen, von den feinsten bis zu den dicksten Federn können sie ausnahmslos für alle Arten von Tusche verwendet werden. Wichtig: Sofort nach dem Benützen reinigen, weil die Tuschen schnell antrocknen und die Federn dann verkrusten und unbrauchbar werden.

Die Ziehfeder ist, wie der Name schon sagt, fast nur zum Ziehen von geraden Linien am Lineal geeignet, da sie hart ist und die Tusche beim Drehen leicht kleckst.

Sehr verbreitet für Schwarzweißzeichnungen ist inzwischen natürlich der Filzstift. Es gibt wasserlösliche und -unlösliche Stifte in allen Stärken und auch in Pinselform (Pinselmarker). Da die Tuschen dieser Faserstifte schnell verdunsten, muß man sie nach Gebrauch sofort wieder schließen, da sie sonst austrocknen.

Zusätzliche Hilfsmittel beim Arbeiten mit Tusche: Fließpapier, Papiertücher, Pinsel aller Art, Schwämmchen, Messer, Rasierklingen und sogar zerknittertes Papier. Was man alles damit machen kann, erfahren Sie auf den nächsten Seiten.

japanischer Tuschekasten
Tusche
Papiertücher
Rasierklinge
Fließpapier
Papierschere
Rohrfedern
Schneidemesser
Zeichenfedern
Breitband-
federn
Marker
Pinselmarker
Zieh-
feder
Tuschezeichner
Filzstifte
Füller
Faserstifte

Tusche

Ursprünglich wurde für die Federzeichnung ein angespitztes Rohr (Schilfrohr oder ähnliches) in Tinte oder Tusche getaucht und dann über das Papier geführt. In den angespitzten Teil wurde eine senkrechte Rille geschnitten, damit die Tusche besser laufen konnte (heute bekommt man Rohrfedern fertig zu kaufen). Durch unterschiedlichen Druck entstehen die verschiedenartigsten Linien und Striche. Von ausdrucksstarken, mit breitem, dickem Strich angelegten Landschaftskompositionen bis hin zu feinen, strukturierten Zeichnungen ist alles möglich. Federkiel, Stahlfedern, Füller und Spezialzeichenfedern entstanden aus der Rohrfeder.
Das Zeichnen mit Tusche und Pinsel kommt den eigentlichen Maltechniken sehr nahe. Mit dem Pinsel erreicht man viele verschiedene Strukturen, durch Hinzufügen von Wasser verschiedene Grauwerte, wodurch – zusammen mit den schwarzen Tuschelinien – effektvolle Kontraste entstehen können. Die chinesische Tusche ergibt wunderschöne Grautöne und ein sanftes Schwarz. Das feste Tuschestück wird mit Wasser auf einem Tuschestein angerieben.
Die wasserfeste Tusche löst sich, sobald sie einmal vollständig getrocknet ist, auch nicht auf, wenn Sie z. B. mit nasser Aquarellfarbe darübergehen. Hier sehen Sie einige Beispiele für die vielen Möglichkeiten, die die Tusche bietet.

Diese Windmühle wurde frei mit Pinsel und Tusche gezeichnet. Das Gras und der Zaun im Vordergrund wurden mit Tusche aufgetragen und vor dem Antrocknen mit Wasser und Pinsel verwaschen.

Bei dieser Zeichnung wurden drei Dinge miteinander kombiniert: die technische Zeichnung einer Schraube, eine Federzeichnung sowie das Verwaschen von Linien mit Pinsel und Wasser.

Diese Federzeichnung eines alten Autos stammt aus meinem Skizzenbuch.

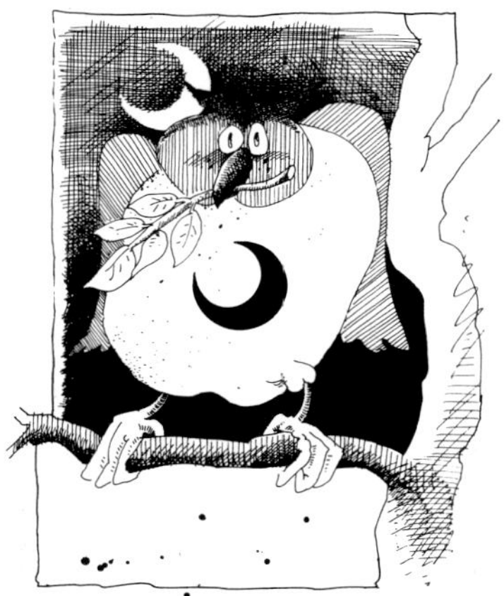

An dieser Eule sehen Sie, wie vielfältig die Feder eingesetzt werden kann. Rundungen und Tiefe entstehen durch Schraffieren.

Links eine Skizze auf rauhem Papier. Feder- und Pinselzeichnung wurden vermischt.

Um so gut zeichnen zu können, wie Sie es sicher gerne möchten, müssen Sie Ihr Arbeitsmaterial zuerst genau kennenlernen und damit umgehen können. Natürlich dauert das ein bißchen, und einige Übung ist erforderlich. Doch schon das Üben wird Ihnen Spaß machen, wenn Sie nach und nach herausfinden, welche Möglichkeiten in Feder und Pinsel stecken. Spielen Sie so einfach und leicht wie möglich mit dem Material.

Beachten Sie, daß das Ziehen und Zeichnen von Linien eine lockere und fließende Bewegung von Arm und Hand voraussetzt. Sie können eine Linie jederzeit abbrechen und neu ansetzen, dieses Unterbrechen einer Linie kann sogar einen zeichnerischen Effekt haben.

Verschwenden Sie ruhig ein bißchen Papier, dabei können Sie auch gleich die verschiedenen Papierarten ausprobieren und die unterschiedliche Reaktion von Tusche und Feder kennenlernen. Fangen Sie einfach einmal an zu kritzeln. Sie werden überrascht sein, wie viele Strukturen und kleine, abstrakte Bilder dabei herauskommen. Eine rauhe Papieroberfläche läßt die Tusche weniger leicht fließen, und die Bewegung Ihrer Hand wird leichter gestört; bei glattem Papier dagegen fließt die Tusche leicht, und Sie bleiben auch nicht ungewollt irgendwo auf dem Papier hängen.

Versuchen Sie nicht gleich, perfekte Bilder zu zeichnen, lernen Sie erst Ihr Werkzeug richtig kennen. Sehen wir uns die Möglichkeiten einmal an.

Je nach Druck macht die spitze Feder feinere oder dickere Striche. Sie eignet sich sehr gut zum Schraffieren.

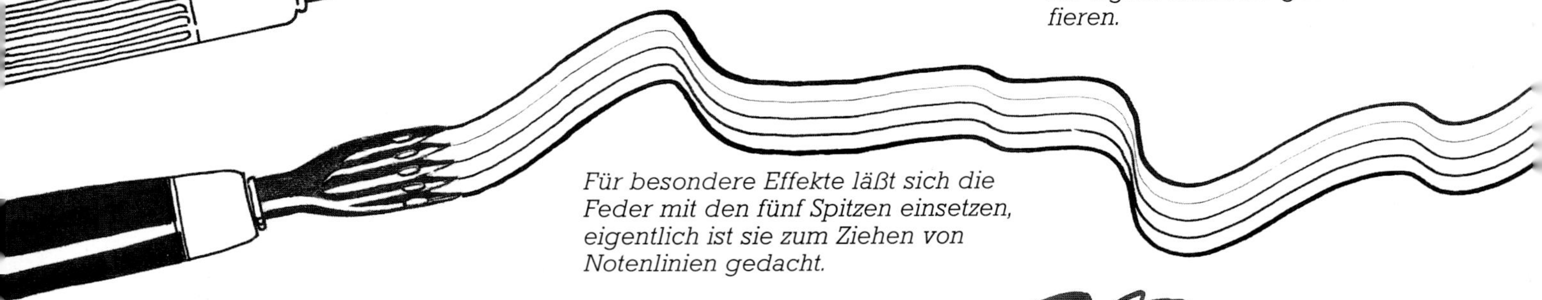

Für besondere Effekte läßt sich die Feder mit den fünf Spitzen einsetzen, eigentlich ist sie zum Ziehen von Notenlinien gedacht.

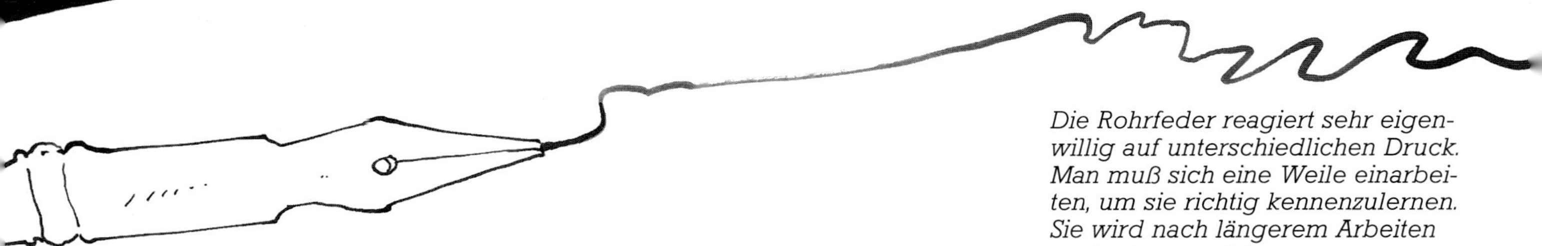

Die Rohrfeder reagiert sehr eigenwillig auf unterschiedlichen Druck. Man muß sich eine Weile einarbeiten, um sie richtig kennenzulernen. Sie wird nach längerem Arbeiten auch etwas weicher.

Hauptsächlich zum Schriftschreiben wird die Breitbandfeder genommen, man kann aber auch interessante Strukturen damit anlegen.

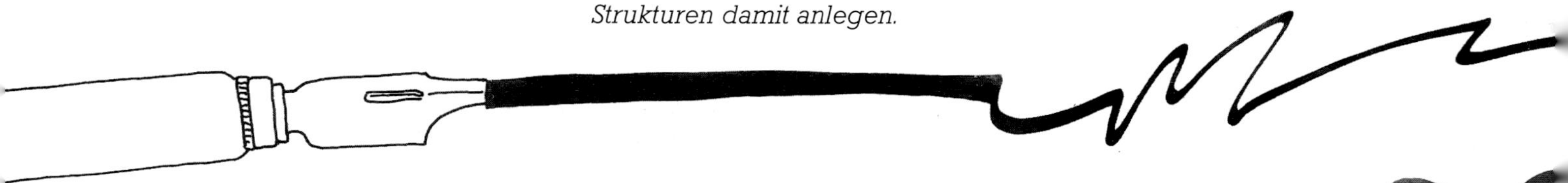

Der Pinsel erlaubt ein breites Spektrum an Linien. Halten Sie ihn, wie Bleistift und Feder, leicht und locker. Er reagiert auf den kleinsten Druck mit Veränderung der Strichstärke.

Das Schraffieren wird häufig benützt, um Grautöne und Tiefe in eine Zeichnung zu bringen. Es werden dabei Linien verschiedener Richtungen übereinandergelegt. Das ist auch eine gute Übung, um von einfachen, nur umrandenden oder begrenzenden Linien wegzukommen.

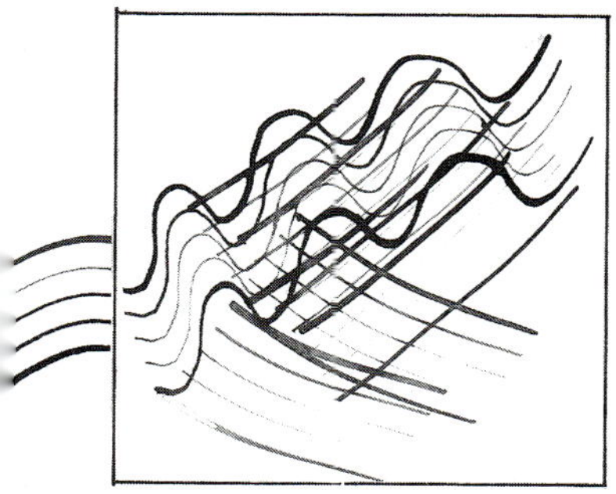

Dadurch, daß man mit dieser Feder immer fünf Linien gleichzeitig zieht, ergeben sich interessante Verschiebungen, die oft sogar perspektivisch wirken.

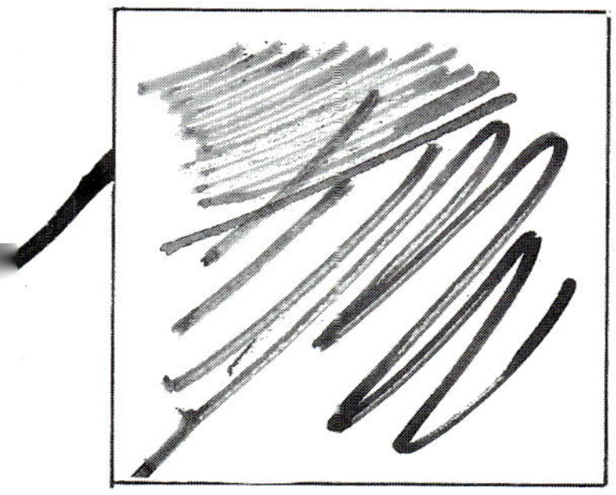

Aus der Rohrfeder läuft die Tusche sehr unregelmäßig. Dadurch wird die Linie gegen Ende oft zu trocken, was eine sehr typische Zeichenart ergibt.

Der abwechselnde Einsatz der breiten und der schmalen Seite dieser Feder ergibt reizvolle Kombinationsmöglichkeiten, die mit keiner anderen Technik in dieser Form erreicht werden können.

Nie darf die Tusche am Pinsel festtrocknen, er geht sofort kaputt. Zum Auswaschen können Sie ein bißchen Seife nehmen, die Sie leicht einreiben. Probieren Sie dann an der Handinnenfläche, ob der Pinsel wirklich sauber ist. Tusche ist sehr hartnäckig.

Tuschezeichner

Der Tuschezeichner, auch Isograph oder Rapidograph genannt, hat ein nachfüllbares Tuschereservoir. Er garantiert einen immer gleichbleibenden Strich, egal ob Sie leicht oder fest aufdrücken. Man muß ihn verhältnismäßig steil halten, da die Tusche sonst nicht mehr richtig nachläuft.

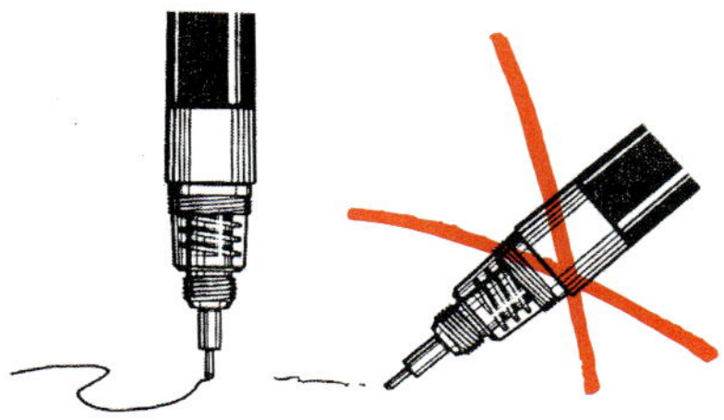

Gedacht ist der Stift eigentlich für technische oder andere sehr genaue Zeichnungen, die eben einen gleichmäßigen Strich erfordern, er hat sich aber auch als Zeichenstift durchgesetzt. Es gibt ihn in verschiedenen Strichstärken zu kaufen, wobei sich die Spitzen wahlweise in den Halter einsetzen lassen. Natürlich kann man auch für jede Strichstärke einen eigenen Halter haben, das ist eine Kostenfrage.

Der Vorteil des Tuschezeichners ist, daß man ihn überall mit hinnehmen kann und nicht zusätzlich eine Tuscheflasche mit sich herumschleppen muß. Da die Linie unveränderlich ist, erleben Sie auch keine bösen Überraschungen wie bei der Feder, bei der vielleicht unvermutet mehr Tusche herausläuft, als man sich vorgestellt hat.

Sehr feine Isographen sind äußerst sensibel, und es kann leicht passieren, daß der Stift eintrocknet, wenn man ihn nicht ständig benützt.

Eine Eintönigkeit der Linien kann man dadurch vermeiden, daß man die Spitze ab und zu leicht in Wasser taucht; weitere Möglichkeiten: Schraffuren oder die Kombination von Linien und Punkten.

Ebenso einfach in der Handhabung sind Patronenfüller. Die Linie wird nicht so ebenmäßig wie bei dem Isographen, dafür aber lebendiger, sie kommt der der Feder näher. Direkt zum Zeichnen entwickelt wurde der ArtPen (Rotring), der sich besonders gut für den Skizzenblock eignet.

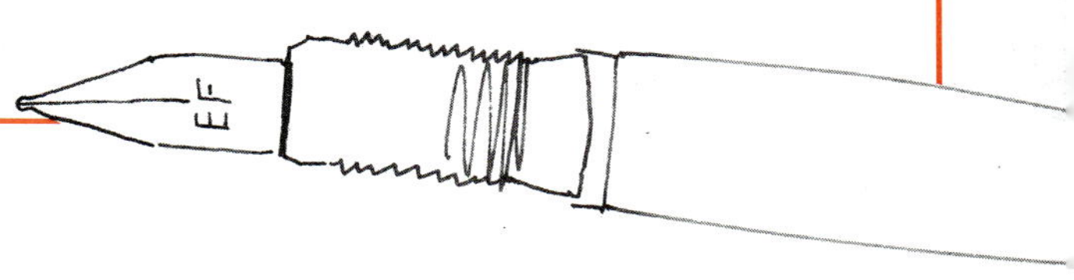

Hier habe ich eine Vase mit getrockneten Pflanzen gezeichnet. An diesem Motiv kann man besonders gut die verschiedenen Tuschetechniken erkennen. Die Zeichnung wurde verhältnismäßig schnell gemacht, und ich habe dabei die verschiedensten Federn und Pinsel verwendet. Jede der Pflanzen hat einen anderen Ausdruck und läßt sich mit anderen Mitteln darstellen. Die Rundung der Vase entsteht durch übereinandergesetzte Linien, in die ich mit Wasser gegangen bin, bevor sie ganz trocken waren. Ehe Sie nun die Beschreibung auf der nächsten Seite lesen, versuchen Sie doch einmal selbst herauszufinden, wie die einzelnen Strukturen entstanden sind.

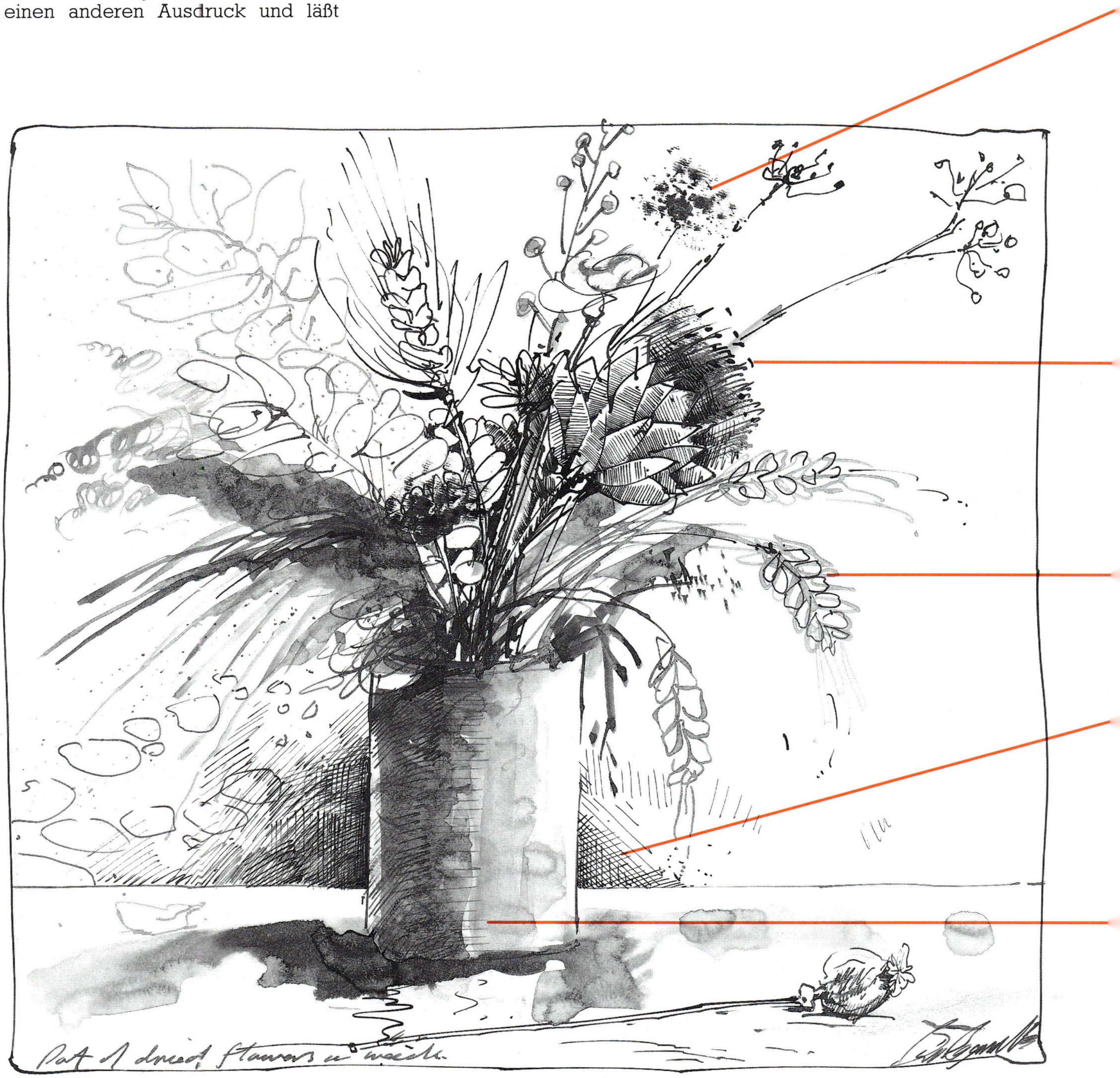

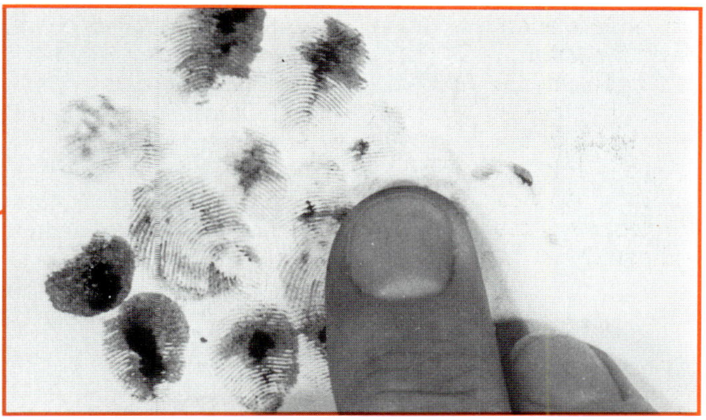

Nicht immer muß eine vollständige Linie um die Pflanze herum gezogen werden. Viele Blumen machen einen so duftigen Eindruck, als seien sie ohne feste Form. Hier habe ich ein bißchen Tusche auf ein Schmierpapier getropft, einen Finger hineingedrückt und die Abdrücke auf die Zeichnung gebracht. Dieses Verfahren müssen Sie allerdings unbedingt vorher auf einem Papier ausprobieren, denn wenn Sie zuviel Tusche am Finger haben, bekommen Sie nur Kleckse aufs Papier.

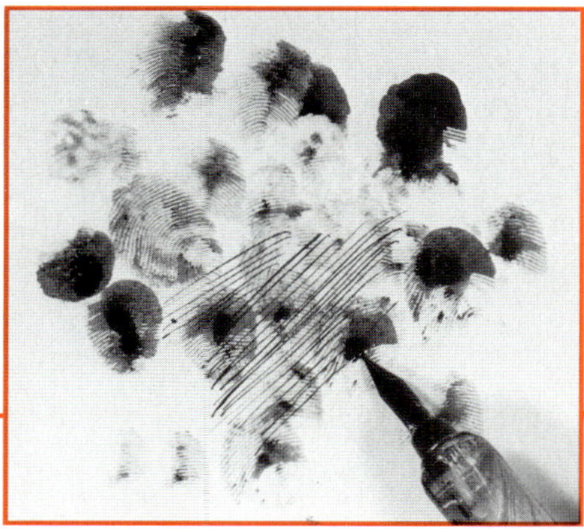

Nun kann man die Fingerabdrücke weiter überarbeiten, hier mit Linien und Punkten, die darüber- oder dazugesetzt wurden.

Natürlich lassen sich um die Abdrücke herum Blütenformen zeichnen. Der Abdruck wird dann nur als Tonschattierung benutzt.

Nicht immer verwende ich die Tusche so, wie sie aus dem Glas kommt. Reizvolle Effekte entstehen, wenn man die Feder erst in die Tusche und danach kurz in Wasser taucht. Die Verdünnung ist nicht so regelmäßig wie bei Tusche, die in einem Gefäß mit Wasser verdünnt wird. Die Ähre wirkt hier voller, weil ich mit vollem Schwarz noch einmal über die verdünnten Linien gezeichnet habe.

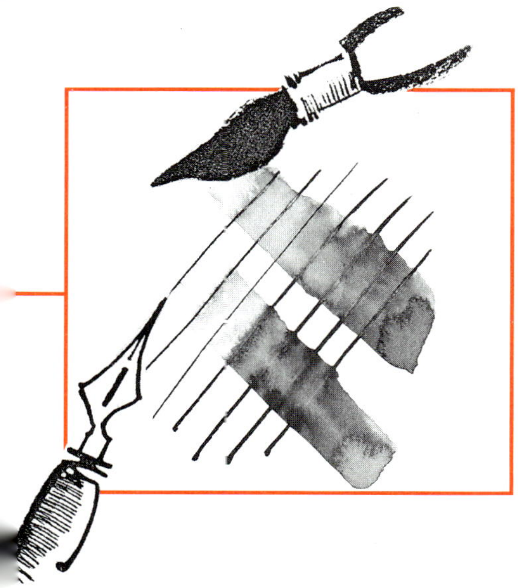

Das Zerlaufen einer Linie kann auch bewußt bestimmt werden. Man zieht Linien und geht, bevor sie antrocknen, an den gewünschten Stellen mit dem nassen Pinsel darüber, so daß nur diese Stellen verlaufen, die restliche Linie aber bleibt stehen.

Das Schraffieren mit feinen Linien ist eine sehr verbreitete Art zu zeichnen. Manche Künstler stellen in ihren Zeichnungen ausschließlich damit die verschiedenen Grauabstufungen, Tiefe und Flächen her.

Tusche ist ein Material mit nahezu endlosen Möglichkeiten. Ob Sie eine Feder, einen Pinsel, ein angespitztes Stück Holz oder die Finger hineintauchen, immer bekommen Sie andere, neue Strukturen und Effekte. Einen Teil der vielfältigen Möglichkeiten sehen Sie auf den folgenden beiden Doppelseiten, aber sicher finden Sie noch weitere, auf die ich hier nicht gekommen bin. Probieren Sie einfach alles aus, was Ihnen Spaß macht. Erst wenn Sie sich selbst mit dem Material beschäftigt haben, können Sie überblicken, was sich wofür eignet.

Schon diese unscheinbare Ecke der Zeichnung zeigt eine Kombination von Linien und Punkten, die in Kontrast zu den Schraffuren im Hintergrund steht.

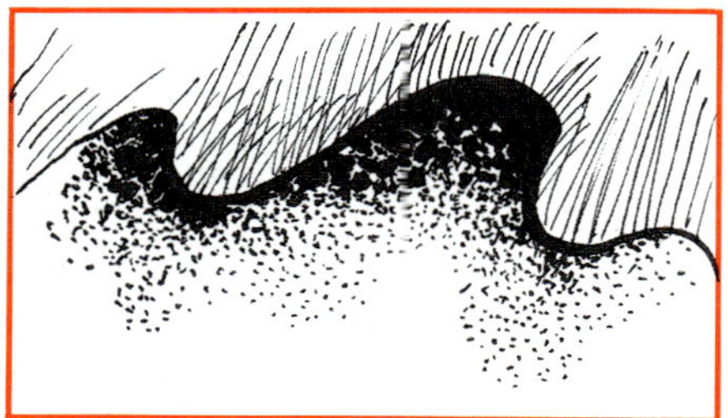

In diesen Teil der Zeichnung habe ich verschiedene Schraffuren gesetzt. Sie sehen, daß es allein da schon eine Menge verschiedener Möglichkeiten gibt, die sich voneinander abheben.
Diese Technik bietet sich an, wenn Schatten und Formen gestaltet werden sollen. Auch einfache senkrechte Linien ergeben Tonwerte, die sich durch die Dichte unterscheiden, mit der die Striche aneinandergesetzt werden.
Sie sehen, wie hier durch das Zusammenspiel von Kreuzschraffur und senkrechter Schraffur der Eindruck von Entfernung entsteht.

Ein interessanter Effekt: Sie tauchen die Feder mit der Tusche leicht in Wasser, drehen sie um und benützen die flache Oberseite der Feder, um breite und unregelmäßige Striche zu bekommen. Versuchen Sie, schnell zu arbeiten, damit frische und spontane Strukturen entstehen.

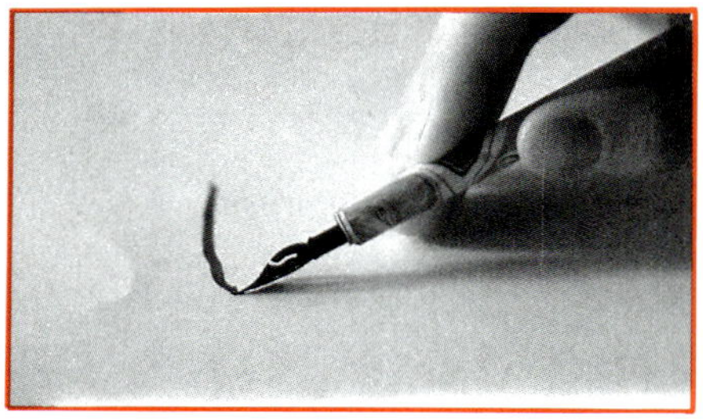

Der Eindruck von Blumen und Gräsern im Wind läßt sich leicht wiedergeben, wenn man die Feder locker in allen möglichen Haltungen über das Papier gleiten läßt. Ich habe hier alles gemischt: Pinsel mit Tusche und Wasser; die Feder flach gehalten oder ganz umgedreht; feine, schnelle Federstriche.

Die unterschiedlichsten Strukturen entstehen mit Hilfe von zerknülltem Papier, Stoff oder einem Schwamm. Man tropft die Tusche auf einen Karton oder ein festes Stück Papier, taucht das zerknitterte Papier (oder das Stück Stoff oder den Schwamm) hinein und tupft es dann auf die Zeichnung. Wie Sie an dem Baum sehen, verändert sich die Struktur, je trockener das Material wird, mit dem Sie tupfen. Sie können so aber auch mit Schablonen arbeiten und gezieltere Formen erreichen.

Für den Stamm des Baumes habe ich einen Pinsel genommen, ihn in Tusche und danach leicht in Wasser getaucht. Dann habe ich ihn sehr flach gehalten und mit seiner Breitseite von unten nach oben getupft. Das Wasser, das sich durch das leichte Eintauchen nur unregelmäßig mit der Tusche vermischt, bewirkt hellere und dunklere Schattierungen. Sie sehen das etwa in der Mitte des Stammes. Nach oben hin habe ich kaum noch Wasser dazugenommen, da der Stamm im Schatten der Krone liegt und somit dunkler ist.

Für die unregelmäßigen, breiten Linien und Striche habe ich eine Rohrfeder benützt. Auch die Rohrfeder können Sie während des Zeichnens drehen. Sie bekommen so immer wieder andere Strichstärken.

Einen Tuscheklecks kann man nach allen Seiten über das Papier blasen, dadurch entstehen die abstraktesten Linien und Formen. Hier erschienen sie mir wie kahle Äste, die sehr gut in die Landschaft mit Gräsern und Pflanzen passen. Probieren Sie das Blasen aber erst auf einem anderen Stück Papier aus. Es braucht ein bißchen Übung, bis die Tuschekleckse das tun, was man will.

Auch Fingerabdrücke ergeben unterschiedliche Strukturen. Sie tropfen etwas Tusche auf ein getrenntes Blatt Papier und drücken den Finger dann hinein. Die Struktur ändert sich, je trockener die Abdrücke werden.

Bei der Kombination von Tusche und Wasser können Zufälle gut genützt werden. Für diese alt wirkende Steinmauer habe ich Tusche mit Wasser vermischt und einen breiten Pinselstrich gezogen. In den noch nassen Strich habe ich mit Feder und Tusche Punkte hineingezeichnet, die dann verlaufen sind. Nachdem die Fläche etwas angetrocknet war, habe ich noch einige Mauersteine dazugezeichnet.

Diese Struktur habe ich mit einem Stück Stoff gemacht, das ich in verdünnte Tusche getaucht hatte. Sie sehen, daß sie weicher wirkt als die von Seite 75, die mit zerknülltem Papier gemacht wurde.

Für den Baum hinter dem Haus habe ich eine Schablone geschnitten, dann eine Zahnbürste in Tusche getaucht und damit über die Schablone gespritzt. Damit die Spritzer gleichmäßig werden, schiebt man die Bürste am besten über einen Bleistift. Man kann aber auch ein flaches Sieb benützen (in Farbgeschäften erhältlich), über das man mit der Bürste streicht, so daß die Farbe aufs Papier spritzt.

Die dunkleren und die helleren Stellen der Struktur entstehen einfach durch mehr oder weniger Spritzen. Die Struktur ändert sich, sobald Sie näher an das Papier heran- oder weiter vom Papier weggehen, wenn Sie mehr oder weniger Tusche nehmen und wenn Sie die Tusche verdünnen. Hier habe ich den Baum von dunkel nach hell verlaufen lassen.

Dieser eigenwillige Baum entstand durch eine Feder, die fünf Spitzen hat und eigentlich für Notenlinien verwendet wird. Durch ständiges Drehen der Feder und kurze, schnelle Striche entsteht langsam die Form der Baumkrone.

Schritt für Schritt

Wenn Sie mit einer Federzeichnung beginnen, versuchen Sie, sich nicht zu verkrampfen. Entspannen Sie sich und vor allem Ihre Hände. Sie können mit kleinen Skizzen anfangen, um sich in Charakter und Art Ihrer Zeichnung besser hineinzufinden. In diesem Stadium ist es nicht so wichtig, haargenau festzulegen, wie die fertige Zeichnung aussehen soll.

Der erste Schritt: Nach einigen Skizzen habe ich mit einem HB-Bleistift die Komposition mit Kopf und Schultern leicht angelegt.

Wie mit Bleistift kann man auch mit Tusche und Feder sehr spontan arbeiten. Die Eigenheiten eines Objekts lassen sich so besonders eindrucksvoll herausarbeiten.

Für den zweiten Schritt habe ich eine einfache Zeichenfeder mit Holzhalter benützt. Schauen Sie sich die unterschiedlichen Strichstärken bei Augen, Nase und Mund an, sie entstehen lediglich durch festeren Druck auf die Feder. Bei der Mittellinie der Lippen habe ich die Feder zuerst in Tusche, dann ganz wenig in Wasser getaucht. Die Linie beginnt leicht, dann wurde meine Hand – und damit auch die Linie – schwerer. Versuchen Sie, einige dieser Linien nachzumachen. Auch die Haare entstehen durch verschieden starken Druck auf die Feder.

Der dritte Schritt: Ich habe beim Hut mit Schrägschraffuren angefangen, um ihm mehr Form zu geben. Oben zu beginnen, ist manchmal einfach deshalb gut, weil man nichts mehr verschmieren kann, was ja gerade bei Tusche leicht passiert, wenn irgendein Teil noch nicht vollständig getrocknet ist.

Für den karierten Anzug habe ich einen runden Aquarellpinsel (Nr. 4) benützt und ziemlich schnell damit gearbeitet, und zwar naß auf naß (also nicht erst die senkrechten Linien trocknen lassen, bevor die waagerechten darübergezogen werden!).

Nun, beim vierten Schritt, habe ich dem Hut durch verstärktes Schraffieren noch mehr Form gegeben, und das Loch wurde plastischer.

Mit Pinsel und etwas Wasser entstand die charakteristische Nase (im unteren Teil ist mehr Tusche als im oberen). Die rechte Seite des Jacketts habe ich mit Schablone und Zahnbürste gespritzt (wie auf Seite 77 gezeigt).

Sie sehen, daß ich aus Versehen ein bißchen danebengespritzt habe (auch oben am Hut). Das macht aber gar nichts, denn so ein kleiner Unfall kann einer Zeichnung einen reizvollen, spontanen Effekt geben.

Filzstift

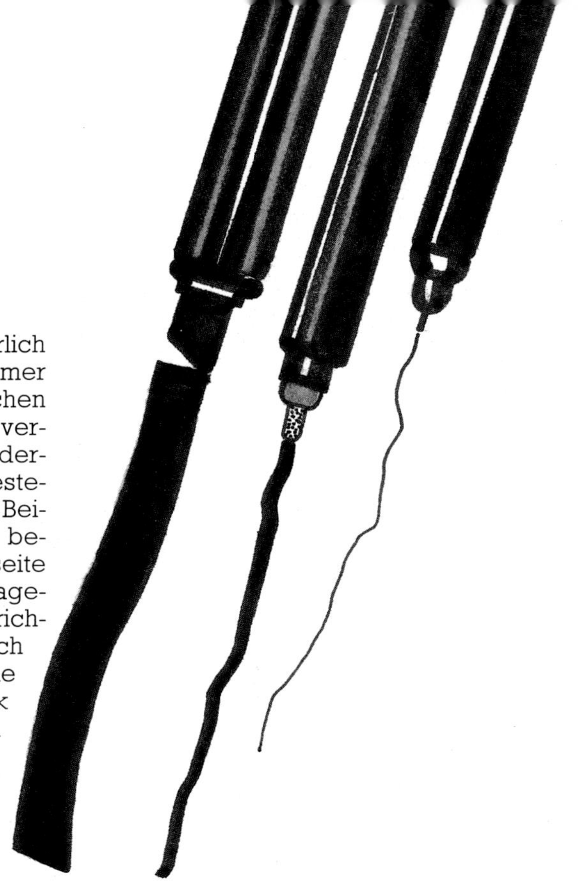

Filzstifte eignen sich sehr gut zum Skizzieren unterwegs, aber auch für kontrastreiche Zeichnungen. Man bekommt sie in jeder Schreibwarenhandlung, meist sogar in verschiedenen Stärken. Die Spitzen bestehen aus Nylon, Vinyl oder einer Gummimischung und sind mit wasserlöslicher oder nicht wasserlöslicher Tusche getränkt. Es gibt inzwischen so viele Formen und Strichstärken dieser Stifte, daß Sie nicht umhinkönnen werden, einige einfach auszuprobieren.
Dazu kommt noch das Papier, denn jeder Stift reagiert auf jedem Papier anders. So saugt faseriges Papier die Tusche auf; auf glattem, hartem dagegen bleibt sie stehen und verwischt leicht. Auf einigen Papieren zerfließt die Tusche sogar, was sehr ärgerlich sein kann. Probieren Sie also immer zuerst auf einem kleinen Stückchen aus, wie sich der Filzstift darauf verarbeiten läßt. Sogar zwischen Vorder- und Rückseite eines Papiers bestehen Unterschiede. So gibt es zum Beispiel Layoutpapier, bei dem bestimmte Stifte auf der Vorderseite zerfließen, auf der Rückseite dagegen glatt stehen bleiben. Die Strichstärke eines Stiftes bleibt ziemlich gleichmäßig, wird also nicht wie bei dem Bleistift je nach Druck dicker oder dünner. Bei dicken Stiften haben Sie oft eine schmale sowie eine breite Seite und damit auch die Möglichkeit, schmale und breite Linien zu ziehen.

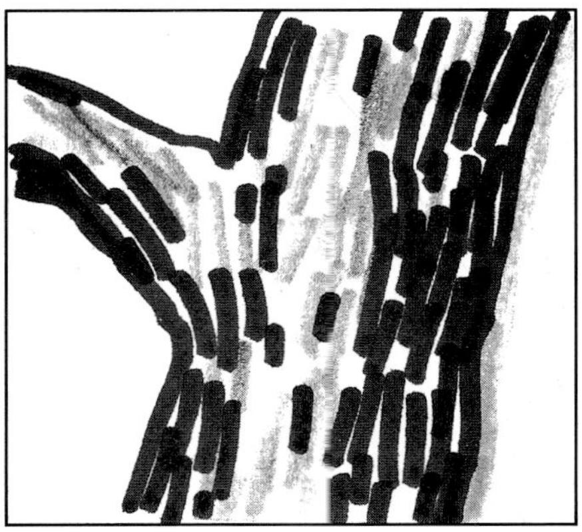

Die Zeichnung rechts wurde mit einem mittelfeinen PentelPen gemacht. Wenn der Stift lange offen bleibt, werden die Striche zwar immer trockener; verschließt man ihn jedoch, läuft die Tinte innerhalb weniger Minuten wieder nach. Dieses Antrocknen kann man aber auch bewußt einsetzen. Den Unterschied zwischen trockenem und feuchtem Marker sehen Sie an den Tannennadeln (feucht) und an den hellen Teilen des Baumstammes (trocken).

Mit wasserlöslichem Filzstift gezeichnete Linien lassen sich natürlich mit Wasser verändern. Wenn man mit einem nassen Pinsel darüber geht, zerlaufen sie.

Die Pinselmarker haben eine weiche Faserspitze und sind daher ähnlich variabel im Strich wie ein Pinsel. Sie haben allerdings den Vorteil, daß die Tusche geraume Zeit nicht ausgeht, man nirgends eintauchen und auch nichts auswaschen muß.

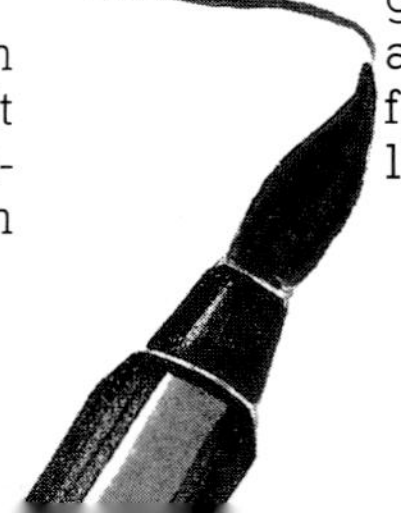

Bleiben wir bei dem Beispiel des Baumstammes: Der Stamm wirkt durch die verlaufenen Konturen weicher, er hat eine andere Struktur bekommen. Probieren Sie selbst ein bißchen mit den Möglichkeiten des Verlaufenlassens herum, Sie werden Spaß an den verschiedenen Effekten haben, die sich da ergeben. Anregungen dazu wird Ihnen auch das Kapitel über farbige Filzstifte (Seite 150–161) geben.

ANREGUNGEN

Wie Sie gesehen haben, lassen sich mit Tusche und Feder weiche Formen ebensogut darstellen wie harte und stark strukturierte. Ich habe hier deshalb auch ganz unterschiedliche Motive ausgesucht.

Diese völlig abstrakten Holzstrukturen geben Ihnen Gelegenheit, leicht und rhythmisch mit Linien zu spielen. Nützen Sie dabei auch Zufälle. Wenn also eine Linie etwas danebenläuft, kann das ebenso in die Zeichnung aufgenommen werden wie ein paar versehentlich aufs Papier geratene Tusche- oder Wassertropfen. Solche »Unfälle« lassen das Bild frisch und lebendig erscheinen.

Beim Puppenporträt wurden sehr unterschiedliche Techniken in einem einzigen Bild vereint. Da liegen die weichen Töne des Gesichts neben der rauhen Struktur der Haare, die Bänder sind aus anderem Material als Stoff und Spitzen. Sie können hier ganz ähnlich arbeiten, wie ich das am Beispiel des Clowns bei »Schritt-für-Schritt« gezeigt habe. Denken Sie daran, daß Sie keine naturgetreue Abbildung machen müssen, benützen Sie Ihr Arbeitsmaterial frei und ungezwungen.

Ein schwieriges Motiv: Holz, Wasser, Kette und Seile. Doch gerade in diesen völlig unterschiedlichen Strukturen liegt der Reiz dieses Bildes. Das Holz kann mit vielen verschiedenartigen, intensiven Linien dargestellt werden, das Seil dagegen mit dicker Feder oder Rohrfeder, die Kette mit feiner Feder und das Wasser naß in naß mit dem Pinsel. Das heißt natürlich nicht, daß Sie es jetzt genauso machen müssen. Auch das verhältnismäßig streng wirkende Dorf läßt sich mit Wasser und Pinsel malen – wählen Sie die Technik, die Ihnen am meisten Spaß macht.

Für die winterlichen Bäume oben können Sie nun alles an Techniken und Spielereien einsetzen, was Sie bisher gelernt haben. Wichtig ist, wie immer, daß Sie sich nicht verkrampfen und aus der Vorlage Ihr ganz persönliches Bild entwickeln.

Viele Quadrate, Rechtecke, Dreiecke und auch runde Formen finden Sie in diesem Bild eines griechischen Dorfes. Erinnern Sie sich an die Auflösung in Grundformen, von der wir auf den Seiten 14 und 15 gesprochen haben? Dieses Bild läßt sich leicht auflösen und auch in eine abstrakte Zeichnung umsetzen. Die vielen elektrischen Leitungen können Sie entweder ganz weglassen oder bewußt als Gestaltungselement einsetzen.

Sie sehen hier sehr unterschiedliche Anwendungen von Tusche, Feder und Pinsel.

»Die Vögel« von Borislav Sajtinac (Originalgröße 60 x 32 mm) und die »sechs Kissen« von Albrecht Dürer (deutscher Künstler; 1471–1528) zeigen eine sehr typische Art von Federzeichnung. Während die Vögel in Richtung Karikatur gehen, benützt Dürer die Feder, um Formen herauszuarbeiten.

Die Zeichnung unten (Originalgröße 257 x 160 mm) habe ich auf Aquarellpapier gemacht. In die noch nasse, mit Wasser verdünnte Tusche habe ich hineingezeichnet, bis sie immer trockener wurde.

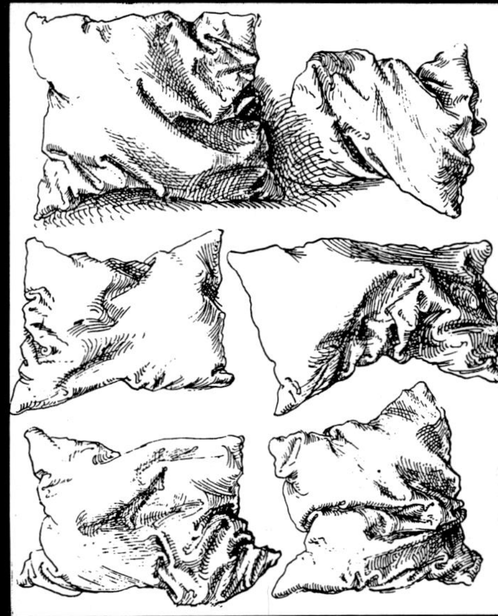

Links ein Porträt von Henri de Toulouse-Lautrec (französischer Künstler; 1864–1901). Oben ein Porträt von Henri Matisse (französischer Maler; 1869–1954).

Die beiden Porträts zeigen den Unterschied zwischen der Wirkung feiner und der dicker Linien. Allein durch die Technik werden die verschiedenen Charaktere deutlich. Beide Bilder gehen schon leicht in die Karikatur über. Übrigens sind diese Abbildungen von mir selbst angefertigte Kopien der Originale. Versuchen Sie auch einmal, Arbeiten anderer Künstler zu kopieren. Sie lernen Ihr Arbeitsmaterial besser kennen, wenn Sie nachvollziehen, wie andere es eingesetzt haben.

Mit vielen Linien und Mustern hat Vincent van Gogh diesen »Blick auf Arles« gezeichnet (Originalgröße 555 x 435 mm). Sehen Sie sich einmal an, wie fein sich die Töne zwischen den Linien und Punkten verändern. Die Tiefe entsteht nicht allein durch die Perspektive, sondern eben durch die vielen Variationen von Linien, Punkten und Strichen, die mit der Rohrfeder gemacht wurden. Wenn Sie die Augen zusammenkneifen, sehen Sie die Verteilung von Licht und Schatten noch deutlicher.

Skizzenblock

Die meisten Menschen nehmen in den Urlaub eine Kamera mit. Auf Fotos möchten sie ihre Erinnerungen festhalten, vielleicht um Freunde einmal daran teilhaben zu lassen oder um sich selbst wieder manches ins Gedächtnis rufen zu können.

Genau die gleiche Funktion hat ein Skizzenblock, mehr noch, denn auf ihm kann man auch Ideen festhalten, Gedanken und Empfindungen, die sich mit keiner Kamera einfangen lassen. Blättert man nach Jahren so einen Skizzenblock wieder durch, so ist das, als hätte man ein Tagebuch und ein Fotoalbum in einem vor sich.

In der Handhabung ist so ein Block ganz einfach; außer dem Papier benötigen Sie lediglich ein paar Blei- oder Filzstifte, vielleicht auch einige Buntstifte, das bleibt jedem einzelnen überlassen.

Auch die Größe des Skizzenblocks ist individuell verschieden. Ob in Handtaschengröße oder zum Unter-den-Arm-Nehmen – wichtig ist, daß er leicht zu transportieren ist und eine harte Rückseite hat, damit man ihn auch einmal zum Zeichnen auf die Knie legen kann.

Durch das schnelle Festhalten von Eindrücken, das rasche Skizzieren also, wird Ihr Strich sicherer.

Da Sie eine Situation sozusagen live einfangen, wird die Zeichnung spontan und frisch, selbst wenn einmal nicht alles so ganz genau »stimmt«. Sie werden feststellen, daß Sie manchmal die Frische und die Klarheit einer kleinen Skizze auf Leinwand oder ähnlichem nicht mit gleicher Ausdruckskraft wiederholen können.

Ähnlich wie bei einem mit einer Kamera gemachten Schnappschuß, werden Sie manchmal von dem Ergebnis Ihrer Skizzierarbeit angenehm überrascht sein. Und selbst wenn einmal etwas danebengehen sollte, so ist das auch nicht weiter

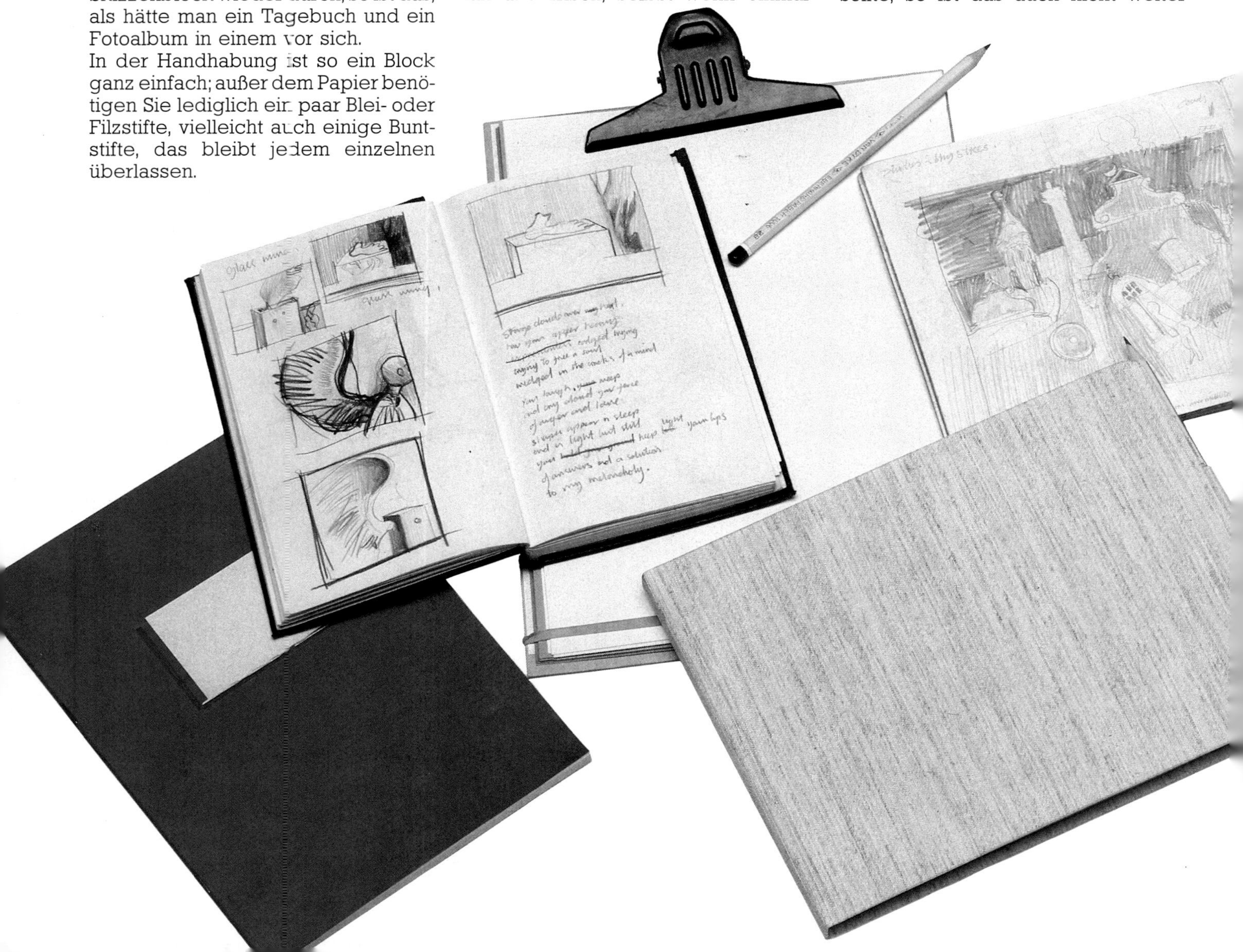

schlimm, dann nehmen Sie eben die nächste Seite. Diese Sicherheit, ruhig einmal etwas danebengehen lassen zu können, weil es ja »bloß« der Skizzenblock ist, wird Ihnen dann auch bei anderen Arbeiten helfen, die Angst vor dem leeren Blatt, die Scheu, überhaupt anzufangen, zu überwinden.

Schaut man sich nach längerer Zeit einen alten Skizzenblock an, kann man daran seine eigenen Fortschritte erkennen. Auch so kann der Skizzenblock zu einer Fundgrube für Motive und Anregungen werden und die Themenwahl für die nächste Arbeit erleichtern.

Es gibt unzählige Arten von Skizzenblöcken, auch Hefte oder Bücher können verwendet werden. Für den Anfang genügen ein einfaches Heft oder ein glatter Block, unliniert natürlich, weil die Linien Ihre Skizzen stören würden.

Wenn Sie mit Wasser, Tusche oder Filzstiften arbeiten, müssen Sie aufpassen, daß Sie nur eine Seite des Blockes benützen, da diese Materialien oft durch das Papier schlagen und dann auf der Rückseite zu sehen sind.

Außerdem kann man auf diese Weise eine besonders geglückte Zeichnung auch einmal einzeln herausnehmen.

Blöcke mit Spiralrücken haben den Vorteil, daß man ein Blatt leicht heraustrennen kann. Sie können aber auch selbst einen Block herstellen, indem Sie Papiere auf ein Stück harte Pappe oder eine Hartfaserplatte aufklemmen. Wie schon erwähnt, sollte in jedem Fall eine harte Rückseite vorhanden sein.

Das Format sollte gewährleisten, daß man den Block ohne Probleme überall mit hinnehmen kann. DIN A4 eignet sich gut, kleinere Formate sind natürlich handlicher, hindern aber daran, auch mal etwas großzügiger zu arbeiten.

Zur Veranschaulichung hier einige Skizzenblöcke. Ganz links ein einfaches Heft, daneben ein selbstgemachter Block mit verschiedenen Papieren, der durch eine Klammer zusammengehalten wird. Ich persönlich zeichne gerne in unlinierte Bücher, Sie sehen hier einige Seiten daraus. Unten in der Mitte ein Skizzenblock, der mit dem eingesteckten Bleistift verschlossen wird, rechts ein Spiralblock.

Für Skizzen, die man unterwegs machen möchte, eignen sich nicht alle Stifte. Bleistifte, Tuscheschreiber, Filzstifte, Kugelschreiber und Buntstifte kann man gut verwenden, weil man sie leicht einstecken und mitnehmen kann. Man braucht auch keine weiteren Hilfsmittel wie Wasser, Verdünner oder sonstiges dazu. Von Kohle und Kreide würde ich abraten, da die Zeichnung leicht verwischt und man dann nur noch einen Teil seiner Skizzen nach Hause bringt.

Auf diesen beiden Seiten sehen Sie einige Beispiele aus meinem Skizzenblock. Menschen in einem Café, Landschaften, Details aus Dächern, mal ein Gesichtsausdruck, mal eine Geste, alles läßt sich festhalten. Die Details müssen nicht genau sein, wichtig ist es, den Eindruck festzuhalten.
Ich habe für die Landschaft links Tusche verwendet, für die Dächer einen Isographen und für die Figurenskizzen Bleistift.

Zeichnen Sie so oft wie möglich in Ihren Skizzenblock. Es sollte Ihnen zur Gewohnheit werden, den Block bei sich zu haben. Wenn Sie einmal warten müssen, zeichnen Sie die Wartenden, benützen Sie ihn beim Spazierengehen wie eine Kamera, halten Sie ein Detail fest oder ein Ornament, das Ihnen besonders gut gefällt. Nichts von dem, was Sie im Skizzenblock festhalten, ist unnütz, alles kann Sie später einmal auf eine neue Idee bringen, Sie zu einem ganz anderen Bild anregen. Ob Straßenzüge oder ein Gesicht, ob ein Leiterwagen oder die Eisenkonstruktion eines Bahnhofs, Sie sammeln Eindrücke und auch Informationen, die Sie in größerer Auswahl nirgends finden werden, da dieses Material ja

ganz auf Ihre Interessen zugeschnitten ist. Heben Sie auf jeden Fall diese Skizzenbücher auf, manchmal entdeckt man nach Jahren etwas, dem man vorher kaum Bedeutung geschenkt hat.

HOTEL

Zeichnen von Menschen

Die Anatomie des Menschen hat sich in vielen tausend Jahren nur wenig verändert. Die Künstler jedoch haben über die Jahrhunderte immer wieder etwas anderes gesehen und auch dargestellt.
So fanden die Ägypter über 3000 Jahre hinweg nur wenig Variationen in den Proportionen des Menschen, im Fernen Osten diente der menschliche Körper, wenn er gemalt oder gezeichnet wurde, in erster Linie als dekoratives Element, während die Griechen und Römer perfekte gottähnliche Wesen schufen. Im Mittelalter wollten die Künstler nicht einfach einen Körper darstellen, sondern gleichzeitig geistige Ideale ins Bildliche umsetzen.
Die aufregende Wende trat in Florenz ein. Nicht länger war der menschliche Körper nur eine äußere Schale für die unsterbliche Seele, sondern er wurde zu einer schönen, festen Form mit realen Proportionen und echtem Ausdruck. Die Wissenschaftler und Künstler Leonardo da Vinci und Michelangelo (italienischer Bildhauer, Maler und Architekt; 1475–1564) gehörten zu den ersten, die das Studium der Anatomie, so wie wir sie heute kennen, einführten.
Heute hat sich die Darstellung von Menschen in mancher Hinsicht geändert. Viele Künstler haben sich vollständig von der realistischen Darstellung gelöst, die Abstraktion spielt eine wichtige Rolle. Doch um von etwas abstrahieren zu können, muß man zuerst einmal wissen, wie es denn tatsächlich aussieht.
Um überhaupt mit dem Figurenzeichnen anfangen zu können, sollten Sie einiges über Proportionen wissen, Proportionen einer idealen Figur. Der menschliche Körper hat natürlich viele verschiedene Formen, doch wir müssen uns für den Anfang auf eine Standardform festlegen, die in natürlichem Verhältnis zur realen Anatomie steht. Diese grundsätzlichen Proportionen der idealen Figur helfen Ihnen bei jeder Art von Figurenzeichnen.
Natürlich gibt es viele Ausnahmen von dieser Regel, aber generell läßt sich der Körper eines Erwachsenen in sieben bis acht gleiche Teile gliedern. Der Kopf macht ungefähr ein Achtel des ganzen Körpers aus. Sind beide Arme ausgestreckt, entspricht die Entfernung von den rechten Fingerspitzen bis zu den linken der Länge des Körpers vom Kopf bis zu den Füßen. Zeichnen Sie einmal selbst einfache Figuren mit diesen Proportionen.

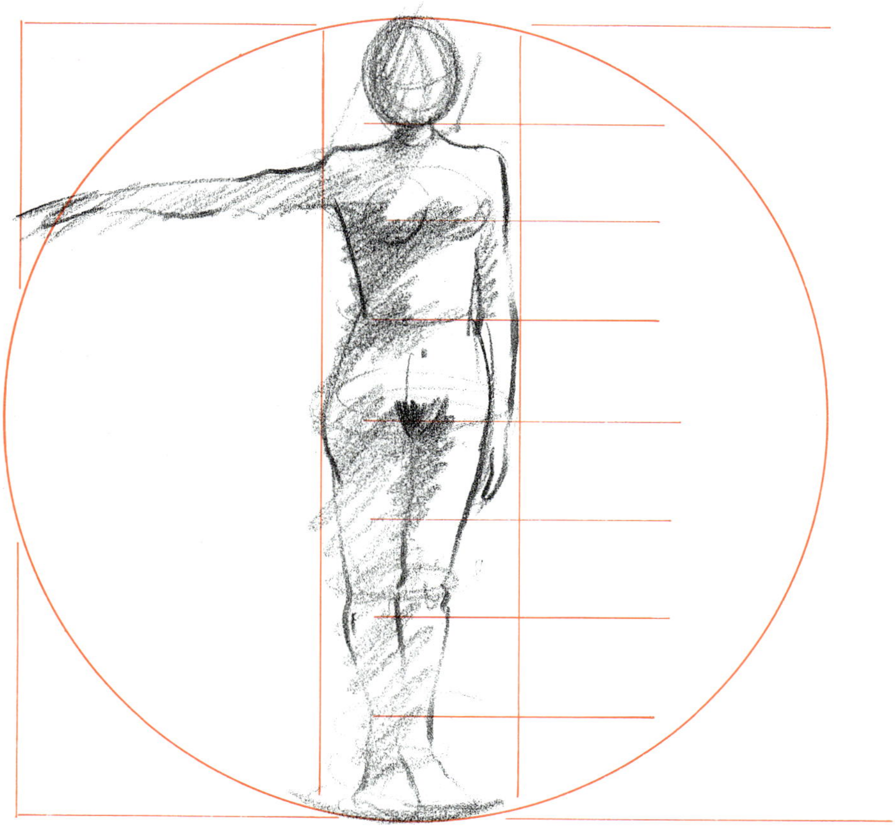

Dieses Diagramm zeigt Ihnen die Größenverhältnisse vom Kind bis zum Erwachsenen. Die waagerechte Linie bedeutet die Mitte des Körpers, und man sieht deutlich, wie diese Mitte vom Magen nach unten wandert. Während der Kopf sich nur geringfügig verändert, wachsen Arme und Beine besonders stark.

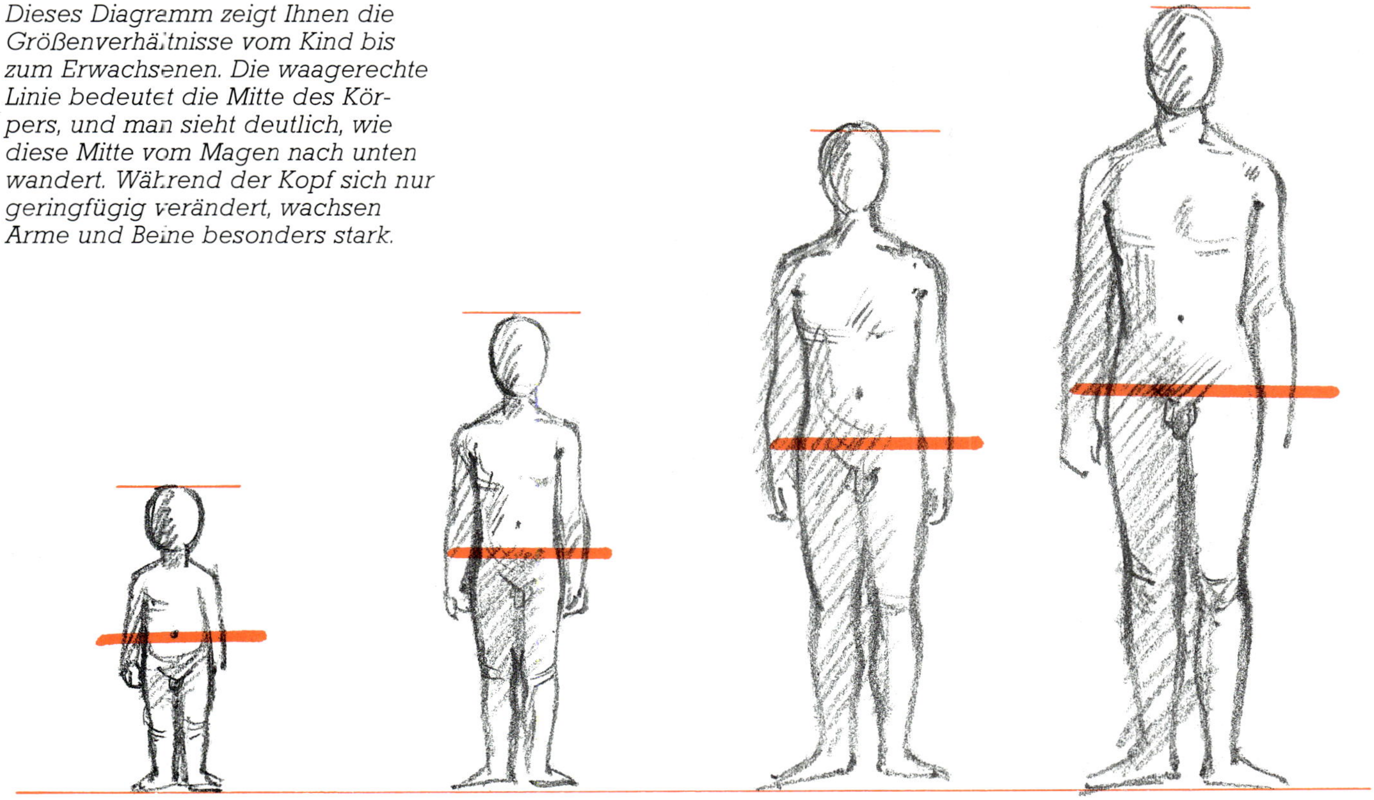

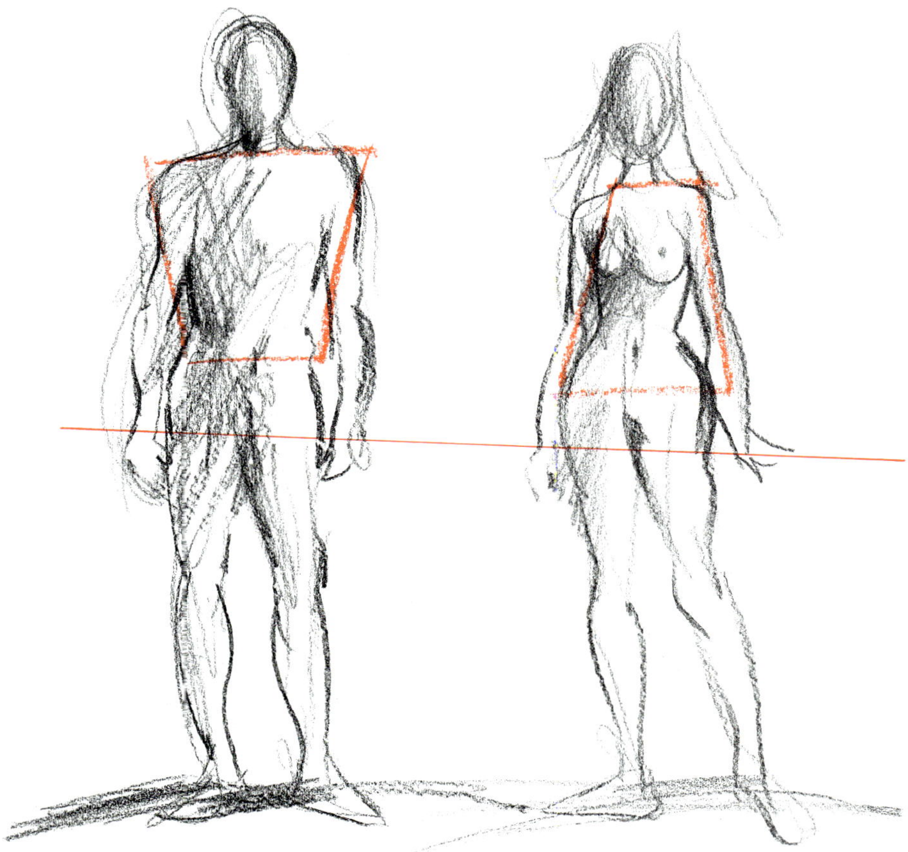

Wenn ein Kind auf die Welt kommt, ist der Kopf im Vergleich zu Armen und Beinen sehr groß. Insgesamt ist der Säugling drei Köpfe lang. Wenn das Kind etwa ein Jahr alt ist, hat sein Körper vom Hals bis zu den Füßen ungefähr dreieinhalbmal die Länge seines Kopfes, das Kind ist also insgesamt viereinhalb Köpfe groß. Die Beine sind, verglichen mit Kopf und Rumpf, verhältnismäßig kurz. Die Mitte des Körpers liegt etwa auf Höhe des Magens. Später werden Arme und Beine länger. Mit acht Jahren befindet sich die Mitte des Körpers gerade über den Hüften. Im Alter von zwölf ist das Kind dann sieben Köpfe groß und die Mitte des Körpers rutscht bis zum Schritt. Mit zunehmendem Alter wird das Kind zwar noch größer, die Proportionen aber bleiben die gleichen.

Männliche oder weibliche Figuren, egal ob angezogen oder nackt, haben eine grundsätzlich unterschiedliche Form: Der Mann hat die Tendenz zu breiten Schultern und schmalen Hüften, während die Frau eher schmale Schultern und breitere Hüften hat.

Oft zeichnet man eine Figur, und irgend etwas stimmt nicht daran, sie wirkt flach und unecht. Das ist für viele Zeichner das Hauptproblem, denn die Figur muß eine runde, dreidimensionale Form bekommen.

Wir alle kennen das Strichmännchen, das das einfachste Symbol für eine Figur ist. Gehen wir einmal von einem solchen Männchen aus einen Schritt weiter und geben ihm runde Formen. Da wird aus dem Kopf ein Ball, aus dem Körper werden lauter Röhren.

Damit die Formen auch wirklich rund wirken, brauchen wir Licht und Schatten. Sehen Sie sich dazu noch einmal die Seiten 32 bis 35 an und probieren es dann einmal selbst. Zeichnen Sie ein »Röhrenmännchen«, und geben Sie ihm Licht- und Schatteneffekte. Natürlich hat diese Figur nicht die schönen, geschwungenen Linien einer »richtigen« Zeichnung, Sie können damit aber sehr gut das Runde und Körperliche, der Figur erfassen. Mit dieser vereinfachten Art der Darstellung vor Augen und den idealen Proportionen im Kopf, kommen wir zum eigentlichen Figurenzeichnen.

An den Beispielen rechts sehen Sie in drei Schritten, wie man eine Figur mit den einfachen Grundproportionen aufbauen kann.

Versuchen Sie, die Figur als Ganzes zu sehen, und verlieren Sie sich nicht in Einzelheiten. Erst wenn Ihre Figur in groben Zügen steht, wenn sie nicht irgendwie umfällt und wenn die Proportionen annähernd stimmen, dann können Sie sich mit Details beschäftigen. Es kann Ihnen sonst nämlich passieren, daß Sie ein sehr schönes Gesicht gezeichnet haben, aber dann für die Beine keinen Platz mehr finden.

Um sich besser zurechtzufinden, kann man auch bewegliche Holzpuppen zu Hilfe nehmen, denen man jede Haltung geben kann. Man kann sie in Fachgeschäften kaufen, sie sind aber nicht ganz billig und nicht so ideal wie ein lebendes Modell.

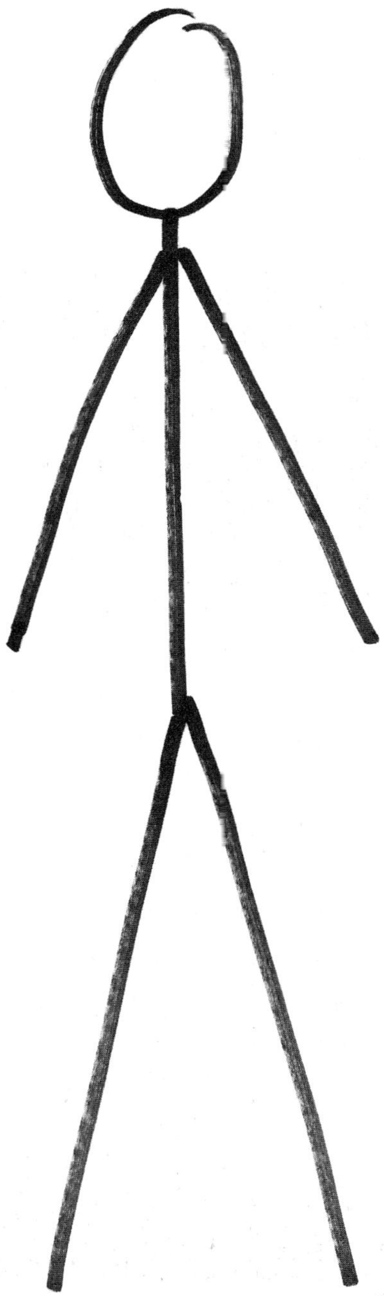

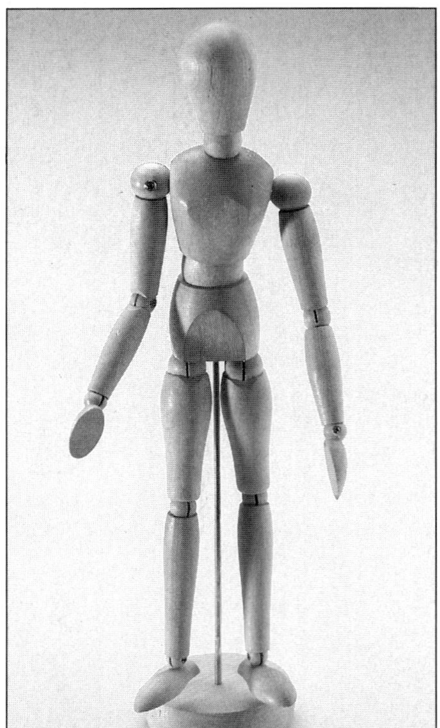

Das hier ist fast noch ein Strichmännchen. Die Grundproportionen habe ich ganz frei mit einem weichen Bleistift skizziert. Beginnen Sie mit einigen wenigen Linien zum Aufbau der Figur, achten Sie besonders auf den Kopf und auf die Mitte, die den Körper in zwei Teile teilt.

Wenn Sie mit Ihrer Grundkonstruktion zufrieden sind, können Sie darauf aufbauen. Legen Sie die Rundungen an, und vervollständigen Sie die Proportionen in der Reihenfolge Kopf – Schultern – Hüfte – Beine. Wenn Sie glauben, daß Proportionen und Haltung stimmen, arbeiten Sie weiter.

Mit wenigen einfachen Schatten bekommt die Figur nun Form, sie wird plastisch. Legen Sie die Töne und Schatten ganz einfach an, Sie werden selbst merken, wann die Figur »lebt«. Sie sehen, daß hier eine solide Figur entstanden ist, obwohl keine exakten Details ausgearbeitet wurden.

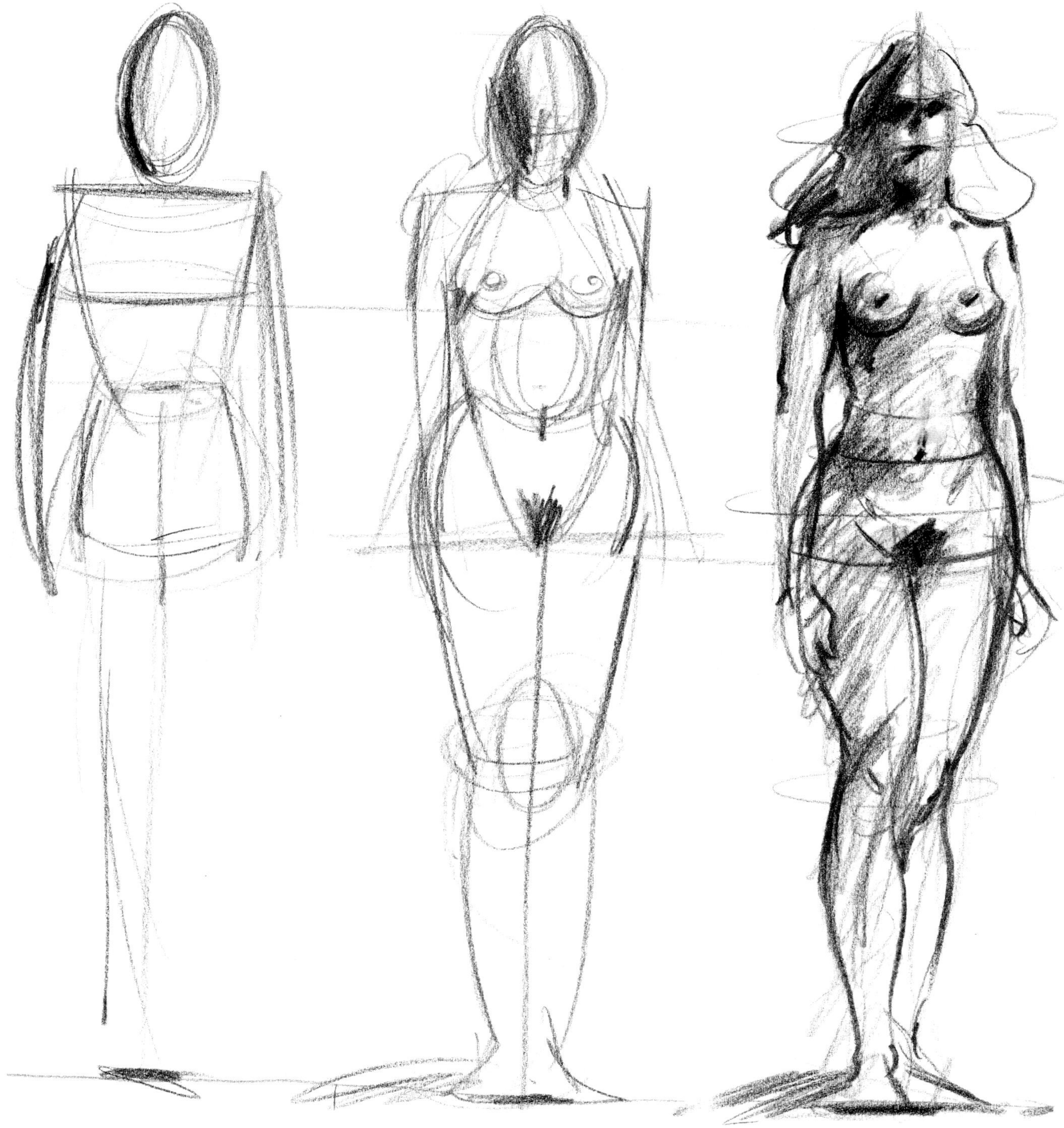

Bewegungen

Eine bewegte Figur zu zeichnen, heißt nichts anderes als eine lebende Figur zu zeichnen. Menschen laufen, sitzen, schlafen, springen, lachen, niesen, gähnen. Jede Bewegung drückt etwas aus, jede Geste zeigt oder sagt etwas. Dieses »Etwas«, diese Aussage gilt es nun in der Zeichnung festzuhalten.

Dabei ist es vollkommen unwichtig, ob die Person, die man zeichnet, einen gestreiften Mantel trägt oder gar nichts. Es ist auch unwichtig, ob man die Aufbaulinien in der Zeichnung sieht oder ob in der Zeichnung durch darüberzeichnen korrigiert wird. Wichtig ist einzig und allein das Erfassen der Bewegung, des Ausdrucks.

Um Bewegungen zu studieren, sollten Sie immer Ihren Skizzenblock bei sich haben. Ob Sie im Bus fahren oder in einem Café sitzen, überall sind Sie von Menschen umgeben, die verschiedene Haltungen einnehmen, die sitzen, stehen oder gehen. Skizzieren Sie schnell, halten Sie nur das Wichtigste fest, nicht ausgearbeitete Bilder helfen Ihnen beim Umgang mit bewegten Figuren, sondern nur das Beobachten und das schnelle

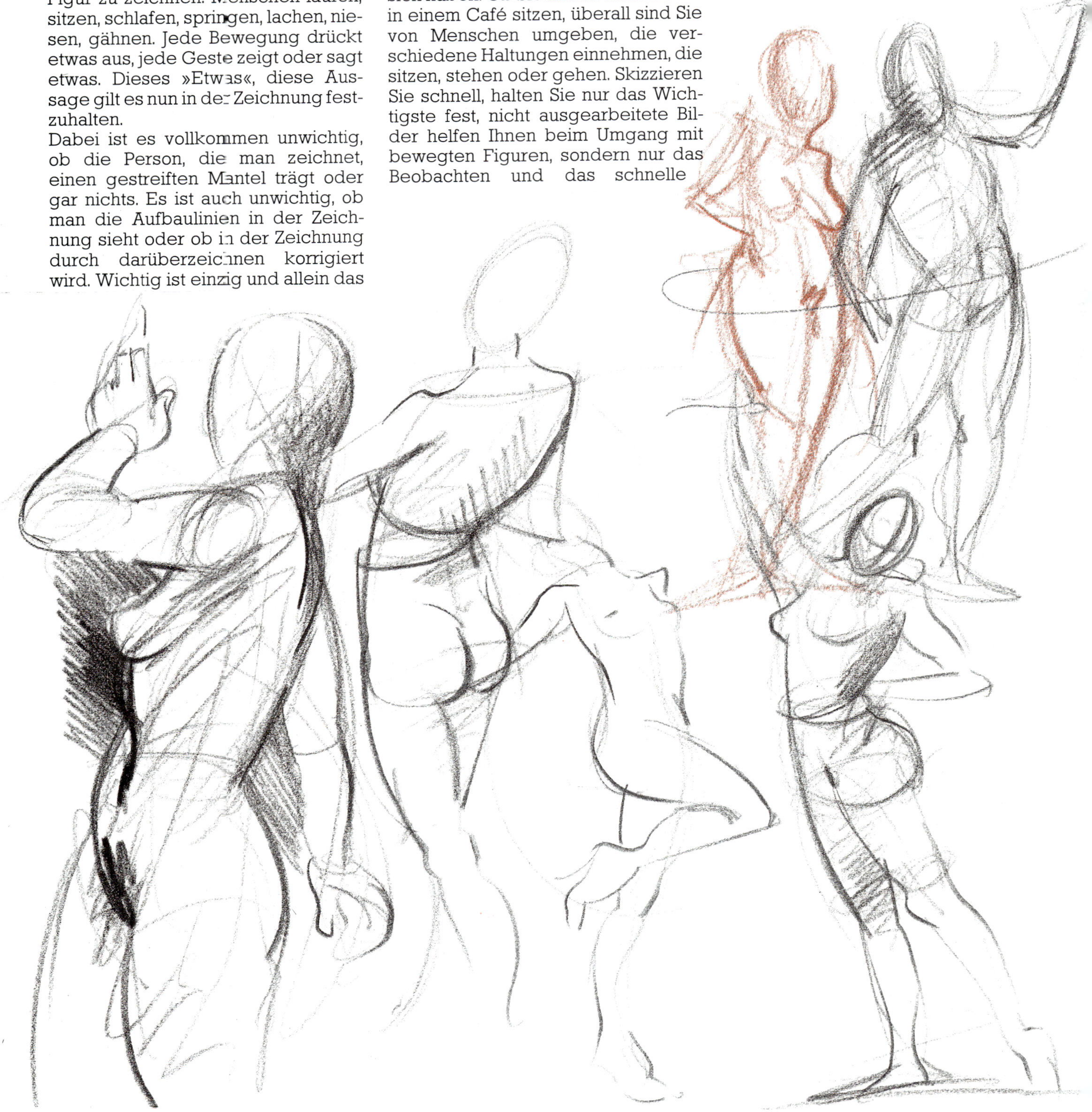

Festhalten. Auf diese Weise wird Ihnen der menschliche Körper mit seinen Bewegungen bald selbstverständlich. Trainieren Sie sich selbst dazu, alles zu beobachten, ohne sich von unwichtigen Details aufhalten zu lassen. Oft werden Sie feststellen, daß eine schnelle Bewegungsskizze, bei der nicht jede Kleinigkeit stimmt, eine Bewegung besser trifft als eine genaue Ausarbeitung.
Ich habe hier einige Beispiele ausgesucht, die Sie anregen sollen, es auch einmal zu versuchen. Sie können jede Bewegung erkennen, obwohl keine Einzelheiten herausgearbeitet wurden. Manchmal bestimmt nur der Schatten die Form; Aufbaulinien, Überzeichnetes, Angedeutetes stören nie den Ausdruck der Bewegung. Überlegen Sie beim Skizzieren immer: Was sehe ich zuerst? Was ist für Sie an einer Bewegung das Typische? In welche Richtung bewegen sich die wichtigsten Linien? Benützen Sie zum Zeichnen nicht nur Hand und Finger, sondern lassen Sie den ganzen Arm mitgehen. Eine Skizze kann die andere ruhig überschneiden. Sie werden bald merken, wie lebendig Ihre Skizzen so werden.

Für viele Künstler gehört der menschliche Körper zu den ausdrucksvollsten Motiven. Jedes Gefühl, jede Empfindung läßt sich in einer Figur darstellen. Studieren Sie in Ruhe die verschiedenen Arten von Skizzen auf dieser Seite, und beobachten Sie, wie die Künstler freie Linien benützt haben, um die Proportionen festzulegen, um Gestik und Form zu betonen. Für frühe Künstler wie Raffaello Santi (italienischer Maler; 1483–1520) waren Bewegungsstudien ebenso wichtig wie für spätere, wie Alberto Giacometti (Schweizer Künstler; 1901–1966) oder Gustav Klimt (österreichischer Maler; 1862–1918). Wann immer Sie die Möglichkeit haben, solche Studien zu sehen, schauen Sie sie sich auf die besprochenen Punkte hin an.

Raffaello Santi: eine Studie aus dem Skizzenbuch Raffaels (Originalgröße 184 x 256 mm). Es sind Skizzen zu dem Thema Maria mit Kind.

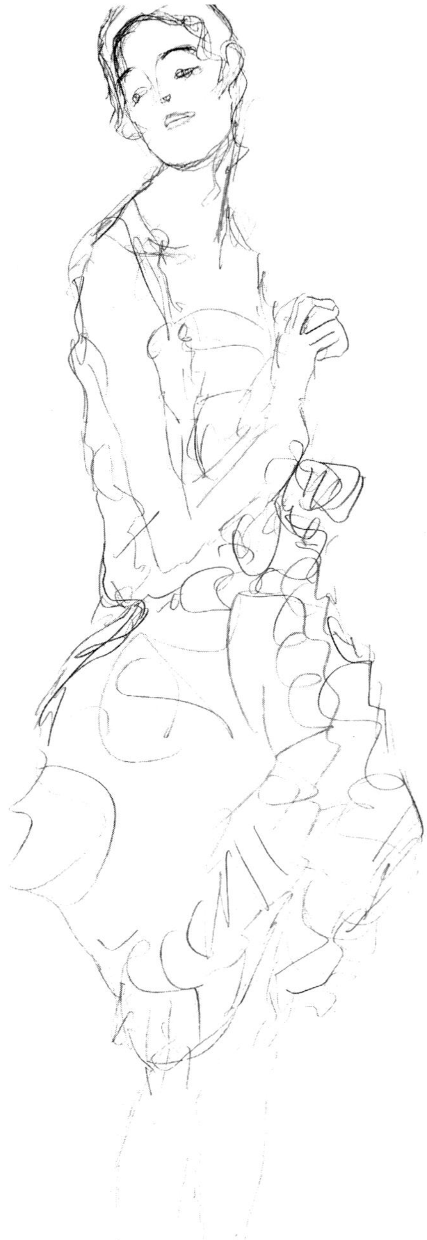

Gustav Klimt: Trotz der lockeren, fast ornamentalen Linien des Kleides wirkt der Körper nicht flach, und die Bewegung ist klar (Originalgröße 324 x 496 mm).

Alberto Giacometti: Obwohl keine festen Konturen zu sehen sind, sitzt diese Figur wirklich, die Haltung ist eindeutig (Originalgröße 325 x 505 mm). Skizzen dienten ihm als Vorlagen zu Plastiken, selbst wenn er die Körper auf Stabformen reduzierte.

Diese beiden Zeichnungen wurden in einem Aktkurs gemacht. Sollten Sie die Möglichkeit haben, an einem solchen Kurs teilzunehmen, sollten Sie sich das nicht entgehen lassen. Da das Modell ruhig sitzt, haben Sie die Möglichkeit, die Proportionen des Körpers ohne Eile zu studieren, Sie können alle Techniken ausprobieren, von Bleistift bis Tusche und Farbe. Verlieren Sie nicht den Mut, wenn nicht gleich beim ersten Mal eine perfekte Zeichnung entsteht. Auch hier hilft nur eines: zeichnen, zeichnen, zeichnen.

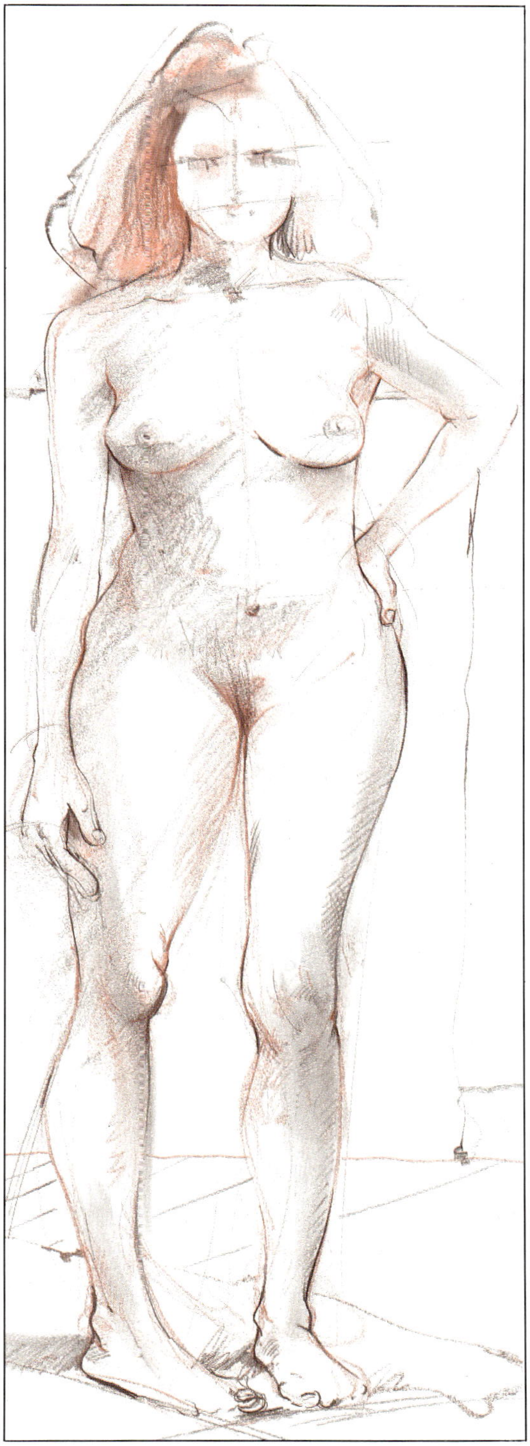

Hände und Füße

Bei jeder Geste, jeder Bewegung sprechen die Hände mit. Eine Faust bedroht, eine offene ausgestreckte Hand bedeutet Freundschaft (früher sollte diese Geste zeigen, daß man ohne Waffen gekommen war), und ein ausgestreckter Zeigefinger deutet auf etwas hin, betont etwas.

Menschen kann man an ihren Händen erkennen. Jemand, der schwer arbeitet, hat derbere Hände als zum Beispiel ein Pianist, ein junges Mädchen hat andere Hände als eine alte Frau. Beginnt man mit dem Figurenzeichnen, kommen Hände und Füße meistens schlecht weg. Entweder werden sie ganz weggelassen oder aber nur angedeutet, in einer Tasche versteckt oder hinter den Rücken geschoben. Wird eine Hand gezeichnet, neigt man am Anfang dazu, sie im Verhältnis zum Körper zu klein zu machen, und manchmal hat man das Gefühl, daß mehr Finger daran sind, als man in seiner Zeichnung unterbringen kann.

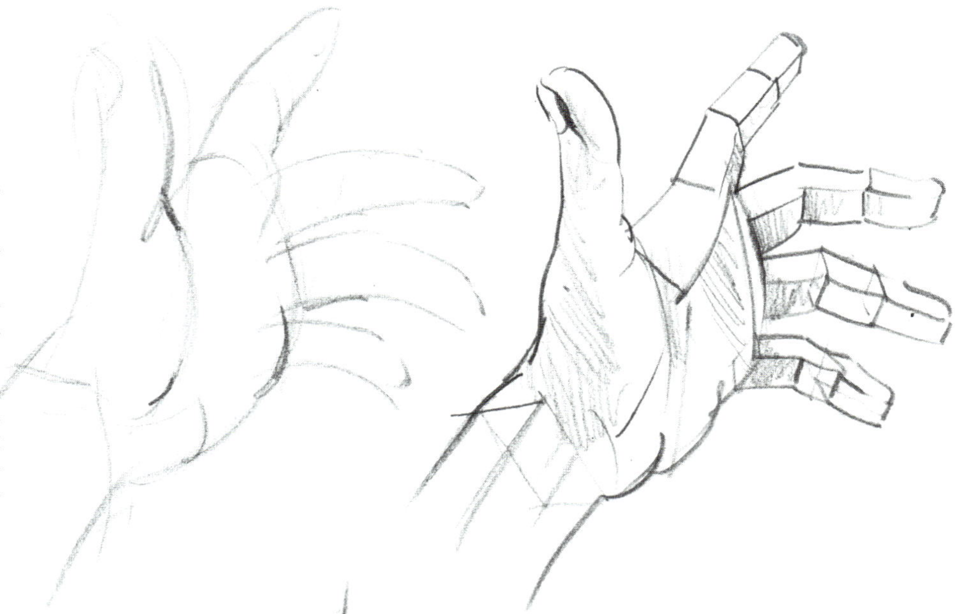

Drücken Sie sich nicht davor, Hände zu zeichnen, auch wenn es oft schwer aussieht. Es ist eine Herausforderung, auch einmal schwierige Handhaltungen zu zeichnen, und je öfter Sie es geschafft haben, um so sicherer werden Sie und um so selbstverständlicher wird die Arbeit.
Auch hier das Wichtigste: die genaue Beobachtung. Auch wenn eine Hand noch so kompliziert aussieht, so läßt sie sich doch in Grundformen übersetzen, die Form wird damit verständlich. Beginnen Sie mit lockeren Linien, »bauen« Sie die Form auf, gehen Sie erst dann näher ins Detail.

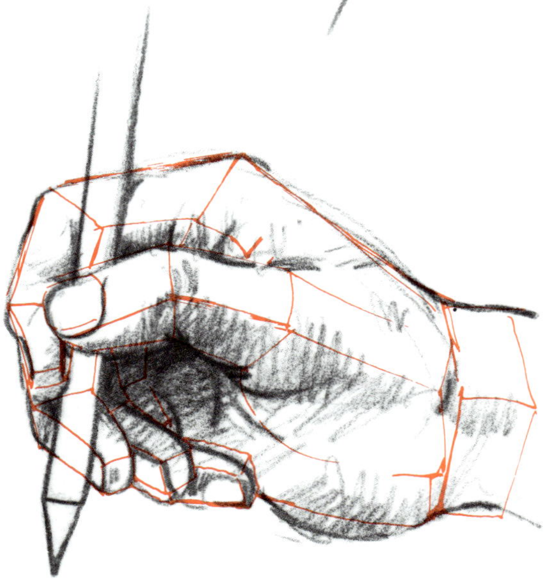

Beobachten Sie, wir Ihre eigene Hand beim Zeichnen den Bleistift hält, welche Finger sich überschneiden und wie die Haltung des Daumens im Vergleich zu den anderen Fingern ist. Auch bei schwierigeren Arbeiten wird Ihnen das Umsetzen in Grundformen helfen, eine solide Form zu zeichnen und nicht nur Umrisse.

Hände sollten im Vergleich zum restlichen Körper immer groß genug gezeichnet werden. Dabei hilft die Standardregel: Eine Hand ist etwa so lang wie das Gesicht, entspricht also der Strecke vom Haaransatz bis zum Kinn. Sie können das im Spiegel selbst ausprobieren. Sollten Sie übrigens einmal kein Modell zur Verfügung haben, können Sie auch sich selbst im Spiegel zeichnen.

Der Daumen ist mit dem Handgelenk verbunden und bewegt sich unabhängig von den anderen Fingern. Achten Sie auch darauf, wo die Mittellinie der Hand liegt, wo sie also – sozusagen – in zwei Teile geteilt wird.

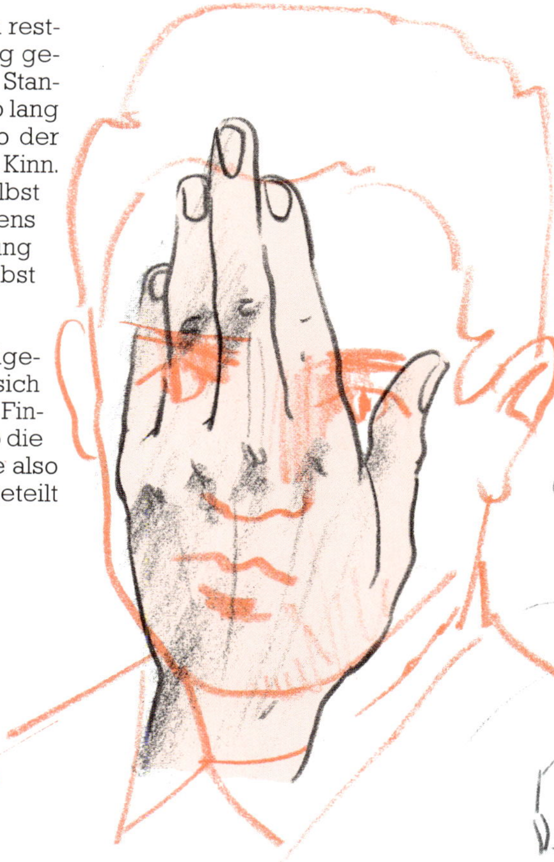

Eine Hand bewegt sich immer aus dem Handgelenk heraus. Am Handgelenk biegt sie sich nach vorne und hinten, beim Drehen wird sogar der Unterarm bewegt. Die Finger haben ihre eigene Beweglichkeit, die man genau beobachten muß, besonders wichtig ist die Bewegung des Daumens.

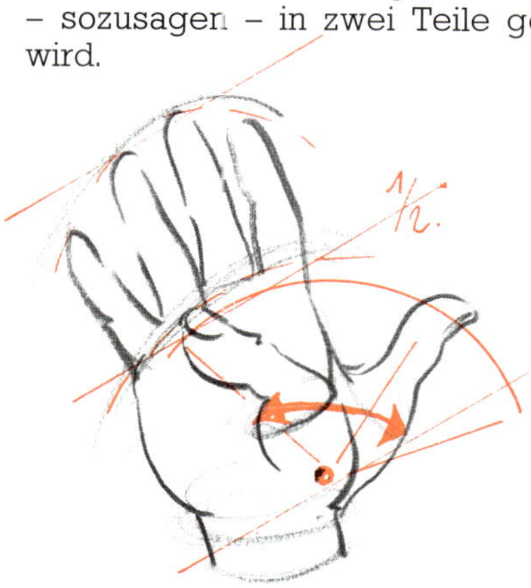

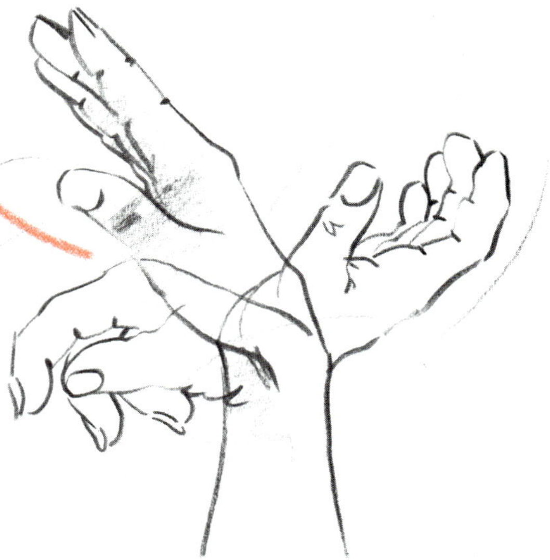

Nicht ganz so schwierig ist das Zeichnen von Füßen. Beobachten und konstruieren Sie den Fuß wie die Hand, versuchen Sie ihn auf einfache, geometrische Formen zu reduzieren. Skizzieren Sie Ihre eigenen Füße in allen möglichen Stellungen, bis Ihnen die möglichen Bewegungen geläufig sind.
Außerdem kann man oft eine vereinfachte Form der Füße zeichnen, da sie ja – wenn man nicht gerade eine Aktzeichnung anfertigt – meistens von Schuhen bedeckt sind.

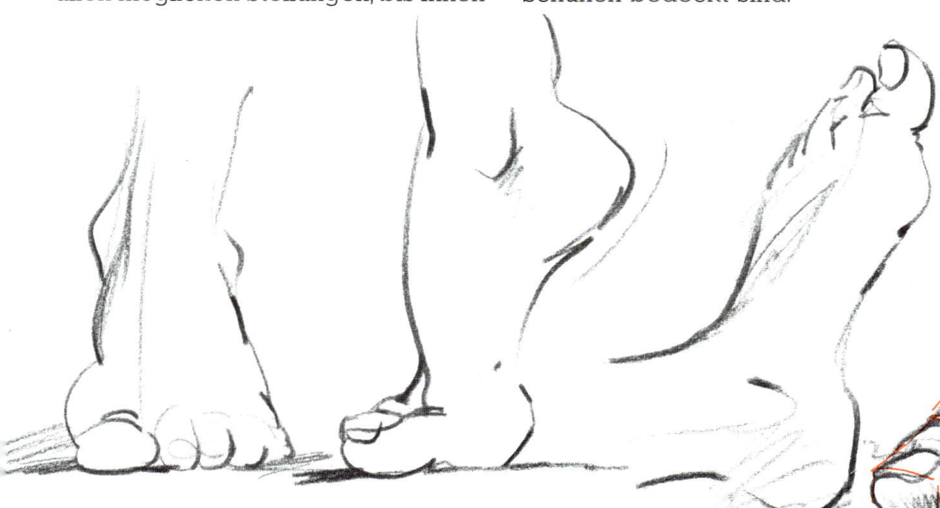

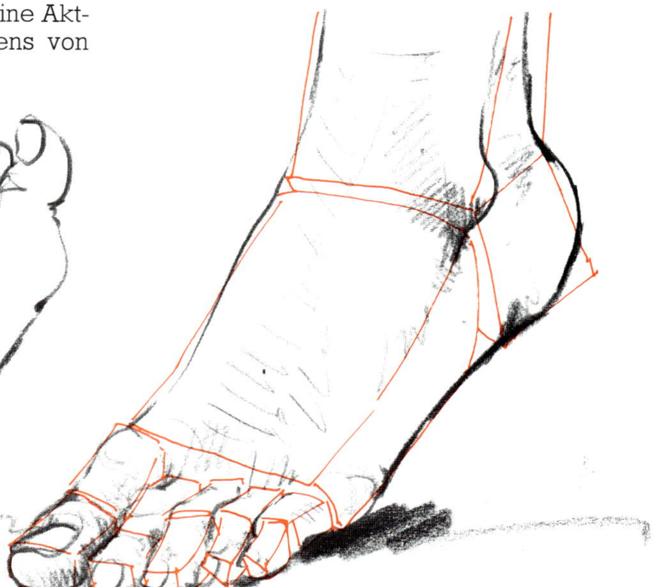

Kopf

Ohne daß ein Mensch etwas gesagt hat, können wir ihn nach seinem Gesichtsausdruck beurteilen, wir können erkennen, ob jemand fröhlich, traurig oder böse ist.
Deshalb ist auch in der Malerei der Gesichtsausdruck sehr wichtig, denn über ihn lassen sich Gefühle und Stimmungen darstellen.
Wenn Sie einmal Gesichter studieren, werden Sie auf bestimmte Grundformen stoßen, die immer wiederkehren, wie breite, schmale oder runde Gesichter. Mit vielen physischen Merkmalen verbinden sich feste Vorstellungen von Charaktereigenschaften, wie zum Beispiel »Die hat einen schmalen Mund, die ist verkniffen« oder »Der ist so rund und gemütlich«. Diese Assoziationen wird man ausnützen, wenn man einen Menschen nach der Fantasie zeichnet. In eine heitere Sommerszene wird man fröhliche, runde, lächelnde Gesichter zeichnen und nicht böse zusammengekniffene Augen und aufeinandergepreßte Lippen. Porträtiert man aber jemanden, sollte man diese Kategorien schnell vergessen. Der Künstler wird immer den Gesichtsausdruck, die Geste festhalten, die ihm für eine Person am typischsten erscheint. Beschäftigen wir uns als erstes einmal mit den Proportionen und der Konstruktion eines Kopfes.

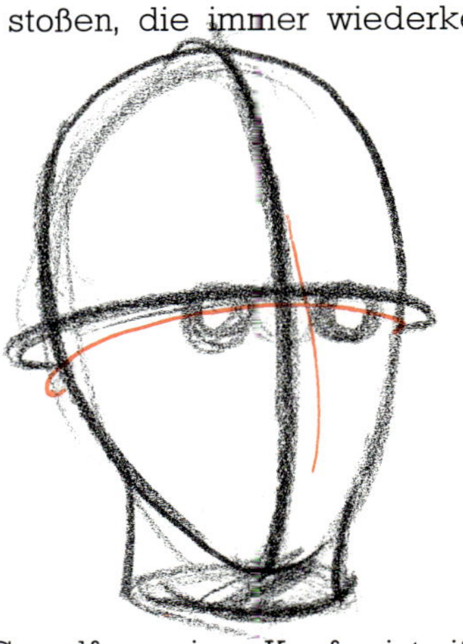

Die Grundform eines Kopfes ist eiförmig. Zeichnen Sie das zuerst als Basis auf. Unterteilen Sie diese Form dann durch eine waagerechte und eine senkrechte Leitlinie. Die Augen liegen auf der waagerechten Mittellinie.

Nun kommen die Brauen kurz über den Augen und die Nase auf der Hälfte zwischen Brauen und Kinn. Die Ohren liegen auf der Höhe zwischen Augenbrauen und Nasenspitze, der Mund dann ungefähr im ersten Drittel zwischen Nase und Kinn.

Der Haaransatz liegt im obersten Drittel des Kopfes. Hiermit sollten nun die Grundzüge des Gesichts festgehalten sein. Mit Licht und Schatten bei Nase und Augen wird das Gesicht plastisch.

Nehmen wir nun die Dreiviertelansicht eines Gesichts. Die horizontalen und die vertikale Linie verändern sich mit der Drehung des Kopfes.
Die Nase ragt über die senkrechte Leitlinie hinaus und steht im mittleren Teil des Gesichts. Eine Ecke des hinteren Auges wird leicht von ihr verdeckt. Man muß da ziemlich genau hinschauen. Steht nämlich das Auge zu weit nach vorne, kann das leicht so aussehen, als ob es hervorquillt.
Aus der Grundkonstruktion wird dann ganz leicht das eigentliche Gesicht. Mit Licht und Schatten werden die Grundzüge abgerundet.

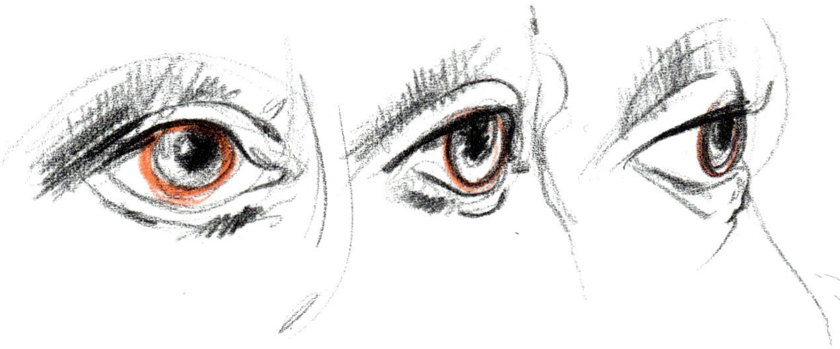

Wichtig sind auch die verschiedenen Rundungen und Wölbungen des Auges. Sehen Sie sich das Verhältnis von Nasenrücken zu Lid und Auge immer genau an. Beobachten Sie, welche Teile was verdecken.

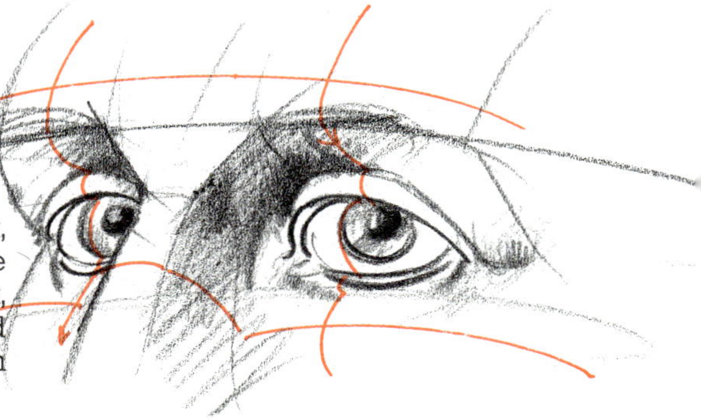

Das Ausdrucksvollste in einem Gesicht sind die Augen. Bei den unzähligen Formen, die es gibt, beschränken wir uns auch hier auf eine Grundform. Beobachten Sie ein Auge ganz genau, bevor Sie es zeichnen. Die Iris ist rund. Sobald sich der Kopf aber dreht, wirkt sie wie eine Ellipse. Jedes Auge hat auf der Pupille einen Lichtreflex, der das Auge lebendig macht und ihm Ausdruck verleiht; ohne diesen hellen Punkt wirkt das Auge tot.

Gleichgültig in welche Richtung der Kopf gedreht wird, das Aussehen der Nase verändert sich immer. Stellen Sie sich die Nase der Einfachheit halber als Keil mit drei Seiten vor. Dieser kleine Trick wird Ihnen helfen, die Perspektive dieses festen, dreidimensionalen Elements in der Mitte des Gesichts leichter zu erfassen.

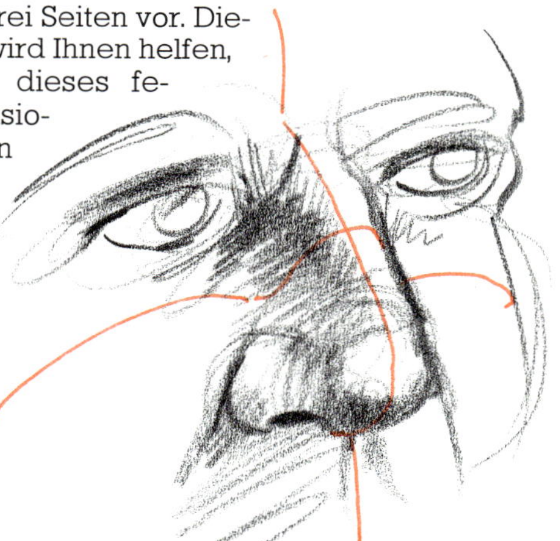

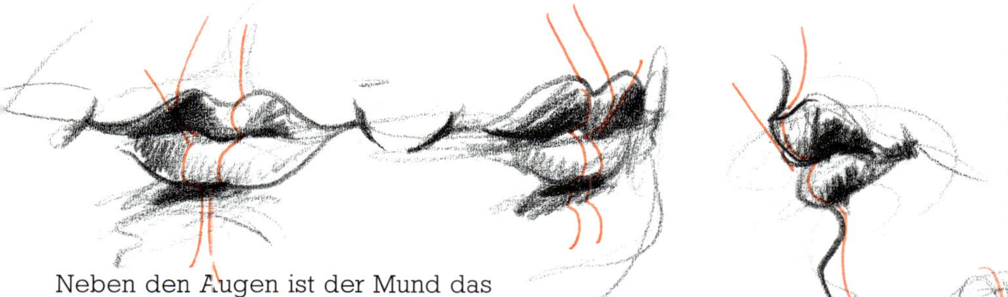

Wichtig ist, daß die Ohren an der richtigen Stelle sitzen. Ihr oberes Ende liegt auf Höhe der Augenbrauen, das untere auf Höhe der Nasenspitze. Von vorne gesehen, liegen die Ohren schräg, und zwar parallel zum schmaler werdenden Gesicht.

Neben den Augen ist der Mund das ausdrucksstärkste Element des Gesichts. In Ruhestellung sehen Sie die volle Form der Lippen, in der Bewegung verändern sie sich. Wichtig sind natürlich die Rundungen. Am dunkelsten ist die Linie, an der die Lippen aneinanderstoßen, also die Mundöffnung. Betonen Sie diese stärker als die Außenlinien.

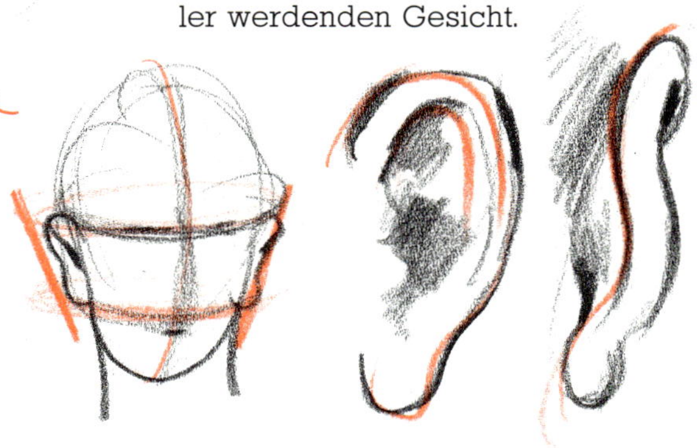

Es gibt einige Merkmale, an denen man den Unterschied zwischen männlichen und weiblichen Köpfen in der Zeichnung leichter deutlich machen kann. Der größte Unterschied liegt in der Grundform des Kopfes. Der männliche ist normalerweise etwas eckiger, der weibliche dagegen runder und weicher. Die Knochen, besonders über den Brauen, treten beim männlichen Gesicht eher hervor, das Gesamtbild wirkt rechteckig; das weibliche Gesicht ist eher oval, die Stirn runder.
Auch bei den Augenbrauen gibt es im allgemeinen Unterschiede. So sind die des Mannes eher buschiger, gerader und näher bei den Augen. Die Brauen der Frau sind

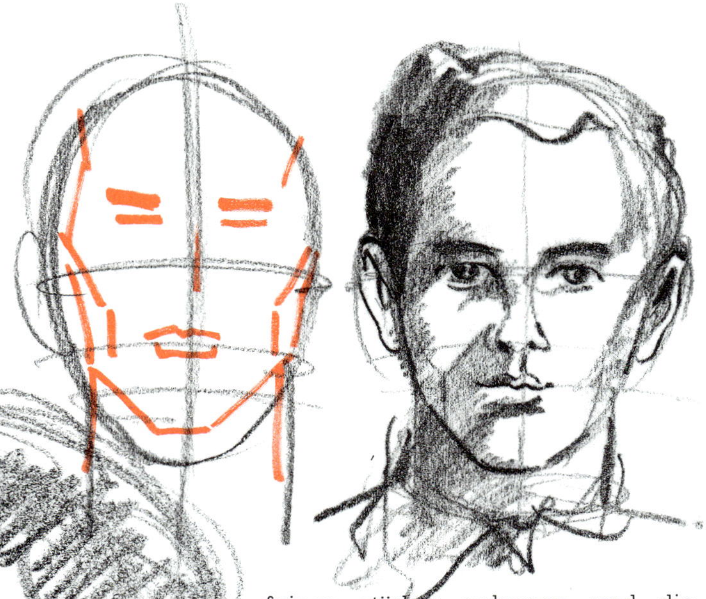

feiner, stärker gebogen, und die Fläche bis zum Lid ist größer. Außerdem sind Nase und Ohren einer Frau kleiner, der Nasenansatz ist schmaler. Der Hals des Mannes ist relativ stämmig, der der Frau zarter.
All diese Merkmale sollen Ihnen nur helfen, das Typische einer Figur herauszuarbeiten, wenn Sie kein Modell zur Verfügung haben. Aber natürlich gibt es auch Frauen mit buschigen Brauen und Männer mit kleinen Nasen!

Bei Kindern ist alles noch rund und weich. Vergleichen Sie die Skizzen der Köpfe miteinander. Ein Unterschied zwischen Junge und Mädchen ist in diesem Alter allein im Gesicht noch nicht zu finden.
Wie bei der ganzen Figur zeichnen Sie auch hier am besten zuerst die Grundformen leicht auf und legen die Proportionen fest. Versuchen Sie nicht, irgendeinen Teil gleich fertig zu machen, behalten Sie das Ganze im Auge. Sie sehen auf dieser Seite sehr gut, wie die Konstruktionslinien beim Aufbau des Gesichts helfen, die Form, die Rundungen herauszuarbeiten. Auch hier gilt: Zeichnen und skizzieren Sie so oft wie möglich. Sie werden selbst erstaunt sein, wie schnell Ihnen Dinge geläufig werden, die am Anfang schwierig erscheinen. Beobachten Sie vor allem die Gesichter Ihrer Mitmenschen, um mit Formen und Proportionen vertraut zu werden.

Auf den letzten Seiten haben wir uns mit den Proportionen und den Grundformen des Menschen beschäftigt. Es gehört aber noch viel mehr dazu, um einen Menschen in seiner Gesamtheit zu erfassen. Da gibt es zum Beispiel seine Persönlichkeit und seinen Charakter, die ihn von allen anderen Menschen unterscheiden. Manchmal ist ein Porträt gar nicht unbedingt ähnlich, und trotzdem erkennt jeder sofort eine bestimmte Person, weil es dem Künstler eben gelungen ist, die Persönlichkeit zu erfassen und nicht nur Hautfarbe oder Muskeln.
Wenn Ihnen die Grundformen einmal geläufig sind, können Sie sich besser mit dem Charakter der Person, die Sie gerade zeichnen, auseinandersetzen.
Beobachten Sie Gesichtsausdrücke in verschiedenen Stimmungen, probieren Sie verschiedene Techniken aus. Zeichnen Sie Ihre Familie, Ihre Freunde, einen Sprecher im Fernsehen oder Personen auf Fotos, wenn Sie gerade keine andere Möglichkeit haben. Im letzten Fall würde ich Ihnen aber raten, Fotos zu nehmen, die nicht perfekt ausgeleuchtet oder in einem Studio gemacht wurden. Schnappschüsse zeigen meist mehr Emotion und Bewegung.
Ich habe Ihnen hier einige unterschiedliche Skizzen von sehr verschiedenen Menschentypen ausgesucht. Die Arbeiten wurden in verschiedenen Techniken angefertigt.

Zeichnen von Tieren

Die ältesten Zeichnungen, die wir kennen, sind Tierzeichnungen: Bisons, Pferde, Antilopen. Tiere hatten immer eine besondere Bedeutung für die Menschen und waren bevorzugte Zeichenobjekte. In jedem Land und zu jeder Zeit, bei primitiven Völkern ebenso wie bei Fürsten und Königen symbolisierten sie bestimmte Dinge. Auch heute noch stehen sie für Krieg, Frieden und Glück, sie spielen in den Religionen eine ebenso wichtige Rolle wie in der Magie. Das britische Reich beispielsweise wird durch einen Löwen (Herrschaft) symbolisiert, Deutschland hat seinen Adler (Herrschaftsanspruch) und Frankreich den Hahn (Wachsamkeit).

So nimmt es dann nicht Wunder, daß Tiere in der Kunst gerne dargestellt werden. Sie sind schwerer zu zeichnen als Menschen, schon allein deshalb, weil sie sich nicht auf Befehl ruhig verhalten, ganz im Gegenteil.

Wenn Sie selbst ein Haustier haben, das Sie abzeichnen möchten, ist das am leichtesten zu bewerkstelligen, wenn der Hund (Katze, Vogel usw.) schläft. Kühe und Schweine sind ebenfalls gute Objekte, weil sie sich meist relativ langsam bewegen.

Sonst kann man nur noch in den Zoo gehen. Manche stört es aber sehr beim Zeichnen, wenn jemand zusieht, und im Zoo wird es kaum zu vermeiden sein, daß immer wieder Neugierige über die Schulter schauen. Abgesehen davon aber hat man natürlich im Zoo eine große Auswahl an Tieren, die sich auch, bedingt durch Käfige und Gehege, nur begrenzt bewegen können. Sehr praktisch ist es natürlich, ausgestopfte Tiere zu zeichnen, allerdings sind sie oft nicht so leicht zu finden. Ein Tip: Versuchen Sie es einmal in naturkundlichen und anderen Museen. Man kann an solchen Tieren sehr schön die einzelnen Details studieren.

Dann bleiben noch Fotos. Die Gefahr bei Fotos ist immer, daß die Zeichnung steif wird. Ich würde Ihnen auch hier raten, Fotos aus Zeitschriften zu sammeln – die Tiere in Bewegung und in ihrer eigenen Umgebung zeigen – und nicht so sehr kalte Studioaufnahmen zu benützen.

Auch hier gilt das, was ich schon beim Figurenzeichnen gesagt habe: Versuchen Sie zuerst, das Tier als Ganzes zu erfassen, legen Sie es in groben Zügen an, skizzieren Sie die Proportionen, und gehen Sie erst dann ins Detail.

Sehen wir uns jetzt einfach einmal verschiedene Tiere an. Bei einem Zebra fallen natürlich zu allererst die Streifen auf und verwirren ein bißchen. Wenn man sie aber etwas genauer studiert, helfen sie sogar dabei, die Form des Tieres besonders gut herauszuarbeiten.

Genau wie einen menschlichen Körper können wir auch den des Pferdes auf seine Grundformen reduzieren. Diese helfen, die Proportionen zu erkennen und die Zeichnung plastisch werden zu lassen. Zylinder, Quadrate und Kugeln ergeben zusammen den Pferdekörper. Gerade bei der Darstellung von Bewegungen helfen Grundformen weiter, schauen Sie sich einmal die Beine des Pferdes genau an. Wie könnten sie reduziert dargestellt werden? Probieren Sie alles selbst aus, nur so bekommen Sie ein Gefühl für das, was Sie zeichnen.

Hier habe ich einen Hund genommen und ihn, wie das Pferd, auf Grundform reduziert. Im Vergleich zum Pferd sehen Sie, daß der hintere Teil des Hundes ein bißchen länger und dünner ist. Das liegt daran, daß das Knie des Hundes dicht unter seinem Körper liegt. Es gibt große und kleine Hunde, kurz- und langbeinige, die Grundkonstruktion aber ist bei allen die gleiche.
Bei manchen Hunden ist die Körperstruktur leichter zu erkennen, so zum Beispiel bei glatthaarigen, schlanken Hunden. Das Fell langhaariger Hunde verdeckt oft viele Teile der Körperkonstruktion. Skizzieren Sie in diesem Fall auch erst die Grundstruktur, und zeichnen Sie dann das Fell darüber.

Katzen sind Tiere, von denen die Menschen seit jeher fasziniert wurden. Sie sind eigenwillig, undurchschaubar und äußerst elegant in ihren Bewegungen. All das sollte auch in der Zeichnung zu sehen sein.
Die Grundformen der Katze ähneln denen von Pferd und Hund, die Proportionen sind jedoch anders. Der Kopf ist klein und der Körper lang. Durch den schmalen Brustkasten wirkt der Körper fast gerade, seine untere Linie verläuft also fast parallel zur Rückenlinie. Verglichen mit dem Hund, sind die Beinmuskeln der Katze kürzer.
Während der Hund seine Beute in erster Linie durch Riechen aufspürt und deshalb eine längere Nase hat, jagt die Katze mit den Augen und hat in Relation zur Körpergröße größere Augen als andere Fleischfresser.

Vergleichen Sie auch einmal die Proportionen einer Kuh mit den bisher besprochenen. Der Körper dieses Tieres ist im Vergleich zu den Beinen sehr groß und schwer.
Die blaue Konstruktionsskizze war die Basis für die freie und lockere Tuschezeichnung (braune Tusche). Durch Proportion und Schatten steht die Kuh in beiden Beispielen fest am Boden, sie wirkt so schwer, wie sie auch ist. Versuchen Sie immer, locker zu zeichnen; wenn eine Linie nicht stimmt, zeichnen Sie einfach eine andere darüber. Bei dem Reh sind die blauen Konstruktionslinien mit leichten Tuschelinien gemischt, die Bewegung des Tieres ist eingefangen, obwohl keine Feinheiten ausgearbeitet wurden. Um Bewegungen darzustellen, eignen sich Feder und Tusche ausgezeichnet.

Zeichnen Sie mit lockeren fließenden Bewegungen, zeichnen Sie schnell, und lassen Sie lieber einmal etwas danebengehen, als daß alles steif und verkrampft wird. Sie sehen, daß diese Federzeichnungen keineswegs perfekt sind, trotzdem fangen sie die Bewegung ein.

Oft finde ich menschliche Züge in Tiergesichtern wieder. Den Gesichtsausdruck des Affen könnte man – ebenso wie den des Hundes – durchaus auch bei einem Menschen entdecken.
Die schnelle Skizze mit Tusche und Wasser erfaßt die Wachsamkeit der Katze voll und ganz, obwohl sie keineswegs im Detail ausgearbeitet ist. Mit viel Geduld ausgearbeitet dagegen ist der Widder, dessen Formen nur durch Linien und Farbtöne entstanden.

Auch Vögel dienen oft als Symbole. Mit ihrem Flug assoziieren wir Freiheit, mit einer weißen Taube Frieden und Hoffnung. Der schwarze Rabe steht für Unglück, der Adler für Größe und Herrschaft.
Vögel sind leider noch schwerer zu zeichnen als andere Tiere, da sie sich noch weniger in Ruhe zeichnen lassen. Wenn Sie keinen ausgestopften Vogel oder einen im Käfig haben, werden Sie wohl nicht umhinkönnen, ein Foto zu verwenden.
Die Grundstruktur der Flügel ist derjenigen der Arme eines Menschen sehr ähnlich. Wenn Sie Ihre Hand mit den Handflächen nach außen zwischen Brust und Schulter legen und dann die Hand am Handgelenk nach unten beugen, sind Ihre Armknochen in der gleichen Position wie die angelegten Flügel eines Vogels. Strecken Sie die Arme nun rechts und links von Ihrem Körper aus, dann haben Sie die Position eines gestreckten Flügels.
Die Beine des Vogels haben – ähnlich wie die eines Menschen – Hüftansatz, Knie und Ferse. In ihrer Gesamthaltung gleichen sie jedoch eher denen eines Vierbeiners.

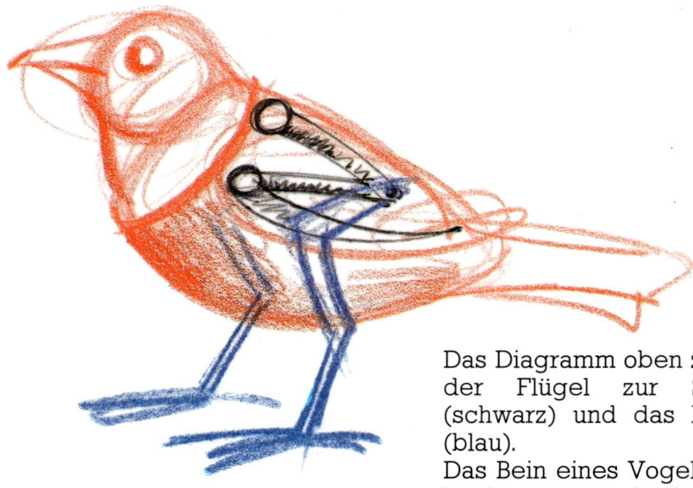

Das Diagramm oben zeigt Ihnen, wie der Flügel zur Schulter führt (schwarz) und das Bein zur Hüfte (blau).
Das Bein eines Vogels ist schwer zu beobachten, weil die Federn es bis zum Knie verdecken. Man darf sich dadurch aber nicht täuschen lassen! Am besten ist es, wenn Sie auch hier als erstes eine Konstruktionszeichnung anlegen.
Das Brustbein eines Vogels ist wegen der gut entwickelten Flugmuskeln sehr ausgeprägt.

Genauso bei dem Diagramm unten, das noch einmal die Haltung des blauen Vogels (Feder und Tusche) verdeutlicht. Sobald man sich die Konstruktion eines Vogels vorstellen kann, fällt es auch leichter, ihn überzeugend darzustellen.

Einige Beispiele zur Anregung. Nicht immer muß der Vogel ganz durchgezeichnet werden. Allein durch das Anlegen der wichtigsten Schatten bekommt er schon seine runde Form. Ich bin hier absichtlich sparsam mit der Farbe umgegangen, um stärkere Akzente setzen zu können. Unten eine rein ornamentale Lösung. Trotz der starken Vereinfachung ist die Haltung des Vogels eindeutig zu erkennen. Vergleichen Sie ihn mit dem unteren Diagramm auf Seite 116.

Zeichnen von Pflanzen

Schon immer wurden Künstler von der Natur zu zahlreichen Arbeiten angeregt. Sie wollten Landschaften, Blumen, Bäume und Gräser festhalten und wiedergeben. Vom penihlen Abzeichnen bis zur Impression, bei der man den Duft einer Pflanze zu spüren glaubt, ohne die genaue Form zu sehen, wurde alles ausprobiert. Auch hier hilft es, wenn man zuerst die Struktur einer Pflanze versteht und ihren Aufbau erkennt. Ob Sie Bäume einer Landschaft oder eine Pflanze in Ihrer Wohnung zeichnen, sehen Sie sich die Grundformen an, beobachten Sie Licht und Schatten. Zeichnen Sie alle Beobachtungen in Ihren Skizzenblock, egal ob Details wie eine Blüte oder einen ganzen Blumenstrauß. Sehen Sie sich noch einmal die Seiten 48 bis 51 an, auf denen Sie die vielen Variationen von Formen und Strukturen sehen können, die allein schon der Bleistift bietet.

Pflanzen sind leichter zu zeichnen als Tiere, ihre Formen sind einfacher, und vor allem halten sie still. Das bedeutet, daß Sie sich in Ruhe mit Form und Struktur einer Pflanze beschäftigen können. Verkrampfen Sie sich aber trotzdem nicht dabei! Genau wie bei Menschen und Tieren halten Sie zuerst die gesamte Form fest und gehen erst dann ins Detail. Fassen Sie eine Pflanze auch einmal an, damit Sie ein Gefühl für sie bekommen und besser verstehen, was Sie da zeichnen. Blumen oder Pflanzen in der ruhigen Atmosphäre zu Hause zu zeichnen, kann sehr entspannend sein, Sie können sich ausschließlich mit Ihrem Objekt beschäftigen und bequem dabei sitzen, keine neugierigen Zoobesucher, keine unruhige Modelle

stören Sie dabei. Der Topf mit der Geranie ist ein konkretes Beispiel für das eben Gesagte. Die Pflanze wird mit leichten Strichen und den entsprechenden Farbtönen aufskizziert, und langsam arbeitet man sich zu den Einzelheiten durch. Behalten Sie die gesamte Form im Auge, und beobachten Sie dabei auch Licht und Schatten. Egal ob Sie mit Farbe oder in Schwarzweiß arbeiten, mit Tuschen oder Bleistift, der Vorgang bleibt immer der gleiche.

Blumen und Gräser werden sehr oft in vereinfachter Form als Ornamente und Muster benützt. Denken Sie an Tapeten oder Stoffmuster und auch an die zarten chinesischen und japanischen Blumenmalereien. Oben sehen Sie ein Arrangement von Ute Stumpp (farbige Tusche und Tempera), links eine einzelne, genau ausgearbeitete Blüte von Giovanni Greco (Aquarell und Buntstift).
Die beiden frei stehenden Blüten sind türkische Ornamente aus dem 18. Jahrhundert.

Solange wir zurückdenken können, sind Bäume ein Bestandteil unserer Landschaft, begegnen sie uns in den Werken der Maler und Schriftsteller. Sich mit der Vielzahl von Arten und Formen zu beschäftigen, ist schon ein Studium für sich.
Im Laufe eines Jahres verändern sie Formen und Farben. Ich liebe Bäume, und ich werde nicht müde, mich mit ihnen in vielen Techniken, malerisch und graphisch, auseinanderzusetzen. Wie bereits beim Zeichnen von Menschen und Tieren hilft es auch hier ein bißchen, etwas über die Grundstrukturen der Bäume zu wissen. Auf den Seiten 11 und 12 habe ich Ihnen die Grundformen eines Baumes in Licht und Schatten gezeigt, auf Seite 46 haben wir am Beispiel eines Baumes gesehen, wie verschiedene Bleistiftstärken eingesetzt werden können.
Es gibt dicke, dünne, kleine, große, runde oder spitze Bäume. Skizzieren Sie einige der Bäume, die Sie täglich sehen, in Ihren Skizzenblock. Studieren Sie Form und Struktur, und halten Sie alle Ihre Entdeckungen fest (siehe auch Seite 87). Sehen Sie sich zuerst den ganzen Baum und seine Struktur an. Wenn Sie die Augen zukneifen, geht es leichter, dann lenken nämlich einzelne Farben oder Äste nicht von der Gesamtform ab. Achten Sie auch auf die Formen zwischen den Blättern; sehen Sie genau hin, wo der Himmel durchscheint und wo die Schatten liegen.
Probieren Sie alle möglichen Techniken aus, arbeiten Sie frei, und lassen Sie sich von den Formen inspirieren. Wie beim Figurenzeichnen gilt wieder: Zeichnen Sie schnell und locker, halten Sie zuerst nur das Wesentliche fest. Ich habe Ihnen hier einige der bei uns am häufigsten vorkommenden Baumformen aufgezeichnet.

Ein Baum hat eine feste, solide Form. Denken Sie daran, wenn Sie ihn zeichnen. Er ist mit der Erde verbunden und sollte nicht so aussehen, als schwebte er über dem Boden. Schauen Sie sich einmal genau an, wie große Äste aus dem Stamm kommen, wie kleinere wiederum aus größeren hervorgehen.
Ein Baum steckt nicht einfach in der Erde. Seine Wurzeln halten ihn dort fest und verzweigen sich. Manchmal sieht man mehr, manchmal weniger von den Wurzeln, eine leichte Verdikkung des Stamms zum Boden hin wird man aber immer erkennen können.
Schauen Sie sich die Wurzeln an, und skizzieren Sie sie, Sie werden interessante Strukturen dabei entdekken. Halten Sie auch kleinere Äste oder die Verbindung von Blatt und Ast in kleinen Skizzen fest. Je mehr Sie auf diese Weise von einem Baum lernen, desto leichter wird es Ihnen fallen, ihn in seiner Gesamtheit zu erfassen.

Vergrößern

Um eine Skizze in gleicher Größe zu übertragen, ist es am einfachsten, ein dünnes, durchsichtiges Papier zu nehmen und die wichtigsten Konturen durchzuzeichnen. Dann schwärzen Sie die Linien auf der Rückseite des Papiers mit weichem Bleistift oder Kohle ein, legen das Blatt auf Ihre Leinwand oder neben den Untergrund, auf dem das neue Bild entstehen soll, und zeichnen nun mit einem spitzen Bleistift die Linien nach. So bekommen Sie ganz zart die Umrisse Ihres Motivs auf den neuen Untergrund, können dann darübermalen und die Details hinzufügen. Doch nun zum Vergrößern

Der Pantograf, auch Storchenschnabel genannt

Dieses Gerät besteht aus vier Stäben, die (nach Anleitung) zu einem Schenkelsystem zusammengesetzt werden. An der inneren und äußeren Seite des Geräts sind Stifte angebracht. Mit dem inneren Stift fährt man die zu vergrößernde Zeichnung ab, und automatisch zeichnet das Gerät mit dem äußeren Stift die Zeichnung in vergrößerter Form mit. Die Größe läßt sich einstellen. Da der äußere Stift auch gehalten werden muß, ist das Ganze nicht einfach, denn man muß beide Hände gleichzeitig bewegen. Es sind also Übung und Geschicklichkeit notwendig.

Die Projektion

Man legt die Vorlage in ein Projektionsgerät und projiziert direkt auf die Malfläche. Dabei muß man den Raum etwas verdunkeln, weil sonst die Konturen nicht richtig zu erkennen sind. Die Größe der Projektion ergibt sich durch die Entfernung zwischen Projektor und Malfläche.

Die Rastermethode

Bleiben wir bei unserem Skizzenblock. Man sucht sich aus einer Skizze den Ausschnitt, den man haben möchte, und

zeichnet nun mit Bleistift ein Gitter aus kleinen Quadraten darüber. Bei detaillierten Vorlagen muß das Netz feiner sein als bei gröberen. Dann zeichnet man sich das gleiche Netz mit größeren Quadraten auf den Maluntergrund, so leicht wie möglich natürlich. Das große Netz muß genauso viele Quadrate haben wie das kleine. Nun überträgt man die Linien, die sich in jedem kleinen Quadrat befinden, in das entsprechende größere; am Ende befinden sich dann in jedem großen Kästchen genau die gleichen Linien und Striche wie in dem jeweiligen kleinen. Je nach Technik kann man dann das Gitter wegradieren oder übermalen.

FARBENLEHRE

Versuchen Sie sich einmal eine Welt ohne Farbe vorzustellen – diese Welt wäre grau und freudlos, eine Welt ohne Farben würde tot wirken, hätte keine Stimmung. Schwarzer Himmel mit grauen Wiesen und grauen Blumen? Analog dazu hätten auch die Menschen nur graue Gefühle!

Durch die Farbe wird alles lebendig, Dinge bekommen mehr oder weniger Bedeutung. Und noch als Erwachsene sind wir fasziniert von der Farbenpracht eines Regenbogens, der uns immer wieder wie ein Wunder erscheint.

Als Künstler sind Sie besonders von der Farbe abhängig, denn sie ist das wichtigste Mittel, um Gefühle und Eindrücke wiederzugeben, um Stimmungen einzufangen oder Aufmerksamkeit zu erregen.

Von den Höhlenmalereien bis heute spielt die Farbe eine wichtige Rolle. Die ersten Bilder, die wir kennen, waren erdfarben, da es damals keine Kenntnisse über Pigmente und deren Mischungen gab. Die alten Ägypter und Griechen wurden schon farbenfreudiger, sie konnten die verschiedensten Farbtöne herstellen. Die Chinesen waren sogar lange vor der Zeitwende in der Lage, mit feinsten Farbnuancen umzugehen. Die Farbe wurde ein wichtiger Bestandteil künstlerischer Arbeitstechniken, wie Mosaik, Keramik, Malerei und Illustration.

Farben haben Aussagen und Stilrichtungen verändert. Lange wurde die Farbe nur flächig aufgetragen, bis Anfang des 15. Jahrhunderts durch Giotto (italienischer Maler und Baumeister; 1266/67–1337) eine neue Ära der Malerei begann. Er brach mit den gängigen, unräumlichen, italienisch-byzantinischen Formen und benützte die Farbe dazu, Räumlichkeit zu erzeugen und seinen Figuren durch Schatten plastische Formen zu geben.

Erst zu Beginn der romantischen Malerei begann die Farbe, den Charakter zu bekommen, den sie auch heute noch hat. Das Studium von Natur und Licht führte dazu, daß mit Farbe Stimmungen eingefangen wurden. Die englischen Maler William Turner und John Constable sind da die bekanntesten Beispiele. Turner ging sogar so weit, sich vom Gegenständlichen zu lösen, um nur noch die Atmosphäre von Luft, Licht und Farbe einzufangen. Er war somit der vermutlich erste abstrakte Maler Europas.

Man entdeckte, welche Wirkung das Sonnenlicht auf Farben hat und wie es sie verändert; es entstand eine völlig neue Art, mit der Farbe umzugehen. Die gesamte westliche Malerei wurde dadurch beeinflußt, der Impressionismus wurde geboren.

Dem Umgang mit Farben waren keine Grenzen mehr gesetzt. Später verzichteten die abstrakten Maler

ganz auf Gegenstände und Natur und spielten nur noch mit Farbe und Formen.

Farbe ist ein wichtiger Teil auch unseres täglichen Lebens. Farben können fröhlich oder traurig machen, sie können Aufmerksamkeit erregen und besänftigen. Die Farbe kann ausschlaggebend sein, wenn jemand ein Auto kauft oder ein Waschmittel ablehnt. Jeder Mensch hat »seine« Farben, von denen er glaubt, daß sie besonders gut zu ihm passen.

Farben gehören zu den aufregendsten Dingen in unserem Leben, und als Künstler wird man sich besonders damit beschäftigen. Sie werden erstaunt sein, wie viele Dinge sich allein durch Farbe ausdrücken lassen.

Dieses Bild mit seinen Farbkombinationen zeigt, wie sich verschiedene Farben gegenseitig beeinflussen, und Sie werden feststellen, daß die unterschiedlichen Farbzusammenstellungen und Formen bei Ihnen auch unterschiedliche Gefühle hervorrufen.

Farbkreis

Wahrscheinlich finden viele die Farbtheorie, wie eben andere Theorien auch, etwas langweilig. Und es stimmt natürlich, daß Ihnen das beste Buch über Farblehre nicht hilft, wenn Sie gerade nicht wissen, welchen Hintergrund Sie einer Schneelandschaft mit rotem Haus geben sollen. Mit der Unsicherheit, welche Farben in Ihrem Bild zueinanderpassen, werden Sie immer wieder zu tun haben, und dabei kann Ihnen nur die Erfahrung helfen.

Trotzdem sollten Sie einige grundlegende Dinge über die Farbe wissen, um leichter mit ihr umgehen zu können. Ich will versuchen, die Theorie hier möglichst einfach zu halten.

Was ist Farbe? Wenn wir etwas sehen wollen, brauchen wir Licht. Die Lichtstrahlen, die von der Sonne kommen, nennen wir »weißes Licht«. Und, so seltsam das klingt, dieses weiße Licht enthält all die Farben, die wir um uns herum sehen. Das sieht man deutlich während eines Sommerregens im Regenbogen oder wenn sich ein Lichtstrahl in einem dreieckigen Glas, dem Prisma, bricht. Sir Isaac Newton (englischer Mathematiker, Physiker und Astronom; 1643–1727) entdeckte 1667 als erster, wie das reine weiße Licht mit Hilfe eines Prismas in verschiedene Gruppen von Farbwellen zerlegt werden kann.

Alle farbigen Objekte, also alle Dinge um uns herum, enthalten Pigmente, die die Fähigkeit haben, bestimmte Strahlen aufzusaugen und andere zu reflektieren. Wir sehen dann nur noch die reflektierten Strahlen. Das Pigment in der Schale eines roten Apfels also reflektiert nur die roten Strahlen und saugt alle anderen auf. Ein grüner Apfel reflektiert nur die grünen Strahlen und verschluckt alle anderen.

Die meisten Menschen beschreiben Farben sehr subjektiv und ungenau. Da gibt es ein »Himmelblau«, ein »Grasgrün« oder ein »Feuerrot«. Für mich hat jedoch der Himmel ein ganz anderes Blau als für einen Freund, und auch mein Gras hat für mich ein anderes Grün als für meinen Nachbarn.

Diese ungenauen Bezeichnungen sind ganz in Ordnung, wenn man eine Geschichte erzählt. Arbeitet man jedoch mit Farben, muß man irgendwann genauer werden. Aus diesem Grund wurde ein logisches Farbsystem entwickelt. Hermann von Helmholtz (deutscher Physiker; 1821–1894) entdeckte 1866, daß alle Farben drei Gemeinsamkeiten haben, die wichtig sind: den Farbton, den Farbwert und die Farbintensität.

Diese drei Merkmale sind auch heute noch wichtig. Inzwischen aber sind die Farben sehr genau geordnet worden. Zuerst einmal haben wir bunte und unbunte Farben. Die bunten Farben sind die eigentlichen Farben im landläufigen Sinn, die unbunten sind Weiß, Grau und Schwarz.

Eine besondere Stellung nehmen Rot, Gelb und Blau ein: Sie lassen sich nicht durch Mischen aus anderen Farben erzeugen und werden Primärfarben genannt. Die einzelnen Farben werden aber noch weiter geordnet. So gibt es die reinen Farben, getrübte Farben (sie sind mit Schwarz gemischt) und aufgehellte Farben (sie sind mit Weiß gemischt).

Doch sehen wir uns nun einmal den Farbkreis an. Alle Farben dieses Kreises sind aus den Primärfarben Rot, Gelb und Blau gemischt, die vollkommen rein sein müssen.

Mischt man Gelb mit Blau, entsteht Grün. Mischt man Blau mit Rot, so entsteht Violett. Orange entsteht aus Gelb und Rot. Dieses Grün, Violett und Orange nennt man Sekundärfarben.

Mischt man nun die Grundfarben mit den Sekundärfarben, bekommt man sechs weitere Farben: Gelbgrün, Rotorange, Blaugrün, Gelborange, Rotviolett und Blauviolett.

Die Farben, die sich auf dem Farbkreis gegenüberliegen, heißen Komplementärfarben. Gelb ist also die Komplementärfarbe von Violett, Rot die von Grün usw. Mischt man eine Farbe mit ihrer Komplementärfarbe, so bekommt man Grau. Sie können das leicht selbst einmal ausprobieren (natürlich immer nur von tatsächlich reinen Farben ausgehend).

Der Farbkreis stammt aus Johannes Ittens »Kunst der Farbe«, das beim Otto Maier Verlag, Ravensburg, erschien.

Egal mit welcher Maltechnik Sie sich anfreunden, es wird Ihnen auf jeden Fall helfen, den Farbenkreis einmal selbst hergestellt zu haben, denn ein Gefühl für Farbe bekommen Sie leider nicht durch das Lesen von Theorie, sondern erst durch den Umgang mit der Farbe.
So hört es sich ganz gut an, wenn man erfährt, daß eine Farbe mit ihrer Komplementärfarbe gemischt Grau ergibt. Wirklich verstehen aber werden Sie diese Aussage erst, wenn Sie es einmal ausprobiert haben. Vergleichen Sie dabei Ihre Farben mit diesen hier, und versuchen Sie, sie nachzumischen. Sie können das mit Aquarell und Couache ebenso tun wie mit Acryl oder Öl.

Farbton, -wert und -intensität

Wenn Sie jemandem eine Farbe beschreiben sollen, nennen Sie im allgemeinen den Farbton, sagen also zum Beispiel »Grün«.
Bezeichnen Sie das Grün als Dunkel- oder Hellgrün, geben Sie den Farbwert an. Nun gibt es Farben mit hohem und solche mit niedrigem Farbwert: Würden Sie Ihre Farbpalette schwarzweiß fotografieren, würden auf dem Foto einige Farben fast schwarz, andere fast weiß und wieder andere grau erscheinen. Es entfällt der Farbton, übrig bleibt nur noch der Farbwert, also die Helligkeit oder Dunkelheit einer Farbe. Spricht man von einem hohen Farbwert, so meint man, daß sich eine Farbe fast weiß fotografieren lassen würde. Spricht man von einem niederen Farbwert, so meint man eine Farbe, die sich fast schwarz fotografieren lassen würde.
Etwas schwerer zu beschreiben ist das, was wir unter Farbintensität verstehen. Nehmen Sie an, die Farben auf Ihrer Palette wären farbige Glühbirnen, die mit einem Dimmer reguliert werden könnten. Sobald wir mehr Elektrizität in die Birne lassen, wird die Farbe leuchtender, intensiver. Drehen wir die Elektrizität aber herunter, schwächt sich die Farbe ab. Sie haben jedoch weder den Farbton verändert noch den Farbwert, sondern eben nur die Farbintensität.

Farbton

Wie ich schon vorhin gesagt habe, ist der Farbton einfach der Name der Farbe und somit der leichteste Weg, sie zu beschreiben. Orange, Gelb, Violett, das alles sind Farbtöne, die zum Farbkreis gehören. Je näher die Farben des Farbkreises beieinanderliegen, um so mehr harmonieren sie, da sie jeweils etwas von den benachbarten Farben enthalten. Farben, die sich im Farbkreis gegenüberliegen, stehen im Kontrast zueinander.

Der Farbton der Äpfel ist einmal blau und einmal grün, damit ist noch keine Aussage über Art und Beschaffenheit der Farbe gemacht.

Farbwert

Der Farbwert bezeichnet die Helligkeit oder Dunkelheit einer Farbe. Die beiden Beispiele unten zeigen Ihnen das ganz deutlich.

Beide Bilder wurden mit den gleichen Farben angelegt:
Kadmiumrot hell, Kadmiumgelb hell, Coelinblau, Krapplack dunkel, gebranntes Umbra.
In dem hellen Bild wurden nun ausnahmslos alle Farben mit Titanweiß gemischt, wir sprechen von »aufgehellten« Farben.
In dem dunkleren Bild dagegen wurden die Farben mit Elfenbeinschwarz gemischt, es besteht also aus sogenannten »getrübten« Farben. Die Farbtöne haben sich nicht geändert – gelbroter Apfel auf grünem Untergrund –, geändert hat sich nur der Farbwert.

Farbintensität

Der Begriff Intensität bezieht sich auf die Leuchtkraft, auf die Stärke und die Reinheit einer Farbe. Ein intensives Blau zum Beispiel erscheint Ihnen »blauer« als eines, das mit einer anderen Farbe gemischt wurde. In purem Blau finden sich nämlich mehr blaue Pigmente (Farbteilchen) als in gemischtem Blau, und es kann daher Blau besser reflektieren.
Tubenfarben sind meist sehr intensiv und werden nicht sehr oft in reiner Form verwendet. Um die Intensität von reinen Pigmenten zu dämpfen, können Sie Schwarz, Weiß oder Grau hinzufügen. Dadurch verändert sich die Farbintensität, der Farbton bleibt jedoch gleich. Oder um es an einem Beispiel zu erklären: Die blaue Farbe von Jeans zum Beispiel verliert mit dem Waschen zwar an Intensität, der Blauton ändert sich jedoch nicht.

Nehmen wir wieder unsere Äpfel als Beispiel. Dieser rote Apfel ist intensiv und leuchtend rot.

Durch Hinzufügen von Grau verliert er zwar seine Leuchtkraft, er ist aber noch immer rot, hat also seinen Farbton beibehalten.

Nun überwiegt das Grau, und die Farbe des Apfels hat sehr an Intensität verloren. Trotzdem bleibt es ein roter Apfel, er ist nicht plötzlich grün geworden.

Ich habe die Intensität langsam reduziert, indem ich mehr und mehr Grau in das Rot gemischt habe.
Die Farbintensität hat sich also verändert, nicht aber der Farbton. Wenn Sie die Augen zusammenkneifen und so die Äpfel miteinander vergleichen, werden Sie feststellen, daß der Tonwert bei allen dreien gleichgeblieben ist.
Wenn Sie Farben mischen, verändern Sie Ton, Wert und Intensität gleichzeitig, sobald Sie den Pinsel von einer Farbe in die andere tauchen. Natürlich sollen Sie jetzt nicht bei jeder Farbe erst lange über Farbwert und Intensität nachdenken. Das Wissen über die Farben wird Ihnen aber dabei helfen zu erkennen, warum vielleicht in Ihrem Bild etwas »nicht stimmt« oder wie Sie eine Stimmung noch klarer ausdrücken könnten. Mit einiger Übung werden Sie bald die Wirkungen der Farben kennen und gezielt einsetzen können. Probieren Sie Mischungen mit Weiß, Schwarz und Grau selbst aus, versuchen Sie es an einigen kleinen Beispielen, so wie ich es hier gezeigt habe.

Zur Erinnerung

Farbton:	Bezeichnung für die Farbe, also Rot, Grün, Gelb usw.
Farbwert:	Bezeichnung für die Helligkeit oder Dunkelheit einer Farbe
Farbintensität:	Bezeichnung für die Leuchtkraft oder die Reinheit der Farbe

Wie immer Sie in einer Komposition Farben einsetzen, werden Sie feststellen, daß diese sich gegenseitig beeinflussen. Wenn Sie dann häufiger mit Farben umgehen, werden Sie dieses Phänomen in Ihren Bildern gezielt einsetzen können. Sehen wir uns die verschiedenen Wirkungen einmal an. Wenn Sie zum Beispiel in Schwarz einen Schatten auf weißes Papier malen, erscheint er sehr dunkel. Das liegt an der weißen Umgebung. Sobald Sie die weiße Grundfläche jedoch mit Farben bemalen, wirkt der Schatten heller, die Farben geben ihm die für unsere Augen »richtige« Relation. Wenn Sie anfangen, mit Farbe zu malen, gehört die Illusion von Farbveränderungen zu den normalen Problemen. Farbton und Farbintensität einer jeden Farbe werden nämlich – wie wir bereits am Beispiel des Schattens gesehen haben – von den danebenliegenden Farben optisch beeinflußt. Sie werden bald herausfinden, daß jede Farbkomposition ein Anordnen und Anpassen von Farbtönen, Farbwerten und Farbintensität bedeutet.

Die Beispiele oben zeigen, wie sich Farbwerte gegenseitig beeinflussen. Die inneren Quadrate haben in jeder waagerechten Reihe jeweils den gleichen Tonwert, nur die Fläche darum herum verändert sich. Vergleichen Sie die inneren Quadrate einer Reihe miteinander. Das Grau links scheint dunkler zu sein als das Grau ganz rechts. Mit Farbe, hier Gelb, passiert das gleiche. Alle gelben Flächen in der zweiten Reihe sind gleich. Je dunkler aber der Untergrund wird, desto heller erscheint das Gelb. Hat der Untergrund nun verschiedene Farben, so beeinflussen diese das Quadrat in der Mitte. Rot wirkt auf Weiß intensiv und leuchtend. Der Untergrund verändert die Leuchtkraft des Rots.

Schon beim Malen eines Baumes oder eines Hauses sind Sie mit den auf den letzten Seiten besprochenen Problemen konfrontiert. Wie Sie an den einfachen Beispielen unten sehen, verändert sich auch das Grün je nach Untergrund. Auch hier habe ich für beide Bilder das gleiche Grün benützt, trotzdem wirkt es einmal heller und einmal dunkler.

Unten sehen Sie, wie stark sich Rot verändern kann. Auf dem gelben Untergrund wirkt es »röter«, auf dem grünen geht es dagegen mehr in Orange über.
Gleichgültig ob die Umgebung einer Farbe dunkel, hell, kalt oder warm ist, eine gegenseitige Beeinflussung wird immer stattfinden. Beachten Sie aber auch, daß Licht Farben verändert, bei Tageslicht werden Sie ein anderes Rot sehen als bei Kunstlicht.

Aussage der Farbe

Farben üben einen starken Einfluß auf unsere Gefühle aus. Man kann sich traurig fühlen oder fröhlich, Farben können deprimieren oder beunruhigen, anregen oder melancholisch stimmen.
Seien Sie offen für alles, was sich in Ihrer Umgebung befindet, versuchen Sie Licht und Farben sowie deren Wirkung aufeinander zu entdecken und zu beobachten. Vielleicht sehen Sie sich einmal einen Film oder ein Theaterstück unter farblichen Gesichtspunkten an. Sie werden kaum eine heitere Liebesszene sehen, die sich in einer dunklen, graublauen Kulisse abspielt, da nun einmal rosa für Romantik und Sentimentalität stehen, während geisterhafte und gruselige Szenen gerne in Grün und Violett getaucht werden. Auch im täglichen Leben verbinden wir mit einzelnen Farben bestimmte Vorstellungen. So ist das abendliche Mondlicht kühl, der Sonnenaufgang mit seinen warmen Farben fröhlich, kühles Grau vermittelt Stille bis hin zu Verzweiflung.
Da Farben bei uns Gefühlsregungen hervorrufen, werden sie heutzutage natürlich auch ganz bewußt eingesetzt, um Reaktionen zu steuern. In Supermärkten sollen uns Farben dazu anregen, bestimmte Dinge zu kaufen, an Arbeitsplätzen sollen farbige Räume arbeitsmotivierend wirken, und in Krankenhäusern sollen grüne Wände die Patienten beruhigen.
Und warum suchen Sie eine ganz bestimmte Farbe für Ihren Wagen aus? Warum hat Ihre Küche andere Farben als Ihr Wohnzimmer?
Versuchen Sie einmal, Ihre eigene Umwelt zu analysieren und herauszufinden, warum bestimmte Dinge in Ihrer Umgebung ganz bestimmte, von Ihnen ausgewählte Farben haben.

Warme und kalte Farben

Spricht man von warmen oder kalten Farben, meint man meist nur den Farbton, nicht Farbwert oder Intensität. Wenn Sie den Farbkreis zwischen Gelb und Gelbgrün oben und Rotviolett und Violett unten halbieren, dann werden Sie im linken Teil des Kreises, um das Orange herum, warme Farbtöne finden, in der anderen Hälfte aber, um das Blau herum, die kalten Farben.
Die Vorstellung von kalt und warm in den Farben resultiert aus Assoziationen, die sich mit diesen Farben verbinden. Sitzen wir zum Beispiel in einem Raum mit blauen Wänden, ist uns plötzlich kalt, in einem Raum mit Rot- und Orangetönen fühlen wir Wärme. Dafür gibt es gute Gründe. Aus unseren Erfahrungen heraus verbinden wir Rot, Gelb und Orange mit Feuer, also mit Wärme. Tiefes, kaltes Wasser dagegen hat eine blaue bis grüne Farbe, Eis schimmert blau, also verbinden wir Blau mit Kälte.
Dazwischen gibt es natürlich Farben, die nicht so eindeutig warm oder kalt sind, sie sind eher neutral, wie zum Beispiel Rotviolett und Gelbgrün. Die warme oder kalte Qualität einer Farbe ist auch nicht immer eindeutig. So gibt es durchaus ein »warmes« Grün, dann nämlich wenn es zum Gelb tendiert, oder ein »kaltes« Rot, das einen hohen Anteil an Blau hat. Generell könnte man sagen, daß ein Farbton durch Mischen mit Gelb wärmer, durch Mischen mit Blau kälter wird.
Theoretisch sind Weiß, Schwarz und alle neutralen Grautöne keine Farben. Es fehlen ihnen nämlich zwei Farbdimensionen: der Farbton und die Intensität.
Es genügt nicht, die Farben nur mit Hilfe des Farbkreises verstehen zu wollen, man muß auch fähig sein, die Farben in der Natur und in der Malerei zu erkennen. Manche Objekte, die man malen möchte, verlangen nach einer warmen Farbe, andere bekommen ihre spezifische Wirkung erst dadurch, daß sich der Maler für kalte Töne entscheidet. Letztendlich wird immer der Künstler entscheiden, mit welchen Farben seine ganz persönliche Aussage umgesetzt werden kann. Wichtig ist nur, die Aussage von warmen und kalten Tönen in den Griff zu bekommen. Sobald man sie kennt und mit ihnen umgehen kann, kann man sie gezielt einsetzen.
Farbe ist in vieler Hinsicht wie Musik. Wenn Sie eine einzelne Note spielen, bedeutet das nicht viel. Sobald aber mehrere Noten in Zusammenhang gebracht werden, entsteht eine Melodie. Diese Melodie kann laut, leise, aggressiv und harmonisch sein. Behandeln Sie Ihre Farbzusammenstellungen wie eine Melodie, und bedenken Sie, daß sie auf die Nerven gehen kann, wenn sie falsch gespielt wird.

An diesem Streifen sehen Sie, wie sich die »Temperatur« der Farbe von warmem, tiefem Rot über kaltes Gelb, Grün und Blau zu warmem Blau verändert. Versuchen Sie, einfache Farben selbst nachzumischen. Mehr über das Mischen von Farben finden Sie in den Kapiteln zu den einzelnen Maltechniken.

Sehen Sie sich diese vier Beispiele genau an. Finden Sie heraus, wie die Farben auf Sie ganz persönlich wirken, was Sie mit ihnen verbinden. Versuchen Sie auszuprobieren, welche für Sie warm oder kalt, aktiv oder passiv, aggressiv oder friedlich sind.
Für mich bedeutet das Beispiel oben links Wärme, die Farben wirken aktiv und fröhlich, so könnte ich mir die Wand einer Diskothek vorstellen.
Die Farben rechts daneben sind heiter, es sind ruhigere Töne, nicht zu kalt und nicht zu warm.
Das Beispiel unten links erscheint mir melancholisch, es erinnert mich an einen regnerischen Sommertag.
Mysteriös und ein bißchen geheimnisvoll wirken die Farben unten rechts auf mich.
All das ist natürlich vollkommen subjektiv. Eine gute Übung ist es, wenn Sie nach der vielen Theorie nun einmal die Farben zur Hand nehmen und versuchen, die vier Jahreszeiten darzustellen, und zwar nur mit Farben, nicht mit Hilfe von jahreszeitlichen Motiven. Je mehr Sie ausprobieren und beobachten, desto mehr schärfen Sie Ihren Sinn für Farben.

Farbkomposition

Wir haben auf den letzten Seiten gesehen, wie sich Farbwirkungen durch verschiedene Untergründe verändern, wie sie sich gegenseitig beeinflussen und wie unterschiedlich sie auf uns wirken. Nun spielen ja bei einer Komposition nicht nur Form und Farbe eine Rolle, es soll auch Tiefe entstehen, Formen sollen plastisch werden. Und damit kommen wir wieder auf das Licht zurück, das ja die Farbe für uns erst zur Farbe werden läßt und die Schatten wirft, die einer Form Tiefe geben.
Wenn Sie ein grünes Blatt in einem vollkommen weißen Raum auf einen weißen Tisch legen würden, der mit weißem Licht ausgeleuchtet ist, nicht zu warm und nicht zu kalt, würden Sie das Grün des Blattes in seiner wirklichen Farbe sehen. In dieser Situation wären alle anderen Farben ausgeschaltet, kein Hintergrund, keine farbigen Gegenstände könnten Sie davon abhalten, die genaue Farbe des Blattes zu sehen. Natürlich ist diese Situation normalerweise kaum möglich, da wir immer irgendeine Farbigkeit um uns haben. Durch das ständig wechselnde Licht der Natur wird dieses grüne Blatt im Sonnenlicht gelbgrün erscheinen, im Schatten vielleicht blau und in der Dämmerung schwarz. Das Grün, das Sie in dem weißen Raum sehen könnten, taucht in der Natur nirgends auf. Sie werden als Künstler immer von irgendwelchen Licht- und Farbeinflüssen abhängig sein.
Bei den Schwarzweißbildern haben wir festgestellt, daß Dinge, die nah sind, dunkler erscheinen als solche, die weiter entfernt sind. Auch bei den Farben gibt es Töne, die sich nach vorne drängen und andere, die zurücktreten. Das ist natürlich wichtig, wenn ein Bild Tiefe bekommen soll. Manchmal wirkt ein Bild flach, obwohl es farblich sehr harmonisch ist. Das kann dann unter anderem daran liegen, daß eine nach vorne tretende Farbe für ein Bildelement benutzt wurde, das in den Hintergrund gehört. Farben, die Nähe vermitteln, sind Rot-, Orange- und Gelbtöne. Weiter in der Ferne scheinen Grün-, Blau- und Violettöne zu liegen.
Außerdem müssen Sie beachten, daß die Farben in der Entfernung kühler, heller, ein bißchen grauer und weniger intensiv erscheinen. Dieses Phänomen wird bewirkt durch die Luft, durch die Atmosphäre zwischen uns und dem entfernten Objekt.
Schauen Sie sich dazu noch einmal die Seiten 23 und 24 an.

Für diese Formen habe ich ein leuchtendes, intensives Rot und Blau benützt. Obwohl beide Formen vollkommen gleich sind, scheint die warme Farbe näher zu sein als die kalte.
Bei den anderen beiden Beispielen habe ich nun verschiedene Farbwerte von warm bis kalt eingesetzt. Fertigen Sie ein paar kleine Skizzen in der Maltechnik an, die Ihnen am meisten liegt, und benützen Sie dabei Variationen von reinen Farben, von Farbwerten oder von Farbintensitäten. Gestalten Sie diese kleinen Kompositionen ganz einfach. Sie werden überrascht sein, wie diese Spielerei, die ja auch Spaß macht, Ihr Gefühl für Farbe weiterbildet und Ihnen mehr Sicherheit gibt.

Auch ohne perspektivische Formen wird hier deutlich, wie die kälteren Töne nach hinten zurückzuweichen scheinen. Malen Sie ähnliche Töne, damit Sie mit der Farbe vertraut werden. Drehen Sie diese Beispiele hier nach allen Seiten, und sehen Sie sie sich auch von oben an. Sie werden feststellen, daß die Wirkung immer die gleiche bleibt.

Dieses Bild von Paul Gauguin (französischer Maler, Graphiker und Bildschnitzer; 1848–1903), »Tahitische Landschaft«, ist ein gutes Beispiel für eine durch Farben geschaffene Atmosphäre (Originalgröße 924 x 678 mm). Licht und Schatten entstehen durch warme und kalte Farben. Deutlich treten die warmen Farben nach vorne, während die kalten zurückweichen.
Das Blau spielt eine starke Rolle für die Tiefe dieses Bildes (die Impressionisten haben erkannt, daß das Blau des Himmels und der Luft die Farbe aller Schatten beeinflußt), im Kontrast dazu stehen dann die warmen Farben des Vordergrundes. Das warme Rot, das Braun und das Grün scheinen direkt vor unserer Nase zu liegen, sie dominieren den Vordergrund dieser Landschaft. Das Violett, das Blau und das kalte Grün bleiben im Hintergrund, geben dem Bild aber einen interessanten Flimmereffekt.
Das Orange, das Gauguin hinter die Palmen in den Hintergrund gelegt hat, reflektiert das Sonnenlicht und drängt rein optisch nach vorne. Man wird so auf das Licht aufmerksam, und die warme Atmosphäre verstärkt sich. Besonders betont aber wird die Tiefe durch die kalten Blau- und Gelbtöne von Himmel und Wolken. Man könnte glauben, daß die Welt hinter den Bergen endlos weitergeht.
Achten Sie auf das leuchtende Orange des Baumes auf der rechten Seite, er scheint fast im Licht zu brennen. Dieser Flimmereffekt entsteht durch das viele Grün, das das Orange umgibt. Durch das Orange des Baumes entsteht im Bild ein Gleichgewicht des Lichts, das Orange reflektiert immer wieder und ist über das ganze Bild verteilt. Man findet es in den Wolken, in den dunklen Bergen, in dem violetten Streifen, der sich von links nach rechts durch das Bild zieht, in der Figur und in den Bananen über ihrer Schulter. Besonders geschickt gesetzt ist der kleine orange Fleck in der Mitte des grünen Baumes, der gleichzeitig die Bildmitte kennzeichnet. Durch all diese Wiederholungen des Orange wird das Sonnenlicht links mit dem Baum ganz rechts verbunden, wirkt das Bild als eine Einheit.

MIT FARBE ZEICHNEN UND MALEN

Mit der Farbe kommt eine neue Ausdrucksmöglichkeit in das Bild. Wie Sie schon wissen, können Farben warm, kalt, anheimelnd oder ungemütlich wirken. Wie bei den Formen müssen wir auch beim Umsetzen in Farbe zuerst vereinfachen. Man kann zum Beispiel unmöglich sämtliche Nuancen des Grüns einer Wiese erfassen, man muß sich für einige Grundtöne entscheiden. Buntstifte und Kreiden sind zum Anlegen farbiger Zeichnungen besonders gut geeignet, weil man schnell und problemlos damit arbeiten kann.

Wir haben auf den Seiten 38 und 39 über Skizzen und fertige Zeichnungen gesprochen. Kommt Farbe hinzu, fällt die Entscheidung noch schwerer: Wann ist eine Zeichnung »fertig«, wann noch nicht?

Fertig ist sie auf jeden Fall, wenn Sie das Gefühl haben, nichts weiter daran tun zu können. Man könnte sagen, daß das kleine Porträt rechts eine Skizze ist, das Mädchen im Rahmen dagegen eine fertige Zeichnung.

Unten: ein Beispiel für das Vermischen verschiedener Techniken. Der größte Teil des Bildes wurde mit Ölkreiden gemacht, als Kontrast wurden aber noch farbige Tusche und Buntstifte verwendet.

Das Porträt des Mädchens im Rahmen ist ebenfalls eine Mischtechnik. Ich habe wasserlösliche Buntstifte benützt, dazu Wachskreiden und – in geringem Umfang – Pastellkreiden. Den Hintergrund habe ich mit grauer Plakafarbe möglichst gleichmäßig angelegt. Mit einem Pinsel und Wasser bin ich dann noch einmal über Gesicht und Rahmen gegangen, um die Weichheit zu verstärken. Zuletzt habe ich die Feinheiten des Gesichts und die Schatten darübergezeichnet.

Die Blumen: In sehr lockerer und fast abstrakter Art sind die Blumen mit Buntstiften gezeichnet. Wichtig waren für mich hier nur die Farben und nicht so sehr die genauen Formen der Blüten. Ich wollte ein impressionistisches Bild machen, ähnlich wie links mit den beiden Bäumen.

Unten links: eine einfache Zeichnung mit Pastellkreiden auf hellbraun getöntem Papier. Dieser immer wieder durchscheinende Grundton bestimmt die Atmosphäre des Bildes.

Materialien

FÜR FARBIGES ZEICHNEN UND MALEN

Buntstifte, Filzstifte, Pastell- und Ölkreiden sind Zeichentechniken, die großen Spaß machen können, da man frisch und spontan arbeitet und nicht lange auf das Trocknen warten muß. Man kann das Material überall mit hinnehmen, und es ist unkompliziert zu handhaben.

Buntstifte

Man unterscheidet Buntstifte nur nach ihren Farben und nicht, wie Bleistifte, nach Härtegraden. Fast alle Firmen stellen neben den billigeren Stiften für Kinder qualitativ hochwertige Zeichenstifte her. Ich würde Ihnen für den Anfang raten, einzelne Stifte von verschiedenen Firmen zu kaufen, da je nach Hersteller die Härtegrade verschieden sind. Wenn Sie ausprobiert haben, welcher Stift Ihnen am meisten liegt, können Sie sich immer noch ein Sortiment im Kasten kaufen. Zu empfehlen: Caran d'Ache, Faber Castell, Kreuzer, Staedtler Karat, Schwan Stabilo.

Filzstifte

Hier gibt es eine so große Auswahl von feinen bis dicken Stiften, daß Sie einfach ausprobieren müssen, welche Art und welche Qualität Ihnen gefallen. Hier einige Firmen, die sehr gute Qualität liefern: Caran d'Ache, Magic Marker, Pantone-Letraset, Schmincke HKS, StaboPen 68, Schwan Stabilayout.

Kreiden

Ob Pastell- oder Ölkreiden, am besten legen Sie sich gleich einen Kasten mit einer Farbauswahl zu, da die empfindlichen Kreiden einzeln und ungeschützt doch nur brechen würden. Auch hier gibt es verschiedene Arten, rund, eckig oder mit Holzhülle. Gute Pastellkreiden gibt es von Faber Castell, Koh-i-noor Hardtmuth, Schmincke, Schwan Stabilo Carb-Othello und Talens; Ölkreiden von Caran d'Ache, Filia und Talens.

Zu den Kreiden gibt es verschiedene Halter, damit man auch mit kleineren Stücken noch gut arbeiten kann. Außerdem brauchen Sie Spitzer oder Sandpapier, für besonders dicke Kreiden gibt es Spezialspitzer. Radiergummi und Knetgummi können Sie nicht nur zum Ausradieren, sondern auch für besondere Effekte verwenden; mit dem Fixativ halten Sie die empfindlichen Zeichnungen fest. Zum Experimentieren brauchen Sie dann noch einige Pinsel und Messer.

Filzstifte mit Behälter
Buntstifte
Aquarellkreiden
ierwischer
Spezial-
spitzer
Fixativ
Tischspitzer
Handspitzer
Ölkreiden
etgummi
Halter
ergummi
Ölkreiden
verschiedene Buntstifte
LUKAS
FIXATIV
PANDA
NEOPASTEL

Buntstifte

Zwei Vorurteile tauchen bei Buntstiften immer wieder auf. Das eine lautet: Buntstifte sind alle gleich und können nur wie Bleistifte benützt werden. Das andere: Buntstifte sind nur etwas für Kinder. Beides ist falsch, denn heute lassen sich gerade mit diesen Stiften die vielfältigsten Zeichnungen anfertigen.
Eigentlich ist der Buntstift eine Weiterentwicklung der Kreiden. Im 15. Jahrhundert waren rote Kreidezeichnungen, die man mit Schwarz und Weiß vermischte, weit verbreitet. Kreiden und Kohlen wurden zu Stäbchen verarbeitet, diese dann in hohles Schilfrohr gesteckt und mit Leder- oder Stoffstreifen festgebunden. Die Kreidestäbchen wurden angespitzt und ließen sich so sehr fein verarbeiten. Berühmte Beispiele gibt es von Leonardo da Vinci und Michelangelo. Die heutigen Stifte gibt es in zahllosen Variationen. Einen großen Vorteil haben alle gemeinsam: Man kann direkt anfangen zu arbeiten, es sind keine großen Vorbereitungen notwendig, wie etwa Anrühren mit Wasser oder ähnliches. Auch sind sie verhältnismäßig preiswert, sogar mit einer teuren Buntstiftauswahl stürzen Sie sich nicht in große Unkosten und können viele Zeichnungen und Bilder machen. Buntstifte sind sauber, und die Arbeit damit ist unkompliziert. Alles, was Sie für den Anfang brauchen, ist ein festes Stück Papier und ein paar Buntstifte. Auch zum Skizzieren im Freien, für den Skizzenblock, eignen sich die Stifte gut. Man kann oft mit wenigen Farbtönen eine Stimmung einfangen, die man vielleicht später in ein Öl- oder Aquarellbild umsetzen möchte. Sie haben hier die Feinheiten des Graphitbleistiftes und die rauhere Art der Kreide in einem zur Verfügung. Dadurch eröffnen sich Ihnen zahllose Möglichkeiten.

Manche Buntstifte sind weicher, manche härter, einige wasserlöslich, andere wieder nicht. Womit Sie am liebsten und am besten arbeiten, können Sie eigentlich nur durch Ausprobieren herausfinden. Nur wenige Firmen geben ihren Stiften noch die ursprünglichen Farbnamen, so wie es bei Öl- und Aquarellfarben üblich ist. Nummern und Namen sind von Marke zu Marke verschieden, auch bedeutet die Numerierung der Buntstifte keinen bestimmten Farbverlauf. Wenn zum Beispiel Nummer 222 Gelb ist, muß Nummer 223 nicht Gelbgrün sein. Das heißt also, daß Sie Ihre Farbpalette nicht nach den Nummern aufbauen können, sondern daß Sie sich an den tatsächlichen Farbwerten orientieren müssen.

Der Spitzer

Ein wichtiges Werkzeug ist der Spitzer. Wie scharf oder stumpf Sie Ihren Bleistift haben wollen, ist Temperamentssache. Wichtig ist, daß Sie ihn jederzeit so spitzen können, wie es für Ihre Arbeit erforderlich ist. Es gibt natürlich viele verschiedene Formen von Spitzern, doch grundsätzlich haben wir drei Arten:

1 Das einfache Messer. Das Messer muß sehr scharf sein (zum Beispiel X-Acto Messer), und man braucht etwas Übung, um gleichmäßig Spitzen zu können. Dafür bekommen Sie aber jede Spitze, die Sie wollen. Mit Sandpapier kann man noch zusätzliche Feinheiten erreichen.

2 Der Handspitzer. Das ist wohl die gängigste Form eines Spitzers; man bekommt Spitzdosen, die den Abfall gleich auffangen oder einfache Spitzer, die man über einen Papierkorb oder ähnliches halten muß. Die Spitze wird immer gleichmäßig, das Messer muß nach einiger Zeit ausgewechselt werden.

3 Der automatische Spitzer, handbetrieben oder elektrisch. Die Spitze wird sehr fein und gleichmäßig. Inzwischen sind diese Spitzer technisch so weit entwickelt, daß sie nicht mehr den halben Bleistift »aufessen«. Die Messer müssen auch hier nach einiger Zeit ausgewechselt werden.

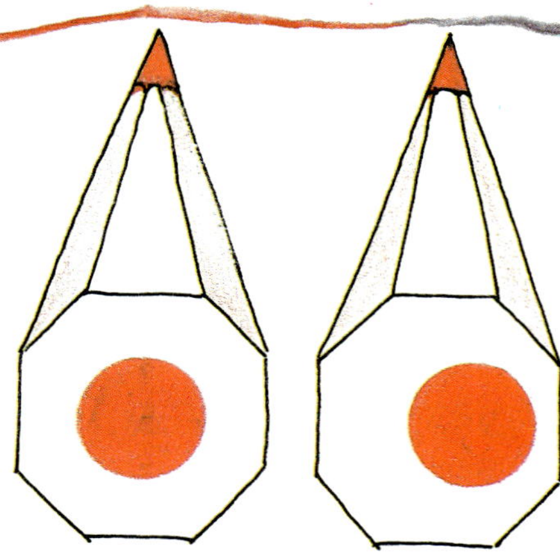

Achten Sie beim Kauf von Buntstiften darauf, daß die Mine auch in der Mitte des Stiftes sitzt. Wenn das nämlich nicht der Fall ist, werden Sie Schwierigkeiten haben, den Stift richtig spitz zu bekommen.

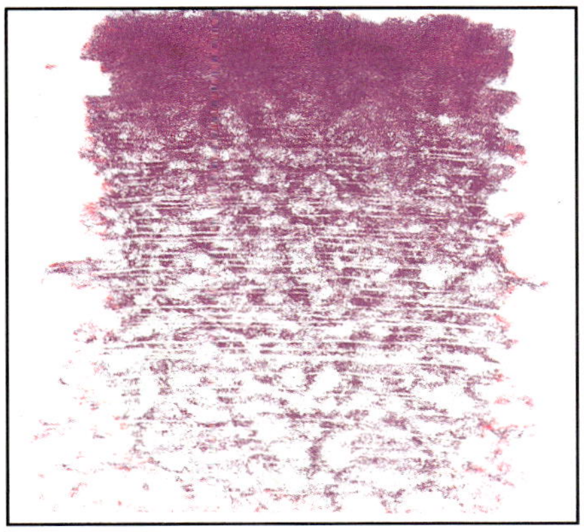

Das Papier

Bei Buntstiften spielt das Papier eine große Rolle, da es den Strich verändern kann. Sie sehen hier drei verschiedene Papierarten, auf denen mit dem gleichen Stift gezeichnet wurde. Das rauhe Papier läßt den Stift nicht in die ganze Fläche eindringen, die Linie franst aus. Rauhes Papier eignet sich also nicht für ganz feine Zeichnungen. Das Zeichenergebnis erinnert in der Wirkung ein bißchen an den trockenen Pinselstrich.

Am besten eignet sich das mittelfeine Papier. Die Linien wirken weicher als auf rauhem oder sehr feinem Papier und lassen sich sehr detailliert herausarbeiten. Dieses Papier eignet sich für jede Art von Buntstift, also für den weichen, den harten und auch für den wasserlöslichen. Alle Arten von Strukturen kommen brillant heraus.

Auf sehr feinem Papier werden die Linien heller, das Übereinanderlegen der Töne und auch das Mischen der Farben ist begrenzt. Das feine Papier eignet sich am besten für lineare Arbeiten. Aber auch bei der Lösung der Papierfrage hilft Ihnen nur eines: Sie müssen selbst ausprobieren und ein bißchen herumexperimentieren.

Die Linie

Verschiedene Spitzen ergeben verschiedene Linien. Aus einer scharfen Spitze resultieren zarte und differenzierte Linien. Die stumpfe Mine macht dicke Striche, und die abgeflachte läßt sich für vielerlei Strukturen benützen.

Wie bei der Malerei muß man auch bei Buntstiften Lage auf Lage arbeiten, Tiefe und Licht müssen mit viel Geduld herausgeholt werden. Es ist schwierig, mit dem Buntstift große Flächen anzulegen, da sie leicht ungleichmäßig werden und sehr viel Fingerspitzengefühl erfordern.

Eine mit Buntstift gezogene Linie beinhaltet alle drei Farbdimensionen: Farbton, Farbwert und Farbintensität. Das Zeichnen mit Buntstiften hat nichts mit dem Ausmalen von fertigen Formen zu tun, wie Kinder es in Malbüchern machen. Die Technik hat ein sehr starkes Eigenleben, wie Sie sicher sehr bald herausfinden werden.

Mit verschiedenen Stiften gezeichneter Verlauf.

Mit den dicken Stiften (Stabilotone) kann man fast wie mit Kreiden ineinandermalen und die Töne miteinander vermischen.

Der Hauptunterschied zwischen einem einfachen Graphitbleistift und einem Buntstift liegt in der Transparenz: Der letztere kann wie Wasserfarbe eingesetzt werden. Das bedeutet allerdings auch, daß man verschiedene Farben nicht deckend übereinanderlegen kann. Zeichnet man mit einem gelben Stift über Blau, so wird das Ergebnis Grün sein, das Gelb überdeckt das Blau nicht. Der Druck auf den Buntstift spielt, wie beim Bleistift, eine große Rolle. Drückt man fest auf, wird der Farbton intensiver, bei leichtem Druck wird die Farbe zarter.
Natürlich können alle Arten von Buntstiften vermischt werden. So kann man zum Beispiel durchaus einen kreideartigen Stift mit einem feinen, härteren Stift mischen und interessante Kontraste erzielen.

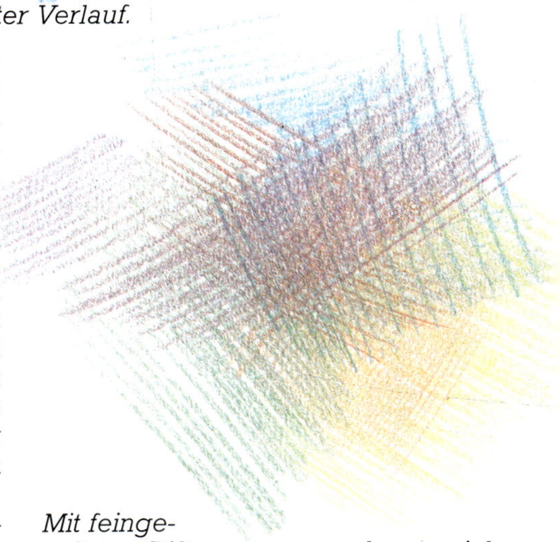

Mit feingespitzten Stiften lassen sich durch Schraffur zarte Zwischentöne herausarbeiten.

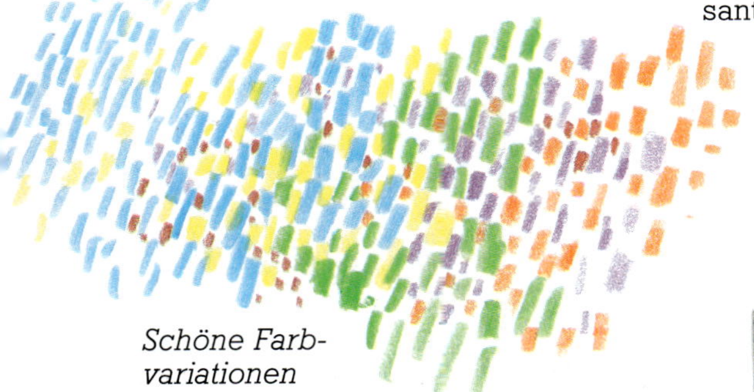

Schöne Farbvariationen erhält man durch ineinandersetzen von Punkten und Strichen (ähnlich dem Pointillismus).

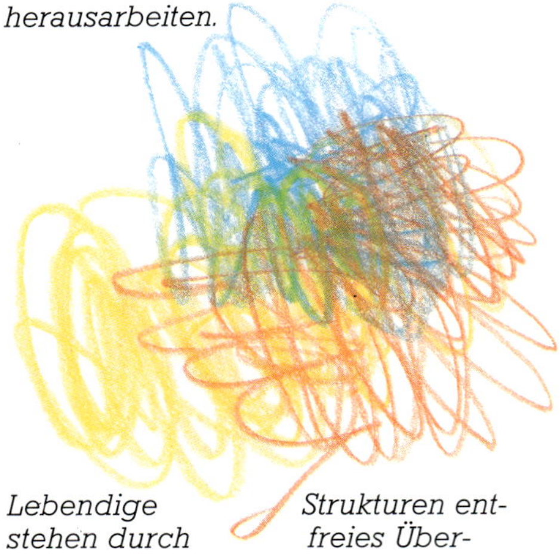

Lebendige Strukturen entstehen durch freies Übereinanderkritzeln der Farben.

Selbstverständlich wirken die Buntstifte auf farbigem Papier anders als auf weißem, da sich die nicht deckenden Farben verändern. Wenn Sie die Stifte ausprobieren, sollten Sie auch auf verschiedenen Untergründen experimentieren. So eignet sich zum Beispiel ein gelblich getöntes Papier für eine Herbststimmung, und wenn Sie eine Landschaft mit viel Himmel zeichnen wollen, empfiehlt sich ein blau getöntes Papier. Dies nur zur Anregung. Mehr über farbige Untergründe finden Sie auf Seite 165.

Das Vermischen mit Wasser und auch mit Terpentin macht aus den Stiften richtige Wasserfarben. Die löslichen Farben werden von vielen Firmen angeboten, Sie sehen hier eine Auswahl von empfehlenswerten Produkten, die ich selbst verwendet habe. Fast alle Stifte lassen sich mit Terpentin auflösen, mit Wasser nur ein begrenzter Teil. Meistens steht auf den Verpackungen, ob die Stifte wasserlöslich sind oder nicht.

Neue Farbtöne entstehen, wenn man die Buntstifte fest aufdrückt und die Farben übereinanderzeichnet.

Noch einmal unser Baum als Beispiel: Himmel und Baum wurden frei mit Buntstiften (Caran d'Ache) gezeichnet. Dann habe ich einen Pinsel in etwas Terpentin getaucht und damit hineingemalt. Verwendet man zum Verlaufen Terpentin, wird die Struktur meist rauher, als wenn man Wasser nimmt.

Wichtig ist das Papier. Gehen Sie mit Wasser in die Farben, ist ein Aquarellpapier zu empfehlen, da es sich nicht wellt. Bei Terpentin genügt festes Papier oder Ölmalpapier.

Nehmen wir noch einmal unsere Äpfel als Ausgangsform. Hier zuerst der schwarze, flache Apfel, der nichts weiter aussagt.

Nun wird er zum grünen Apfel! Durch die neue Dimension Farbe bekommt die Form des ersten Bildes nun schon eine Aussage.

Schraffuren mit einem stumpfen oder flach gehaltenen Stift haben eine ganz andere Wirkung als solche, die mit einem spitzen Stift gemacht werden. Man kann schneller große Flächen damit bedecken; der Gegenstand wirkt so, als habe er eine rauhe Oberfläche. Scheuen Sie sich nicht, feinere Linien mit groben zu mischen oder Punkte und kurze Striche dazwischenzusetzen.

Licht und Schatten geben dem Apfel eine runde Form, auch wenn hier nur Grautöne benützt werden (wir haben im Kapitel »Komposition« darüber gesprochen).

Je mehr feine Striche übereinanderliegen, desto dunkler wird die Fläche. Es ist aber nicht notwendig, immer die gleiche Farbe zu nehmen. Ein grüner Apfel hat bläuliche und gelbliche Stellen. Er kann auch das Rot einer Tomate reflektieren.

Ein weiterer Schritt: Licht und Schatten entstehen durch die Farbe. Es ist der gleiche Apfel wie oben, doch nun wirkt er frisch und appetitlich.

Wasserlösliche Buntstifte verlaufen nach dem Auftragen ineinander, wenn man mit Wasser darübergeht. In die verlaufene Fläche kann man wieder hineinzeichnen, so wie ich es hier getan habe.

Diese gepunktete Struktur kann ein sehr reizvoller Ersatz für eine Hintergrundfarbe sein. Es entstehen feine Farbreflektionen der verschiedenen Objekte, der Hintergrund erscheint farbig und wird so zu einer Einheit mit dem ganzen Bild. Um diese Art Farbmuster zu erzielen, können Linien, Punkte oder einfache Farbflecke eingesetzt werden. Ich habe absichtlich in diesem Bild kein Schwarz verwendet, damit Sie sehen, wie Schatten ausschließlich durch Farben entstehen können.

Die Tomate unten im Bild habe ich nun nicht gestrichelt, sondern dicht ausgemalt; der Schatten, der ihr die Form gibt, wurde mit dunklerem Rot und etwas Violett erreicht.

Schritt für Schritt

Das Porträt habe ich auf leicht strukturiertem und sehr hell gelblich-braun eingefärbtem Papier angefertigt. Ich habe das getönte Papier gewählt, um für das Gesicht des jungen Mädchens weichere Farbtöne zu bekommen.
Die Komposition ist durch die waagerechte Dreiteilung (Hut/Gesicht/Fell) ziemlich ungewöhnlich. Was mich interessierte, war der Kontrast des Hutes mit den Blumen und den zarten Gesichtstönen mit dem Fell im Vordergrund.

Mit einem hellbraunen Buntstift habe ich zuerst ganz leicht die einfache Form des Gesichts aufskizziert und die Grundkomposition festgelegt. Mit Grün und Blau habe ich dann Blumen und Band des Hutes angelegt.

Nun habe ich den Hut verstärkt und einige der kontrastierenden Töne dazugefügt. Augen und Mund habe ich deutlicher eingegrenzt, um langsam die Form des Gesichts aufzubauen. Das Tigerfell im Vordergrund ist nur grob mit einem wasserlöslichen Buntstift gezeichnet und dann mit einem Aquarellpinsel Nr. 8 und Wasser ein paarmal übermalt worden. Dadurch entsteht ein weicher Untergrund, der das Fell später zusammenhält.

Sie können nun schon gut sehen, wie sich Farbe und Struktur des ganzen Bildes langsam aufbauen. Ich habe das Fell verstärkt und die Formen von Hut und Blumen mehr herausgearbeitet. Beachten Sie, daß das Rosa und das Blau des Hutes sich in Gesicht und Fell wiederholen. Das wird später dazu beitragen, das Bild als eine Einheit wirken zu lassen und die drei horizontalen Hauptformen der Komposition zu verbinden. Das Gesicht selbst besteht nicht nur aus einem Ton, der heller und dunkler wird: Während rechts der Papierton durchschimmert, verläuft die linke Gesichtshälfte von Rosa zu Braun, wie Sie hier rechts am Muster sehen können.

Um den Hut etwas zurückzudrängen, bin ich mit einem weichen, weißen Stift über das Gelb gegangen; so ergibt sich ein wirkungsvoller Kontrast zur Farbstruktur der Blumen. Wie Sie sehen, habe ich mich entschlossen, die waagerechten Formen der Komposition zu unterbrechen, indem ich das blaue Band des Hutes über die dunkle Seite des Gesichts herunterhängen lasse. Dazu mußte ich allerdings mit Gouache ein helles Blau anmischen und über die dunklen Teile des Gesichts malen. Nachdem die Farbe getrocknet war, bin ich nochmal mit einem weißen Fettstift darübergegangen, um wieder eine Einheit in das Band zu bekommen.

Den linken Hintergrund habe ich in einem blau-grauen Ton angelegt, um mehr Tiefe zu erreichen. Der rechte Hintergrund ist unbearbeitet, der Ton des Papiers spiegelt sich auch im Gesicht wieder und läßt es weicher erscheinen.

Farbige Filzstifte

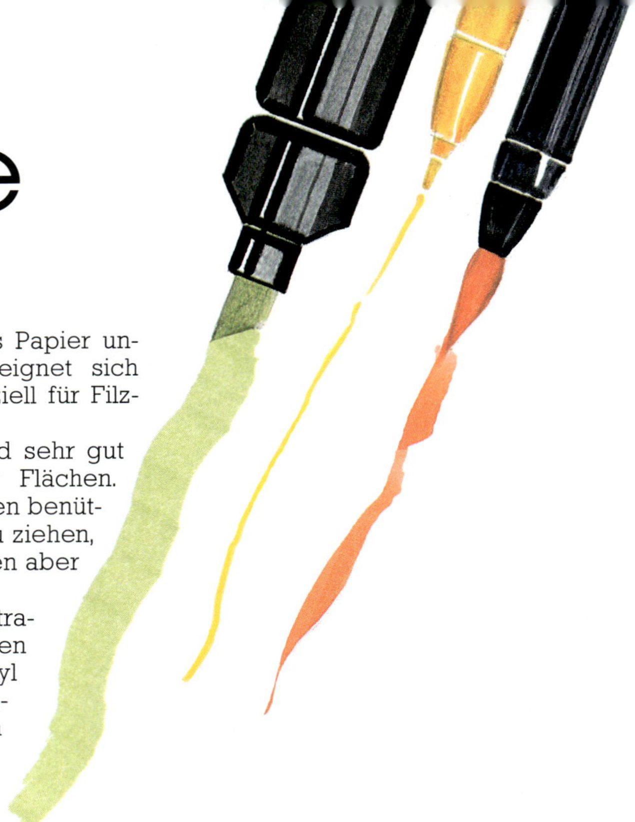

Es gibt Marker, Filz- und Faserstifte in allen möglichen Breiten und natürlich in unzähligen Farben. Sie werden häufig in Werbeagenturen benutzt, weil man damit schnell und problemlos arbeiten kann und sich die vielen Farbtöne leicht vermischen lassen. Das Papier wellt sich nicht wie bei Wasserfarben, und auch sonst sind keinerlei Vorarbeiten erforderlich. Der Nachteil ist, daß die Farben nicht sehr lichtbeständig sind. Bei kurzlebigen Werbepräsentationen spielt das keine Rolle, bei einem Bild aber, das man sich vielleicht an die Wand hängen möchte, kann das sehr ärgerlich sein. Von einer Zeichnung mit billigen Stiften, die man in die Sonne legt, ist schon nach ein paar Stunden nicht mehr viel zu sehen.
Die Zeichnungen selbst werden aber durch die frischen und oft leuchtenden Farben sehr attraktiv.
Wasserlösliche Stifte können auf dem Papier zum Verlaufen gebracht werden, wenn man mit Pinsel und Wasser darübergeht. Andere Filzstifte lassen sich mit Benzin oder Spezialverdünner verwaschen.
Bei dem Riesenangebot von Stiften werden Sie nicht darum herumkommen, soviel wie möglich auszuprobieren. Jeder Stift reagiert auf jedem Papier anders. Die Tinte der unlöslichen Filzstifte sinkt sofort in das Papier ein, sie wird von der Papierfaser aufgesogen, deshalb sind diese Stifte für dünnes, rauhes Papier ungeeignet. Am besten eignet sich Marker-Papier, das speziell für Filzstifte hergestellt wird.
Die dicken Filzstifte sind sehr gut zum Anlegen größerer Flächen. Zwar kann man die Kanten benützen, um zartere Linien zu ziehen, für wirklich feine Arbeiten aber sind sie unpraktisch.
Mit den feinen und extrafeinen Faserstiften, deren Spitzen aus Nylon, Vinyl oder einer Gummimischung bestehen, kann man sehr gut skizzieren und auch zeichnen; sie werden in nahezu allen erdenklichen Farbnuancen angeboten. Da es nicht immer möglich ist, die Farben zu mischen, ist man gezwungen, verhältnismäßig viele Stifte zu kaufen, wenn man genaue Farbabstufungen herausarbeiten möchte.
Richtig malen kann man mit pinselartigen Filzstiften, den Pinselmarkern. Die Spitze besteht nicht aus unbeweglichem Material, sondern aus beweglichen Fasern, mit denen man wie mit einem Pinsel, dem die Farbe nicht ausgeht, malen kann.
Während Marker doch einiges kosten, sind die feinen Filz- und Faserstifte erschwinglich und überall zu bekommen. Sie eignen sich hervorragend für schnelle Kompositionen und Farbentwürfe; Farbeindrücke – zum Beispiel eines besonders schönen Sonnenunterganges – lassen sich damit schnell aufskizzieren, wenn man davon später vielleicht ein Bild in anderer Technik malen möchte. Die Skizze hilft Ihnen, sich an die Farben zu erinnern, die Sie gesehen haben.

Reinigen

Wegen der löslichen Basis der meisten Marker nimmt ein Stift vom anderen Farbe mit, wenn man übereinanderzeichnet. Die übermalte Farbe haftet am zweiten Stift und die nächste Linie, die man damit zieht, läßt die Farbreste deutlich erkennen. Fährt man z.B. mit Gelb über Grün und zeichnet dann weiter, sind mit Sicherheit noch Reste des Grüns im Gelb.

Malen Sie über ein Stückchen Papier, wobei Sie den Stift nach allen Seiten drehen, bis die Farbe wieder rein ist; verschließen Sie erst dann den Marker. Wenn Sie den Marker nicht sofort säubern und in der nächsten Zeichnung dann gleich Schmutzstreifen haben, ist das nämlich sehr ärgerlich. Bewahren Sie die Marker nach Möglichkeit an einem kühlen Platz auf.

Die langsame Linie

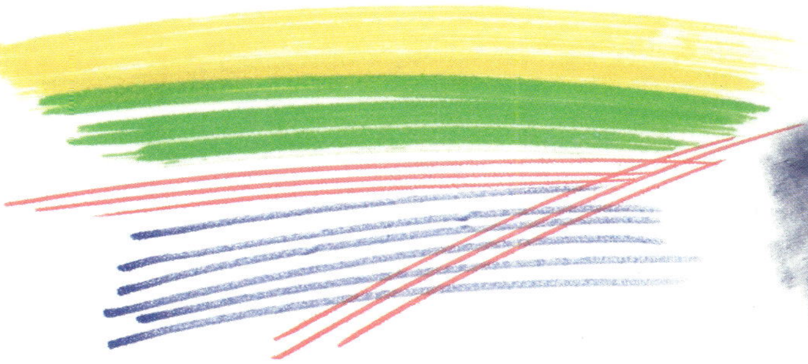

Schnelle Linien

Trockene Linien

Zieht man langsam und bedächtig eine Linie mit dem Filzstift – die Strichbreite ist dabei unerheblich –, so wird sie gleichmäßig, die Farbe ist deutlich und klar. Macht man dagegen kurze, schnelle Striche, so werden diese mit der Zeit dünner, weniger gleichförmig und auch heller. Bemalt man eine große Fläche, wird der Stift ebenfalls nach einer Weile heller, da die Filzspitze schneller trocknet, als Farbe nachlaufen kann. Wenn Sie den Stift dann aber einige Minuten schließen und nach unten halten, funktioniert er wieder tadellos.

Werfen Sie Ihre Filzstifte oder Marker nicht gleich weg, wenn sie anfangen, trocken zu werden. Manchmal lassen sich gerade damit interessante Strukturen oder Farbtöne erreichen. Das obige Beispiel zeigt Ihnen die Wirkung von dicken und dünnen, fast trockenen Stiften. Allerdings kann man die Marker auch mit Feuerzeugbenzin oder einer Speziallösung wieder zum Fließen bringen. Ich nehme dazu eine Injektionsnadel und spritze die Flüssigkeit direkt in den Filz hinein. Ohne Injektionsnadel tropft man vorsichtig an einer Seite der Filzspitze entlang, manche Marker kann man auch aufschrauben und so an das Reservoir herankommen.

Marker sind nicht billig, und Sie sollten deshalb aufpassen, daß Sie sie immer gut verschließen. Lassen Sie nie mehrere Marker offen herumliegen, nur weil Sie sie zur gleichen Zeit benützen. Und bevor Sie die Stifte ganz wegräumen, vergewissern Sie sich lieber noch einmal, daß auch wirklich alle gut verschlossen sind. Lassen Sie weder Stifte noch Zeichnung längere Zeit in hellem Licht liegen.

Die langsame, trockene Linie

Die Farbe fast aller Marker und Filzstifte verändert sich mit dem Papier. An den beiden Bäumen sehen Sie das sehr gut. Der linke Baum ist auf saugfähigem Papier gemacht, Sie sehen deshalb eine deutliche Grenze zwischen allen Farben – das Papier hat jede Farbe sofort aufgesogen.

Der rechte Baum wurde mit genau den gleichen Farben gemacht wie der linke, aber auf einem Papier mit harter, also abweisender Oberfläche. Da nun die Farbe nicht gleich in das Papier einsinkt, läßt sie sich mit der nächsten noch vermischen, und es entstehen neue Farbtöne.

Die billigeren Filzstifte haben in Büros oft die Kugelschreiber ersetzt, und zum Zeichnen waren sie nur für Kinder gut genug. Sie haben aber auf der letzten Seite schon gesehen, daß man eine ganze Menge damit machen kann. Mit ein bißchen Übung wird der Filzstift zu einem äußerst vielseitigen Instrument.

Jeder Filzstift reagiert auf jedem Papier anders und läßt sich mit vielen anderen Materialien mischen, wie z.B. Buntstiften, Kreide, Tusche, sogar mit Wasser- und Acrylfarben. Probieren Sie nur einmal aus, was passiert, wenn Sie einen wasserlöslichen Filzstift mit einem anderen Marker halb übermalen und dann Wasser über das Ganze spritzen.
Hier einige Beispiele:
Bei der linken Birne habe ich zuerst mit einem Isographen die Umrißform gezeichnet und dann die Farben der Stifte (Stabilo Pen 68) von dunkel nach hell ineinandergemischt. Wie die Farben im einzelnen ineinandergehen, sehen Sie an dem darüberstehenden Verlauf von Türkis bis Gelb. Den Apfel in der Mitte habe ich grob mit Rot und Gelb angelegt und dann mit einem feinen Pinsel und Wasser hineingemalt. Wenn erforderlich kann man auch noch mit Farbstiften darübergehen, um den Ton an manchen Stellen zu verdichten.
Die rechte Birne entstand mit schon etwas trockenen Markern (Magic Marker und Pantone). Das dauert länger als mit frischen Stiften, das Objekt läßt sich aber langsam aufbauen und bekommt eine sehr malerische Wirkung. Sie können auch über eine Zeichnung, die mit frischen Markern gemacht wurde, mit trockenen Markern Schattierungen legen.

Wie Sie sehen, zeigt der linke Apfel sehr verschiedenartige Strukturen. Hier habe ich zuerst mit einem weißen Wachsstift die Umrißform des Apfels und die Glanzlichter gezeichnet, dann bin ich mit einem wasserlöslichen Pinselmarker darübergegangen. Der Wachsstift stößt die Farbe ab; sie haftet nur an solchen Stellen auf dem Papier, die nicht mit dem Fettstift in Berührung gekommen sind. Damit Sie besser erkennen können, wo der Fettstift verwendet wurde, habe ich den Hintergrund eingefärbt. Für den Schatten habe ich einen halbtrockenen Filzstift benützt und – um die Frucht noch etwas zeichnerischer erscheinen zu lassen – Teile des Apfels mit feinen Filzstiften schraffiert.

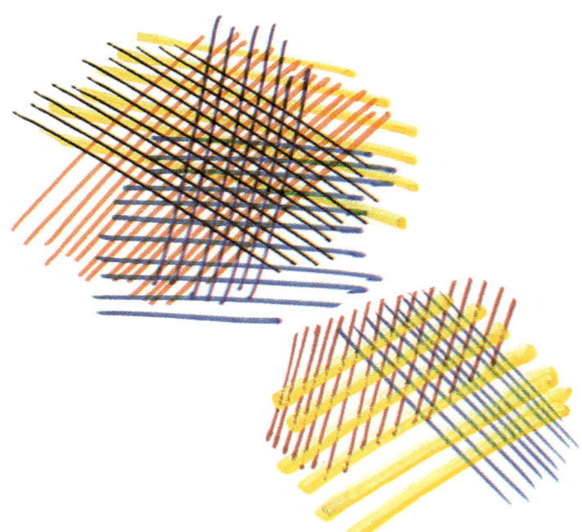

Wie durch Schraffuren verschiedene Tonwerte entstehen, sehen Sie oben. Was Ihnen persönlich am besten gefällt, können Sie allerdings immer nur durch Ausprobieren herausfinden.

Weitere Möglichkeiten:
Apfel und Birne habe ich hier mit nicht wasserlöslichen Markern gezeichnet. In den Apfel habe ich Marker-Verdünner (es geht auch mit Fixogum-Verdünner) getropft. Die Farbe löst sich auf, und es entstehen Ränder. Diese Technik macht sich schnell selbständig, denn wie die Farbe zerläuft, das hat man nur bedingt in der Hand. Wollen Sie diese Struktur nur an einer bestimmten Stelle, decken Sie am besten den Rest Ihrer Zeichnung ab.

Auf die Birne habe ich Fixativ gesprüht. Da sich die Farbe mit dem Fixativ nicht verträgt, entstehen kleine Punkte. Das Ganze muß auf hartem Papier oder auf der Rückseite von Marker-Papier gemacht werden, weil die Farbe nicht vom Papier aufgesaugt werden darf. Vorsicht bei diesen Experimenten! Verdünner wie Fixativ sind leicht entflammbar.
Zum Vergleich ganz »harmlose« Tropfen (links): Wasser auf wasserlöslichen Stiften.

Für den kleinen Baum links habe ich zuerst mit dem Marker Farbe auf Transparentpapier gemalt. Die Farbe wird von dem Papier nicht aufgenommen und bleibt feucht auf der Oberfläche stehen. Man kann sie deshalb leicht auf ein normales Papier abdrücken. Die verschiedenen Farben habe ich nacheinander auf das Transparentpapier gebracht und erst auf dem Zeichenpapier zu einem Baum zusammengesetzt. An den Stellen, an denen die Farben überlappen, entstehen neue Farbtöne.
Rechts sehen Sie, wie Buntstifte auf Marker wirken. Auch hier entstehen an den Stellen, an denen sich die Farben überlagern, neue Töne.

In den letzten Jahren wurde die Qualität der Filzstifte immer besser und die Farbauswahl immer größer. Auf den beiden Bildern sehen Sie, wie unterschiedlich die Stifte angewendet werden können. Auf den letzten Seiten haben wir sie untereinander und mit verschiedenen Flüssigkeiten gemischt. Was sich nun am besten für das Motiv Ihrer Wahl eignet, müssen Sie selbst entscheiden, es gibt da keine Richtlinien. Verbrauchen Sie ruhig ein bißchen Papier, und experimentieren Sie.

Plötzlich werden Sie entdecken, daß eine Struktur wie Felsen aussieht oder eine andere wie Gras. Der Vorteil der Filzstifte und der Marker ist, daß man schnell, ohne große Umstände und sauber arbeiten kann. Farbige Schraffuren auf mit Wasser bemalten oder auf trockenen Stellen bringen oft mehr Tiefe und Plastizität in das Bild. Hier wirken sie leicht impressionistisch, der graue Marker hat die Wirkung von Stein.

Bild links:
Für die Büsche und Bäume hinter dem Haus habe ich wasserlösliche und nicht wasserlösliche Marker gemischt. Mit Pinsel und Verdünner habe ich dann darübergemalt. Mit Farbstift läßt sich eine weitere Struktur darüberlegen, wie Sie unten sehen.

Die Mauer habe ich zuerst mit einem schwarzen Pentel Pen gezeichnet, danach bin ich mit einem weißen Marker darübergegangen. Der weiße Stift, den man kaum sieht, löst Teile des Schwarz auf, und so entsteht die graue, etwas streifige Struktur. Nicht vergessen: Sobald Sie mit dem hellen Stift über den dunklen gegangen sind, müssen Sie den ersteren gleich wieder reinigen!

Bild oben:
Um Grün zu bekommen, müssen Sie nicht unbedingt einen grünen Stift benützen. Versuchen Sie es einmal mit verschiedenen Blau- und Gelbtönen, die Sie übereinandermalen und dabei mischen. Der dunkle Hintergrund zum Beispiel entstand durch drei übereinandergemalte Farben (Muster rechts).

Die Früchte habe ich zuerst in ihrer Grundfarbe linear gezeichnet, dann »ausgemalt«. Bei der Aubergine kamen zu dem Violett noch zwei Blautöne; bei der kleinen Paprikaschote Gelb, Rosa und Braun zu dem Rot; bei der grünen Paprikaschote zur Grundfarbe Dunkelgrün noch Hellgrün, Gelb- und Blau. Die rötlichen Stellen reflektieren die rote Schote, auf diese Weise bilden die Früchte eine stärkere Einheit.

Schraffuren mit feinen Filzschreibern arbeiten die Formen heraus und vermitteln den Eindruck von Tiefe. Die Farben des Hintergrundes vermischen sich fleckiger als die dieses Beispiels, obwohl es sich um die gleichen handelt. Das für das Bild verwendete Papier ist saugfähiger als das des Beispiels; die Farben bekommen auf einer glatten Oberfläche, die gleichzeitig farbabweisender ist, ganz andere Nuancen.

Schritt für Schritt

Wie immer muß man auch bei einer Filzstiftzeichnung zuerst in großen Zügen die Komposition festlegen. Ich habe das hier mit verschiedenen Buntstiften getan, wodurch in etwa auch die Farbverteilung festgelegt wird. Aus rosaroten Linien wird also später wahrscheinlich irgendein Rotton. Diese Linien verschwinden dann fast vollständig, da Marker und Filzstifte sie wegnehmen. Sie können also getrost etwas schwierigere Formen voll durchzeichnen und sie später übermalen und ausarbeiten. Wie

Sie wissen, werden dadurch die einzelnen Gegenstände Ihres Bildes stabiler, sie stehen besser.
Ich habe Formen und Töne schon in diesem Stadium schrittweise aufgebaut und immer die gesamte Komposition im Auge behalten. Sie sehen, wie ich bereits hier das Muster des Kruges gegen die Streifen des Marmeladenglases gesetzt habe. Versuchen Sie, Formen und Komposition schon im Buntstiftstadium richtig hinzubekommen, denn wenn Sie mit den Markern erst einmal angefangen haben, läßt sich nur schwer etwas korrigieren. Das soll Sie aber nicht am spontanen Arbeiten hindern, schließlich lernt man ja aus Fehlern, und die Erfahrungen, die man dabei macht, helfen einem später wieder weiter.
Beim nächsten Schritt habe ich mit breiten Strichen den Pfirsich angelegt, und zwar mit wasserlöslichen Markern (Schwan Stabilo), in die ich dann mit Wasser und Pinsel hineingemalt habe. Dadurch entsteht eine Struktur, die sich von der des glatten Marmeladenglases abhebt. Das Zusammenspiel verschiedener Materialien, Muster und Strukturen hat mich bei diesem Stilleben besonders gereizt. Während ich für die Blume rechts einen wasserlöslichen Marker verwendet habe (der Verlauf entstand durch Verwischen mit Wasser), benützte ich für die linke Blume und für die Blätter einen unlöslichen Marker. Die Tonabstufungen enstehen hier durch Ineinandermalen verschieden heller Töne. Ich habe gleichzeitig an allen markanten Punkten des Bildes gearbeitet.

Alle Farben sind nun festgelegt, die Komposition aufgebaut. Es wird nun Zeit, den Gegenständen ihre wirkliche Form zu geben: Krug und Pfirsich müssen rund werden, die Blumen mehr Tiefe bekommen.
Die Blüte oben links erhielt ihre Struktur durch kleine Tropfen Lösungsmittel, die ich von einem feinen Pinsel habe tropfen lassen. Man muß bei Markern und Filzstiften sehr aufpassen, daß nichts verschmiert, da die Stifte unterschiedlich schnell trocknen. Ich lege mir deshalb immer ein Stück Löschpapier über die Teile, an denen ich nicht arbeite. Würde man ein normales Stück Papier über die Zeichnung legen, könnte es – wie die Hand – feuchte Stellen leicht verwischen.
Für das Muster des Kruges habe ich wasserlösliche und -unlösliche Marker benutzt. Für die Blätter vermischte ich Dunkelgrün und Gelb mit einem halbtrockenen mittelgrünen Marker; dadurch wird die Struktur rauher und kommt der eines echten Blattes näher.
Auch das Marmeladenglas habe ich nun vervollständigt. Die weißen, senkrechten Linien, die dem Glas seine eckige Form geben, habe ich ausgespart. Sehen Sie sich die Rottöne des Glases an: Es handelt sich nicht um ein einfaches Rot, die Tiefe des Glases entsteht durch die Tonabstufungen.
Die Tischoberfläche habe ich mit wasserlöslichen Markern naß in naß gemalt. Dadurch werden Schatten und Kontrast der drei Gegenstände weicher.

Nun habe ich an den Blüten weitergearbeitet. Das Besondere an ihnen sind die feinen Linien, mit denen man gleichzeitig die Formen verstärken kann. In die linke Blüte, die mit den nicht wasserlöslichen Markern gemacht wurde, habe ich mit einem roten Buntstift gezeichnet, in die rechte Blüte mit einem sehr feinen wasserlöslichen Filzstift. Die Filzstiftlinien habe ich dann noch leicht verlaufen lassen, indem ich mit Pinsel und Wasser vorsichtig über Teile davon gegangen bin.

Die Blätter haben ihren Schatten mit Hilfe eines halbtrockenen Markers bekommen; danach habe ich mit einem feinen Pinsel wenige Tropfen Benzin daraufgeträufelt. Geht man mit wasserlöslichem Filzstift über die nicht wasserlösliche Markerfläche, dann entsteht eine durchbrochene Linie. Sie können das sehr gut an dem hellen Blatt rechts im Bild sehen.

Weitere Schatten habe ich mit Buntstiften gemacht. Das sehen Sie bei den Blättern und an der Außenseite des Kruges. Die Mischung von Wasser, Filzstift und Buntstift eignet sich sehr gut, um die Struktur des Keramikkruges festzuhalten. Die hellen Lichter habe ich mit einem weißen Buntstift hineingezeichnet.

Das Verstärken der Schatten durch Buntstifte läßt die Objekte fester auf dem Tisch stehen.

Einige Farben der Gegenstände werden von der Tischfläche reflektiert, dazu habe ich rote und gelbe Buntstifte benützt. Die Einheit des Bildes wird verstärkt, es gewinnt an Intensität.

ANREGUNGEN

Filzstifte eignen sich zum Skizzieren von Motiven, die man später in eine andere Technik umsetzen möchte. Wenn Sie in Ihrem Skizzenblock damit zeichnen, müssen Sie daran denken, daß sich der Marker je nach Papierqualität auf die nächste Seite durchschlagen kann. Legen Sie vorsichtshalber ein Stück Papier zwischen die entsprechenden Seiten. Gerade weil man diese Stifte sowohl für malerische als auch für strenge Arbeiten verwenden kann, bieten sich die unterschiedlichsten Motive an. Der Regenbogen zum Beispiel verbindet sich mit dem dunklen Himmel, während die Häuser getrennt davon im Vordergrund stehen. Die leuchtenden Farben des ungewöhnlichen Stillebens unten stehen klar nebeneinander; Sie könnten sie aber auch ineinanderfließen lassen.

Schauen Sie doch noch einmal nach, welche Möglichkeiten es gibt, mit Filzstiften Strukturen zu zeichnen! Wie würden Sie diese Wasserspiegelung darstellen? Auch hier haben Sie den Kontrast von fließenden und statischen Linien. Halten Sie sich auf keinen Fall streng an die Vorlage, die Blüte könnte zum Beispiel auch Tautropfen bekommen (vielleicht mit Hilfe von Lösungsmittel?) oder sich in einem Bild mehrmals wiederholen.

Der Vogel und die Palmenblätter sind Motive, bei denen sich verschiedene Strichstärken kombinieren lassen. Natürlich können Sie auch Ausschnitte aus dem Blätterbild nehmen und eine abstrakte Komposition daraus machen. Scheuen Sie sich nicht, auch Buntstifte einzusetzen oder andere Techniken dazuzunehmen, wie zum Beispiel Tusche. Wichtig ist, daß Sie Spaß daran haben, etwas auszuprobieren, und nicht von sich verlangen, ausschließlich Kunstwerke zu produzieren.

Pastellkreide

Das Arbeiten mit Pastellkreiden wird meistens »zeichnen« genannt, obwohl es eigentlich schon sehr nahe an den Begriff »Malen« herankommt. Natürlich wird mit Pastellkreide gezeichnet, da trockene Linien entstehen. Doch Sie werden bald sehen, daß Sie bei der Arbeit mit den Kreiden, die sich verwischen und ineinandermischen lassen, schon sehr viel für das spätere Malen lernen. Was Sie hier über Farben und ihre Zusammenstellung entdecken, wird Ihnen auch beim Malen helfen.

Die Vorteile
Die Vorteile der Pastellkreiden sind unverkennbar: Man braucht nur die Kreiden und Papier. Ein Verdünner ist nicht nötig, und man muß auch nicht warten, bis die Arbeit getrocknet ist. Dieses leichte und schnelle Arbeiten gibt dem Bild den Reiz von Frische und Lebendigkeit. Pastellkreiden waren das bevorzugte Arbeitsmaterial von Impressionisten wie Edgar Degas (französischer Maler, Graphiker und Plastiker; 1834–1917) und Georges Seurat.

Die Nachteile
Pastellkreiden sind sehr empfindlich. Die pulverisierten, feingemahlenen Pigmente sind gerade mit der genügenden Menge Bindemittel versehen, um zusammenzuhalten und brechen daher sehr leicht.
Heute gibt es Pastellkreiden in den verschiedensten Formen, rund, eckig oder auch in Holzhüllen wie Bleistifte. Die Kreiden dringen nicht in das Papier ein, sie bleiben auf der Oberfläche. Man kann also nicht, wie bei anderen Techniken, Schicht auf Schicht arbeiten. Eine zweite Schicht würde die erste zerstören. Die Schönheit von Zeichnungen (Malereien) mit diesen Kreiden liegt unter anderem in der Möglichkeit, zarte Töne auf dem Papier zu mischen. Doch auch das muß mit sehr viel Gefühl getan werden, da man sonst plötzlich vor einem undefinierbaren Staubfleck sitzt. Man muß sich also etwas eingehender mit den technischen Möglichkeiten befassen. Im Gegensatz zum Zeichnen in Schwarzweiß oder zum Malen mit einer vollen Palette muß man sich hier ein bißchen mehr mit der Farbe selbst beschäftigen.

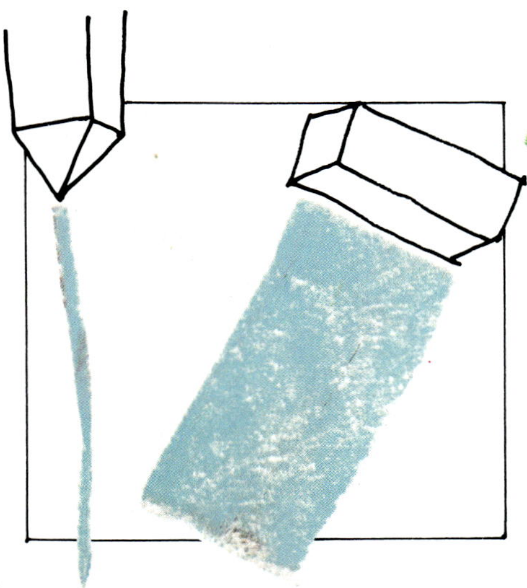

Fixieren

Arbeiten mit den empfindlichen Pastellkreiden müssen natürlich fixiert werden, da die Gefahr, etwas zu verwischen, sehr groß ist. Leider verändert sich dabei die samtartige Oberfläche der Kreiden, bei zu starkem Fixieren kann das Ganze verschwimmen. Ich rate Ihnen deshab, einzelne Schichten schon während des Arbeitens zu fixieren, damit die letzte Fixierung nicht alle Farbschichten festhalten muß. Ist das Bild nicht zu groß, kann man es auch unter Glas legen, wobei das Glas das Bild nicht berühren darf. Sie müssen also aus dickerem Karton ein Passepartout schneiden und es zwischen Bild und Glas legen (Seite 326/327).

Die flach gehaltene Pastellkreide (man bricht am besten ein Stück ab) ergibt flächige Striche, die angespitzte und senkrecht gehaltene Kreide dünnere Linien. Die verschiedenen Strichbreiten lassen sich mischen; man erzielt dadurch interessante Strukturen.

Natürlich reagieren auch die Pastellkreiden auf jeden Untergrund verschieden. Vergleichen Sie die Linien der vier Beispiele miteinander, der Kreis wurde jeweils mit dem Finger gewischt.

1) Rauhes Aquarellpapier. Die Kreide haftet auf den erhabenen Stellen des Papiers, läßt sich aber mit dem Finger etwas hineinreiben.

2) Mittelfeines Zeichenpapier. Die Linie wird etwas ungleichmäßig, was aber einen besonderen Reiz haben kann. Beim Wischen bleiben die äußeren Ränder ausgefranst.

3) Leicht getöntes, rauhes Japanpapier. Es hat eine glattere Oberfläche als das rauhe Aquarellpapier, die Linien werden schärfer.

4) Auf dem feinen (in diesem Fall leicht getönten) Japanpapier kommen alle Feinheiten der Kreide zur Geltung. Man muß vorsichtiger arbeiten, da das glatte Papier jedes Farbkörnchen aufnimmt.

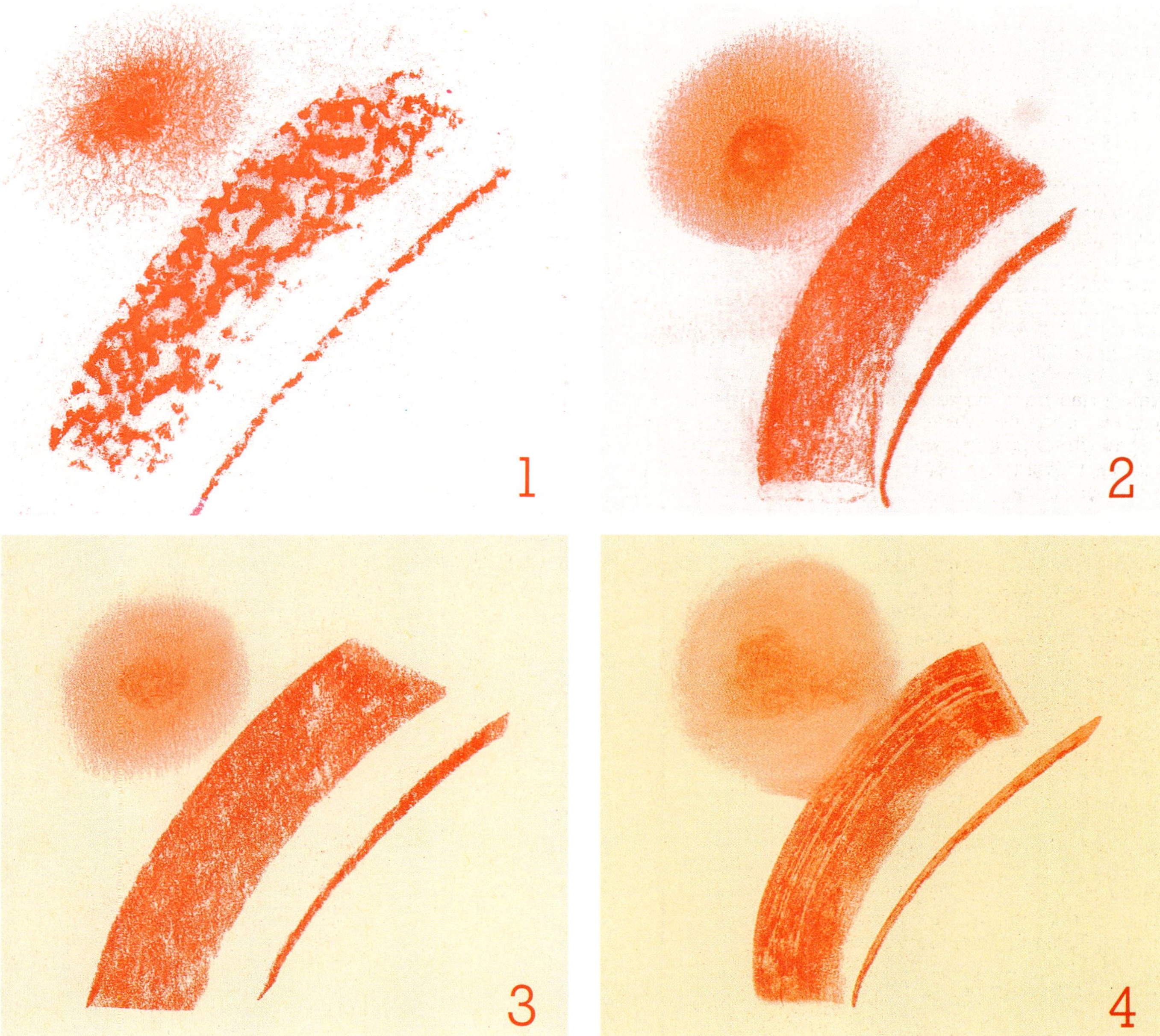

Da es ungeheuer viele Papiersorten gibt, können Sie eigentlich nur selbst herausfinden, welche Ihnen persönlich am meisten liegt. Machen Sie sich also zuerst mit den verschiedenen Qualitäten und Farben der Papiere vertraut. Ihr Papier muß nicht immer weiß sein, Farbtöne können die Zeichnung beeinflussen. Hellere Papiere haben eine eher gedämpfte, weiche Wirkung, dunklere Papiere wirken dramatischer und erfordern mehr Kontrast. Ich habe bei diesen vier Beispielen auf verschieden getönten Papieren genau die gleichen Farben benützt. Sie sehen selbst, wie unterschiedlich allein schon die Leuchtkraft der Farben dadurch wird.

Auch wenn es eine Vielzahl schön getönter Papiere gibt, so ist es doch möglich, daß genau der Ton, den Sie möchten, nicht dabei ist. Da haben Sie dann auch die Möglichkeit, das Papier selber einzufärben. Denken Sie aber immer daran, daß die Pastellkreide auf jede Veränderung der Papieroberfläche reagiert.

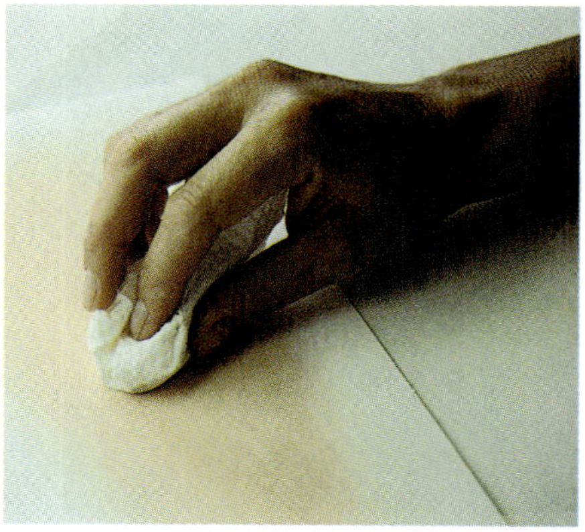

Einer der einfachsten Wege, Papier einzufärben, besteht darin, abgebrochene und abgeriebene Reste alter Pastellkreiden in einem Gefäß zu sammeln und sie dann zu Pulver zu zerstampfen (am besten in einem Mörser). Streut man nun etwas von dem so entstandenen Puder auf das Papier und reibt ihn vorsichtig mit einem weichen Tuch ein, bekommt man eine gleichmäßige Tönung des Papiers. Sie können auf diese Art und Weise von ganz zart bis sehr dunkel alle Nuancen erreichen. Ich habe hier gezielt eine bestimmte Farbe mit Sandpapier abgerieben, auf diese Weise das Pulver gewonnen und dieses dann in das Papier gerieben.

Die andere sehr einfache und billige Art, Papier einzufärben, ist die Verwendung gebrauchter Teebeutel. Sie reiben mit dem feuchten Teebeutel (es geht auch mit feuchten Teeblättern) gleichmäßig über das Papier und erhalten so einen zart- bis mittelbraunen Ton. Das hängt davon ab, wie oft Sie über die Papieroberfläche gehen. Probieren Sie es mit verschiedenen Teesorten aus. (Malventee z.B. ergibt einen rosaroten Ton).

Hier sehen Sie eine kleine Auswahl aus dem Riesenangebot von getönten Papieren. Sie bekommen Sie mit verschiedenen Oberflächenstrukturen und in verschiedenen Papierstärken. Am einfachsten ist es, wenn Sie in ein Fachgeschäft gehen (für Graphiker oder Mal- und Zeichenbedarf) und sich dort Musterblocks geben lassen. Manche sind kostenlos, für manche muß man eine Schutzgebühr bezahlen. Die Farbblätter auf diesen Blocks sind groß genug, um mit ein paar Strichen eine Technik darauf ausprobieren zu können.

Bei dem untenstehenden Baum habe ich zuerst richtig dicke Kreidestriche gemacht. Dann habe ich Fixativ darübergesprüht und das Ganze sofort mit den Fingern verrieben. Ein bißchen spielt bei dieser Technik auch der Zufall eine Rolle, man kann jedoch sehr reizvolle Effekte damit erzielen.

Die Form der beiden Bäume (oben und links unten) ergibt sich durch den unterschiedlichen Strich und natürlich durch die verschiedenen Farben. Auf der weichen Papieroberfläche vermischen sich die Kreiden leicht, und schnell entsteht der Eindruck von Licht und Schatten. Den Untergrund des obenstehenden Baumes habe ich mit abgeriebenem Kreidepulver selbst eingefärbt.

Bei diesem Baum habe ich mit Pinsel und Wasser in die aufgetragenen Pastellkreiden gemalt. Die noch nassen bis feuchten Flächen habe ich mit einem Papiertaschentuch betupft und so die Grundstruktur bekommen. Ich bin dann noch einmal mit den Kreiden darübergegangen, um Form, Licht und Schatten zu schaffen. Sie können aber auch die Struktur selbst dominieren lassen und sie nur mit Kreidestrichen ergänzen. Das gleiche kann man auch mit Fixativ erreichen. Die Kreiden zerlaufen darin und lassen sich mit Hilfe eines Papiertuches zu interessanten Strukturen stupsen.

Nun kommen wir zu einer Art Streutechnik. Für die Form der Baumkrone habe ich eine Schablone geschnitten, sie auf mein Zeichenpapier gelegt und die zu bearbeitende Fläche mit Fixativ angefeuchtet.

Auf einem Stück Sandpapier wird etwas Kreide abgerieben und über die noch feuchte, fixierte Fläche gestreut. Es entsteht eine sandartige Oberflächenstruktur, in die ich mit den Fingern noch ein weiteres Muster hineingedrückt habe (links in der Baumkrone).

Spielen Sie noch weiter mit Kreiden, Wasser, Fixativ oder was Ihnen sonst noch einfällt, Ihrer Fantasie sind keine Grenzen gesetzt!

Die Atmosphäre dieses Pastellkreidenbildes entsteht nicht zuletzt durch das farbige Papier, der Braunton wurde nämlich keineswegs gemalt. Der Fleischton und das helle Rot vermischen sich mit dem Papierton und ergeben so die weichen Gesichtsformen. Damit die Augen nicht stumpf wirken, müssen Lichtreflexe gesetzt werden. Das Braun des Papiers läßt das Bild zusammen mit den Pastelltönen fast gemalt erscheinen. Wie in der Ölmalerei werden hier die hellen Töne auf den dunklen aufgebaut.

Auf Seite 165 haben Sie eine kleine Auswahl der vielen Farbpapiere gesehen, die im Handel sind. Ich habe mich hier für ein dunkles Braun entschieden, weil ich in kleinen Linien und Strichen die Leuchtkraft der Farbe betonen wollte, die sich im ganzen Bild immer wieder spiegelt. Diese Striche erscheinen durch den Kontrast zu dem dunklen Papier leuchtend und frisch.

Die jeweils angewandten Techniken habe ich hier allerdings auf hellem Papier demonstriert, weil sie so ganz einfach besser zu erkennen sind.

Der violette Hintergrund wurde zuerst mit Kreide angelegt und dann mit einem Pinsel und Wasser zum Verlaufen gebracht. Sobald das Ganze trocknet, kommt an manchen Stellen der Papierton wieder durch, da die nasse Kreide nicht vollkommen deckt.

Der Grundton des Gesichts, das leichte Rosa, wurde mit dem Finger gemacht. Ich habe zuerst sehr wenig Rosa aufgetragen und es vorsichtig verrieben, durch weiteres Auftragen und Verreiben wird die Intensität des Tones verstärkt. Danach habe ich mit der vollen Kreide noch Lichter hineingesetzt.

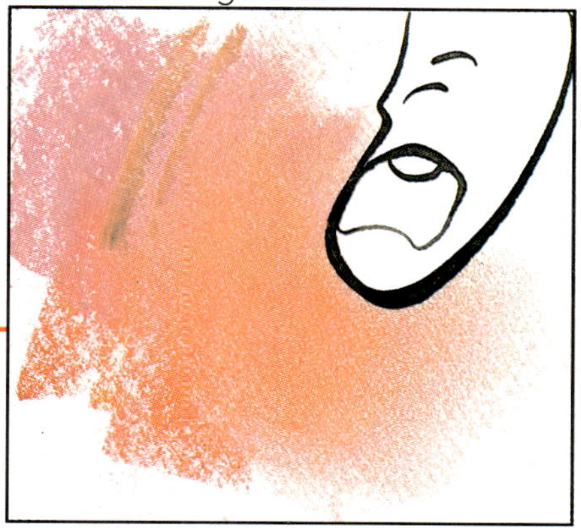

Für die verschiedenartigen Linien und Striche breche ich die Kreiden oft auseinander. Unterschiedliche Striche und unterschiedliche Farben lassen sich beliebig miteinander kombinieren.

Die Ausführung des Bildes ist mit dem Verreiben und den schnell hingelegten Strichen sehr locker und frei. Für die genaueren Einzelheiten waren die Spitzen der Kreiden nicht fein genug, deshalb habe ich sie mit Pastellkreidestiften gemacht, die man fast wie Farbstifte benützen kann. Feinheiten und genauere Bildteile (zum Beispiel Augen, Lippen) lassen sich mit den Stiften leichter ausführen.

Das Braun der Jacke ist wieder der Papierton. Durch die farbigen und weißen Kreiden aber wirkt er, als sei er gemalt worden.

Schritt für Schritt

Diese Skizze habe ich im Zoo gemacht. Da ich nur ein paar Buntstifte dabeihatte, konnte ich keine detaillierte Zeichnung anfertigen. So habe ich eben die wenigen Farben verwendet und ergänzende Notizen dazugeschrieben. Zu Hause habe ich mich dann entschieden, den Eindruck des roten Vogels in dem schimmernden Wasser in Pastellkreide umzusetzen. Das dunkelgraue Papier habe ich als Untergrund genommen, um mehr Licht aus dem Rot und dem Gelb herauszuholen und um den Kon-

trast von Vogel und Wasser immer gegenwärtig zu haben.
Wenn Sie auf dunkel getöntem Papier arbeiten, müssen Sie die hellen Farben als Vordergrund sehen, das dunkle Papier wird zum Hintergrund und bringt Tiefe in das Bild.
Die Grundkomposition habe ich mit hellen Linien und Flächen aufskizziert, es sind schnelle leichte Linien, die vielleicht später wieder übermalt werden. Um ein Verschmieren zu verhindern, können Sie jeden Schritt jeweils leicht fixieren.
Auch der weitere Bildaufbau wurde mit ziemlich starken Farben ausgeführt, mit dicken und mit dünnen Strichen, um allmählich die Töne miteinander in Einklang zu bringen. In diesem Stadium sollte man nicht mehr von links nach rechts oder von oben nach unten arbeiten. So bringe ich zum Beispiel das Rot des Flügels gleich auch als Reflex in das Wasser, das Bild bekommt nach und nach mehr Zusammenhalt. Besonders interessiert hat mich der Kontrast von Rot, Rosa und Grün im Hintergrund des Vogels. Ich trage die Farbe jetzt nur leicht auf, um später erneut darübergehen und vielleicht andere Farben dazusetzen zu können. Wenn Sie weiche Tonflächen mit dem Finger einreiben, halten Sie immer ein Tuch bereit, an dem Sie die Kreidereste von der Hand wischen können. Nichts ist ärgerlicher, als wenn ungewollt Kreidestückchen mitten in der Zeichnung klebenbleiben.

Nun habe ich den Hintergrund bearbeitet, um den Vogel stärker nach vorne zu bringen und dem Ganzen Tiefe zu geben. Dazu habe ich verschiedene Grün- und Blautöne durch Striche auf dem Papier gemischt. Insgesamt ergibt das dann den Eindruck von Schatten. Die hellgrünen und die gelben Flächen dagegen wirken, als läge ein schimmerndes Licht auf dem Hintergrund.
Um Muster und Struktur meines Bildes besser beurteilen zu können, drehe ich es manchmal und schaue es mir von oben oder von der Seite an. Wenn man ein Bild aus einem anderen Winkel betrachtet, hilft das oft, eventuelle Schwachstellen aufzudecken.
Das Verdichten des Hintergrundes durch verschiedene Grün- und Brauntöne verstärkt den Kontrast zur glatten Wasseroberfläche. Eigentlich hatte ich geplant, das Wasser dunkelgrün einzufärben, doch plötzlich gefiel mir der graue Papierton viel besser, und ich ließ ihn stehen. Sie werden selbst immer wieder feststellen, daß Sie Ihr eigenes Konzept während der Arbeit ändern. Und das ist auch gut so, denn damit bleibt die Spontanität des Bildes erhalten. Würden Sie stur nach Plan vorgehen, würde Sie das viel zu sehr verkrampfen, und die Frische ginge verloren.

Im letzten Stadium der Arbeit habe ich den Hintergrund noch mehr zusammengezogen; dazu habe ich mit dem Finger hineingerieben und einige Striche dazugesetzt. Dann habe ich die Farben fixiert und bin danach mit angespitzten Kreiden über Schnabel und Beine gegangen. Wenn man sehr leicht ein zweites Mal über verschiedene Partien geht, lassen sich rauhere Strukturen weicher machen und Farben zusammenziehen. Wie auf den letzten Seiten gezeigt, habe ich Kreide mit Fixativ vermischt und damit an dem Himmel und an den Flügeln gearbeitet. So entstand ein reizvoller Kontrast zur Struktur der Federn.

Das Blau, das ich im Schnabel und im Wasser benützt habe, habe ich nun auch noch in den Hintergrund zwischen das Grün gesetzt, so verstärkt sich die Linie zwischen Ufer und Wasser. Das helle Blau, das sich im Wasser spiegelt, ist das Blau, das Sie auch im Himmel finden.

Nachträglich war ich sehr froh, das Wasser im Papierton belassen und es nicht grün eingefärbt zu haben. Das Bild wäre dadurch flacher geworden, die Wirkung der Federn wäre verloren gegangen.

ANREGUNGEN

Mit Pastellkreide lassen sich Stimmungen einfangen und Eindrücke wiedergeben, die in anderen Techniken vielleicht nicht so leicht und duftig dargestellt werden könnten. Da selbst die angespitzte Kreide nie einen so exakten Strich geben wird wie zum Beispiel ein Pinsel, braucht man sich auch nicht mit dem Versuch abzumühen, eine Straße mit gotischen Bauwerken in Kreide umzusetzen (was selbstverständlich nicht ausschließt, daß es jemanden gibt, der das schafft). Die Pastellkreide eignet sich hervorragend für Landschaften, deren Grenzen etwas verschwommen sind, für weiche, fließende Formen, wie Gräser im Wind, blühende Gärten oder Wasserspiegelungen. Vergessen Sie nicht, daß man nicht bloß einfache Striche zur Verfügung hat, sondern auch wischen und mischen kann. Ich habe hier einige Motive ausgesucht, die Sie vielleicht anregen werden, selbst etwas zu tun. Das große Bild unten, eine Aufnahme aus der Türkei, ist in sich schon fast abstrakt. Gehen Sie ruhig von der

Wirklichkeit weg, und machen Sie daraus, was Sie selbst sehen. Ein bißchen schwieriger sind Wasserspiegelung und Stilleben. Doch auch bei dem Stilleben sind die Formen weich, die Farben reflektieren sich gegenseitig.
Die Schneelandschaft könnte man auf blaugetöntem Papier versuchen, die Tiefen mit dunklen und hellen Kreiden herausholen. Oder probieren Sie es doch einmal mit ganz anderen Farben, und nehmen Sie das Motiv nur als Ausgangspunkt. Für vielfarbige Linien und Striche bietet sich die Palmenszene geradezu an. Sehen Sie sich dabei das Licht gut an, es trägt viel zur Tiefe dieses Bildes bei.
Das untere Foto mit dem Schwan ließe sich auf einem ähnlichen Untergrund wie mein »Schritt-für-Schritt-Bild« umsetzen. Fühlen Sie sich aber jetzt nicht in irgendeine Richtung gedrängt. Probieren Sie aus, was ich Ihnen auf den letzten Seiten gezeigt habe, erfinden Sie ruhig etwas dazu. Das gleiche Foto wird bei jedem von Ihnen ein anderes Bild ergeben.

Ölkreide

Im Gegensatz zu den Pastellkreiden sind die Ölkreiden weniger empfindlich, sie brechen nicht so leicht und verschmieren auch nicht so schnell. Sie bestehen aus Farbpigmenten mit einer Wachsmischung und müssen nicht unbedingt fixiert werden. Die Leuchtkraft der Ölkreiden ist intensiver, und sie sind insgesamt leichter zu handhaben als die Pastellkreiden.
Inzwischen gibt es auch wasserlösliche Ölkreiden, zum Beispiel Aqua-Wachskreiden, über die man mit nassem Pinsel gehen und somit richtig malen kann. Durch die relativ plumpen Stifte ist man etwas eingeschränkt, aber unter Zuhilfenahme anderer Mittel, wie Wasserfarben oder Zeichenstifte, wird doch eine sehr flexible Technik daraus.
Sie können die Ölkreiden leicht überallhin mitnehmen, können schnelle und spontane Farbskizzen anfertigen und Impressionen einfangen. Es empfielt sich, immer ein leeres Stück Papier unter die Arbeitshand zu legen, damit unnötiges Verschmieren vermieden wird. Wenn auch nicht so extrem wie bei Pastellkreiden kann es doch auch hier passieren, daß man mit der Hand etwas verwischt oder kleine Kreidereste weiterträgt.
Benützen Sie für den Anfang glattes Papier, darauf lassen sich die Farben leichter vermischen.

Experimentieren Sie zuerst einmal ein bißchen, um sich mit dem Material vertraut zu machen und um die zahlreichen Möglichkeiten auszuprobieren. Sie werden sehen, daß Ihre eigenen Versuche Sie schon zum Weitermachen anregen. Es muß ja nicht gleich ein Kunstwerk entstehen.
Da gibt es die Möglichkeit, bestimmte Stellen mit dem Finger zu verreiben. Man kann eine Farbe verreiben, aber auch mehrere ineinanderwischen. Geht man mit Terpentin auf die Farben, lösen sie sich auf, und man kann damit malen. Zeichnet man mit Bleistiften oder Buntstiften in die Ölkreide, kratzt man damit die Kreide zwar etwas ab, bringt aber durch die Stifte neue Töne dazu.
Sie können die Kreide auch auf eine Palette schaben und sie dort mit Terpentin vermischen. Tragen Sie die so entstandene Farbe mit dem Malspachtel auf das Papier auf, erreichen Sie damit einen ähnlichen Effekt wie mit Ölfarben.

In meiner Skizze sehen Sie einmal die einfachsten Techniken vereint.
Was sie dazu brauchen:
Ölkreiden,
weißes, weiches Papier (Ingrespapier, als Block oder als Einzelblätter),
ein Schälchen Terpentin mit Borstenpinsel

Das Terpentin wird mit dem Pinsel in die aufgetragene Ölkreide gemischt. An den dunkleren blauen Stellen sehen Sie die Kreide noch deutlich, die wolkenartigen Strukturen wurden mit dem Pinsel aus der unteren Farbe geholt.

Für die breiten Striche habe ich ein Stück abgebrochen und die breite Seite benützt. Natürlich verändert sich die Linie je nach Stärke des Drucks. Drückt man zu stark auf, kann es leicht passieren, daß die Kreide bricht. Aber auch die Bruchstellen lassen sich für verschiedene Stricharten benützen. Um die scharfen Kanten zu erzielen, habe ich eine halbrunde Schablone zu Hilfe genommen.

Die gelbe Fläche habe ich mit dem Finger verrieben. Auch die Form der Baumkrone ist durch Verreiben entstanden, dann bin ich mit verschieden angespitzten Kreiden – mal mit kleinen Strichen, mal mit Punkten – darübergegangen.

Auf den breiten Ölkreidestrich habe ich mit Aquarellfarbe gemalt. Die fetthaltige Kreide stößt die Wasserfarbe ab, und das Grün bleibt nur auf dem Papier stehen.

Die weiche, butterartige Konsistenz der Ölkreiden eignet sich besonders gut zum Ineinandermischen der Farben.

Mit farbigen Schraffuren erreicht man sehr feine Farbnuancen und Farbabstufungen. Hier einige Beispiele:
Oben links habe ich stark strukturiertes Papier genommen, oben rechts dagegen feineres. Die breiten Linien unten rechts sind auf glattem Papier entstanden. Wenn die Farben nicht vollständig decken, ergeben sich an den Stellen, an denen sie sich überschneiden, neue Farbtöne. Auch lassen sich helle Töne über dunklere legen (unten links), doch das erfordert ein bißchen Übung, weil die Farben dabei sehr leicht schmieren.

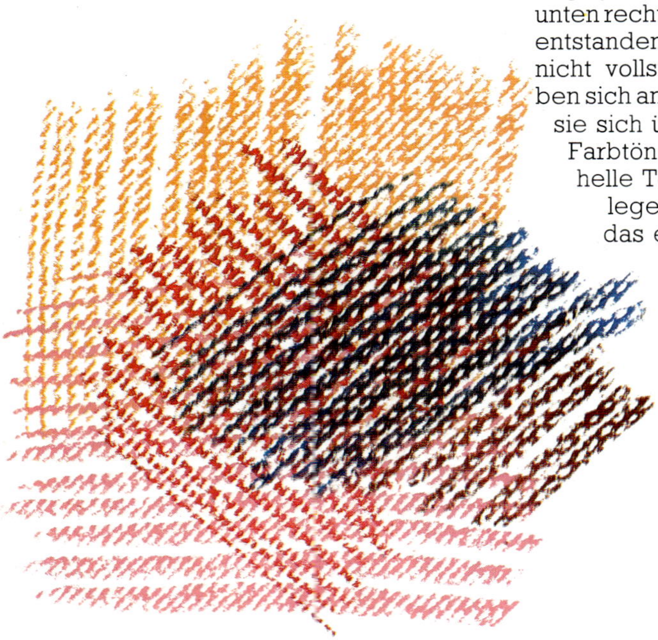

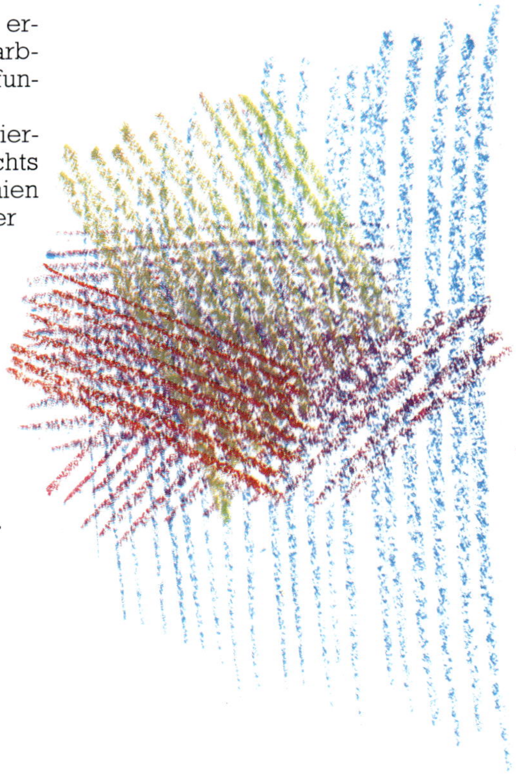

Auf ganz andere Art vermischen sich die Farben mit Hilfe von Pinsel und Terpentin, da sie sich darin auflösen.

Wie mit Pastellkreiden kann man auch mit Ölkreiden auf getöntem Papier arbeiten. Nur darf dabei das Papier nicht zu dünn sein, wenn man die Kreiden dick auftragen möchte. Ich habe hier Ölkreide und Leinöl mit Hilfe eines Malspachtels vermischt und dann mit diesem aufgetragen. Dabei sind harte Kreidestückchen stehen geblieben und getrocknet, sie wirken nun wie Blätter oder Rinde.

Weiche, schnelle Striche geben dem Baum beinahe den Charakter eines Pastells. Um den blauen Hintergrund im Baum wieder aufzufangen, habe ich den Schatten im unteren Teil des Laubes mit noch dunklerem Blau angelegt. Der Himmel wirkt ausgesprochen impressionistisch, weil das blaue Papier stellenweise durch die hellen Kreiden scheint.

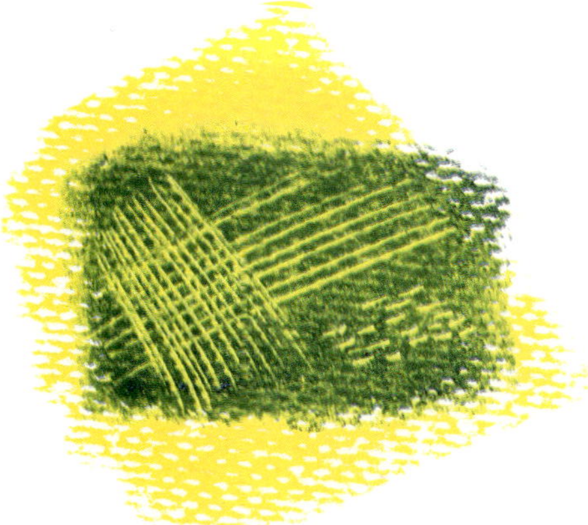

Im Laub dieses Baumes können Sie gut sehen, wie eine dunkle Farbe weggekratzt wurde, um die darunterliegende helle Farbe wieder hervorkommen zu lassen. Einen starken Kontrast dazu bilden die dunklen Stellen, die dick mit dem Malspachtel aufgetragen wurden, nachdem die Farbe, wie vorher, mit Leinöl vermischt worden war.

Ölkreide gehört zu meinen bevorzugten Techniken, weil man damit spontaner und schneller arbeiten kann als mit Ölfarben und doch einen Maleffekt bekommt. Wenn ich im Freien malen möchte, lassen sich die Ölkreiden leicht mitnehmen, ich muß die Auswahl der Farben nicht im voraus planen, keine volle Palette herum- und ein nasses Bild nach Hause tragen.
Diese Landschaft wurde auf dickem Aquarellpapier mit rauher Oberflächenstruktur gemacht. Diese Oberfläche eignet sich ideal für rauhe wie für weiche Kreidestrukturen. Die weichen Flächen habe ich entweder durch Verwaschen mit Terpentin oder durch Verreiben mit dem Finger erreicht. Manchmal habe ich aber auch einfach das weiße Papier stehen lassen. Mein Großvater pflegte zu mir zu sagen: »Iß soviel, bis du noch ein bißchen mehr essen könntest, und dann hör auf.« Das gilt auch für jede Art von Zeichnen oder Malen. Zeichnen Sie, bis Sie gerade noch ein bißchen mehr zeichnen könnten, und hören Sie da auf! Sie werden oft das Problem haben, daß Sie nicht wissen, ob Sie noch weitermalen oder aufhören sollen. Hören Sie dann vorsichtshalber erst einmal auf. Dazumalen kann man meistens noch, wegnehmen nur selten. Natürlich hängt das alles auch von der Technik ab. Bei diesem Bild wollte ich die Leichtigkeit von Landschaft und Himmel zeigen. Sie sehen, daß ich Himmel und Vordergrund zum Teil freige-

Mit Ölkreide lassen sich auch Bilder arbeiten in einer Art pointillistischer Manier arbeiten. Sie können Punkte und kleine Striche mischen, sie wieder abkratzen und neu übermalen, bis Sie mit dem Ergebnis zufrieden sind.
Das Abkratzen kann auch Bestandteil der Technik sein. Rechts habe ich die Farbe dick aufgetragen und mit der Rasierklinge wieder abgekratzt. In die so entstandene Struktur kann man wieder hineinzeichnen.

Um die Kreiden mit Leinöl zu vermischen, muß man zuerst kleine Stückchen auf ein Stück dickes Papier oder Karton schaben. Am besten geht das mit einem Messer oder einer Rasierklinge.

Dann vermischt man sie mit dem Leinöl, ich gebe meistens auch noch einen Tropfen Terpentin natur dazu. Man bekommt eine weiche Masse, die sich nun leicht weiterverarbeiten läßt.

lassen habe und man nur die Struktur des Papiers sieht. Dadurch heben sich die Kreidelinien und Flächen ganz weich ab.
Sie werden entdecken, daß sich in diesem Bild viele Farbtöne wiederholen. Auch in der Natur reflektieren sich Farben immer wieder, wenn wir das in unserem Bild berücksichtigen, bekommt es einen stärkeren Zusammenhalt und wird zu einer Einheit. So wiederholt sich zum Beispiel das Blau des Himmels bei den Pflanzen im Vordergrund und das Rosa des Vordergrunds erscheint auf dem Himmel. Das Rot und das Violett des Hauses wiederholten sich bei den Gräsern im Vordergrund.

Schritt für Schritt

Wenn Sie bereits mit Ölkreiden experimentiert haben, werden Sie auch festgestellt haben, worin die Stärke dieser Technik liegt: Die Farben werden leuchtend und klar, die Anwendungsmöglichkeiten sind fast unbegrenzt.

Ich habe mir hier ein verhältnismäßig einfaches Motiv ausgesucht, von dem ich aber glaube, daß es durch die Kreidetechnik intensiver, wenn nicht gar dramatisch werden kann. Ich habe ein dickes Papier mit einer stark strukturierten Oberfläche genommen,

das eigentlich für Malereien in Öl gedacht ist. Die Papierstärke ist wichtig, wenn man die Ölkreiden dick auftragen möchte, die starke Oberflächenstruktur hält die Kreiden besser fest. Mit einem braunen Stift habe ich grob die Komposition festgelegt, Himmel und Vordergrund dann mit einer abgebrochenen rosaroten Kreide als Fläche angelegt. Dabei habe ich von der Kreide ein etwa 2,5 cm langes Stück abgebrochen und mit seiner Breitseite gezeichnet.

Nun habe ich den Himmel kräftiger eingefärbt und ihn dann mit einem Pinsel und Terpentin verwaschen. Die Vorlage erschien mir ein bißchen trist, ich wollte eine etwas frischere, lebendigere Atmosphäre schaffen. Also habe ich Hellblau und Gelb zu Hilfe genommen und zwei dicke Linien gezogen. Dann bin ich dick mit weißer Kreide darübergegangen und habe das Ganze mit dem Finger verrieben. Wenn Sie die Farben mit dem Finger verreiben, müssen Sie sich nach jedem Arbeitsgang die Hände sehr gründlich waschen. Die Kreiden sind nämlich ziemlich hartnäckig, und es kann leicht passieren, daß eine nicht gewünschte Farbe auf Ihrer Zeichnung landet.

Mit wenigen Tönen habe ich den Baum über den Hintergrund gezeichnet, die Farben im Vordergrund wurden ganz frei angelegt.

Die etwas wilde, freie Struktur im Vordergrund habe ich langsam aufgebaut: Zuerst mit Blau und Orange, darüber dann mit Violett, Purpur und Rosarot. Mit den Fingern habe ich danach die Farben zusammengerieben, um später wieder mit den Kreiden darübergehen zu können. Über die verriebene, glatte Oberfläche lassen sich leichter kurze, schnelle Striche ziehen als über eine rauhere Kreidestruktur. Es kann passieren, daß die Farben zu schnell und zu dick aufgetragen werden. In diesem Fall kann man sie mit einem Malerspachtel wieder abkratzen, es bleibt dann nur eine leichte Farbschicht auf dem Papier, auf die man erneut zeichnen kann. Heben Sie aber die abgekratzte Farbe auf (auf einer Palette oder auf einem dicken Stück Papier), Sie können sie vielleicht später wieder benutzen, indem Sie sie mit Terpentin oder Leinöl vermischen, mit dem Spachtel auftragen oder mit den Fingern verreiben.

Das Laub des Baumes habe ich mit dicken Kreidestrichen gemacht, bin dann aber noch mit dem Spachtel darübergegangen, um die Struktur zu verstärken.

Hier zeigt es sich nun, daß es wichtig war, ein dickeres, stark strukturiertes Papier zu nehmen. Eine glatte Oberfläche würde die dick aufgetragene Farbe nicht so gut halten. Besonders mit dem Malspachtel angelegte Teile könnten dann leicht abbröckeln. Zu dünnes Papier würde sich außerdem unter der dicken Farbe wellen.

Die Weiterentwicklung des Baumes war sehr einfach: Ich habe die Kreiden noch etwas verrieben, dann Farbe mit Terpentin vermischt und diese Mischung dick mit dem Malspachtel über die Kreide gelegt. Mit dem Rosa des Vordergrundes bin ich über die Ränder des gelben Streifens gefahren, damit er mehr Leuchtkraft bekommt.
Der Kontrast von Baum und Vordergrund gibt dem Bild mehr Dramatik. Wie Sie sehen, konnte ich mich an dem Vordergrund so richtig austoben, ich habe die Kreiden vermischt und verrieben, bis eine ziemlich dicke Schicht entstand, in die ich nun mit dem Spachtel (Sie können auch einfach die Fingernägel nehmen) wieder hineingekratzt habe.
Wie schon bei den Pastellkreiden sehen Sie auch hier, daß ich Farben in den verschiedenen Bildteilen wiederholt habe, um eine Einheit zu schaffen. So wiederholen sich Ton und Struktur des Grüns des Baumes in der linken unteren Ecke des Vordergrundes, umgekehrt findet sich das dunkle Rosa der Gräser in der rechten Seite des Laubes wieder.
Dieses Reflektieren verschiedener Töne innerhalb der gesamten Komposition gibt einem Bild Halt und läßt es zu einer Einheit werden. Außerdem entstehen gerade durch solche Wiederholungen besonders malerische Effekte.

ANREGUNGEN

Wie Sie inzwischen ja wissen, liegt die Ölkreidenmalerei schon ziemlich nahe bei der Ölmalerei. Motive für Ölkreiden eignen sich daher meist auch für Ölfarben. Meine Vorschläge sind nie ausschließlich für eine Technik bestimmt, ich kann sie mir nur eben in dieser Technik besonders gut vorstellen.
Da man mit Ölkreiden etwas genauer zeichnen kann als mit Pastellkreiden – besonders wenn man weitere Hilfsmittel dazunimmt, wie Terpentin oder Wasser –, wird auch die Auswahl der Motive größer. Vielleicht haben Sie gerade einen Blumenstrauß bekommen, der sich zu einem Stilleben verwenden läßt, oder irgendein buntes Spielzeug liegt neben einer Zimmerpflanze. Schauen Sie sich immer zuerst einmal in Ihrer eigenen Umgebung um. Die exotischsten Motive sind keineswegs auch die besten.
Zur Ölkreide passen sehr gut strukturierte Dinge, weil sich mit der Technik selbst ja auch viele Strukturen machen lassen. So bietet sich zum Beispiel der alte und oft übermalte Kahn auf dem Foto unten richtiggehend an. Sie können auch das Boot einfach vergessen und aus den vielfarbigen Strukturen ein abstraktes Bild machen.
Die Blütenlandschaft mit der Kirche kann ich mir gut in aufgelösten Ölkreiden vorstellen, die Kirche könnte im Kontrast dazu weiß bleiben.

Zur Erinnerung

Ölkreide kann mit Terpentin vermischt und mit dem Malspachtel aufgetragen werden. Sie kann auch so weit verdünnt werden, daß man sie mit dem Pinsel vermalen kann.
Durch Übereinandermalen entstehen neue Töne.
Bedeckt man einen hellen Ton mit einem dunklen, läßt sich der dunkle abkratzen, und der helle kommt wieder zum Vorschein.
Weiche Übergänge schafft man, indem man die Kreiden mit dem Finger ver- oder ineinanderreibt.
Mit angespitzter Kreide kann man über breite, dicke Striche gehen und diese unterschiedlich strukturieren.

Diese Holzpuppe wirkt durch das weiche Licht sehr reizvoll. Auf den ersten Blick sind die Farben fast monoton, bei genauerem Hinschauen werden Sie aber alle möglichen Töne darin entdecken. Nehmen Sie einmal einen einfarbigen Gegenstand, und drehen Sie ihn im Licht. Schon die normale Glühlampe bewirkt, daß die Töne gelblicher erscheinen. Farben sind lebendig und ändern sich auch in der Natur ständig.

Wenn Ihnen das Herauskratzen bei den Ölkreiden Spaß macht, ist das Kornfeld vielleicht das richtige Motiv für Sie. Der Höhenunterschied wird hier nur durch die unterschiedlich verlaufenden Streifen deutlich. Schauen Sie einmal Ihre eigenen Urlaubsbilder durch. Sicher sind auch darunter geeignete Motive, die noch den Vorteil haben, daß Sie den Ort oder Gegenstand kennen, ihn vielleicht schon befühlt und dadurch ein ganz anderes Verhältnis dazu haben.

In dem großen Bild links, einem Kloster auf Kreta, finden Sie viele Strukturen. Die Palmenblätter haben eine andere Struktur als der Stamm, das verputzte Gemäuer hat eine andere als die Felsen. Im Kontrast dazu steht der völlig ausdruckslose Himmel. Wenn der Ihnen nicht gefällt, setzen Sie eben ein paar Wolken dazu. Und es wird Sie auch niemand daran hindern, das Ganze in Gewitterstimmung zu versetzen!

Die »Galerie« soll Sie nicht erschrekken oder Ihnen ein Gefühl des »Soetwas-kann-ich-nicht« vermitteln. Sie soll Ihnen lediglich zeigen, wie weit die einzelnen Techniken führen können.

Ein Porträt muß nicht immer ähnlich sein, Charakter und Ausstrahlung einer Person können auch durch die Art und Weise, wie ein Bild gemalt wird, wiedergegeben werden. So wurde das Bild des Negers (Originalgröße 185 x 107 mm) frei mit Buntstiften und dicken Wachskreiden gemalt. Der Kontrast zwischen dem ausgearbeiteten Gesicht und der nur in Linien angelegten Kleidung erzeugt Spannung, das Gewicht aber liegt ganz auf dem durch viele Schattierungen strukturierten Gesicht.

Das Porträt rechts (Originalgröße 140 x 190 mm) wirkt poetischer und weicher. Es ist mit Ölkreiden, Markern und einem weichen 2B-Bleistift gemacht. Schauen Sie sich auf diesen vier Seiten Qualität und Kontraste der einzelnen – oft auch vermischten – Techniken gut an; sicher werden Sie einige Anregungen finden.

Auf Seite 189 links unten habe ich ein Ölgemälde (Originalgröße 214 x 266 mm) von Alexej Jawlensky (1864-1941) mit Ölkreiden kopiert. Durch Kopieren lernt man, wie andere Künstler mit Farben umgehen. Mich hat hier das Gesicht interessiert, da der Künstler sehr ungewöhnliche Farben benutzt hat, um einen Gesichtsausdruck darzustellen. Der Kontrast zwischen der ebenmäßig schwarzen Fläche und dem gemalten Hintergrund, in dem sich auch das Blau des Gesichts wiederholt, erhöht die Spannung dieser Komposition.

Die rechte Pastellkreidezeichnung (Originalgröße 164 x 193 mm) auf dunkelgrauem Papier wurde überwiegend mit den Fingern gearbeitet, um die Farben weich fließen zu lassen. Nur die hellen Begrenzungslinien von Krawatte, Anzug und Hut wurden ebenso wie der weiße Kragen mit angespitzter Kreide gezeichnet.

Rechts unten die einfache Zeichnung eines Stillebens von Ursula Bagnall (Originalgröße 87 x 95 mm), bei der nur die wichtigsten Farbeindrücke mit Buntstiften festgehalten sind.

Galerie

Alle Techniken können miteinander kombiniert und weiterentwickelt werden, um neue – oder bereits gesehene – Effekte zu erzielen. Auf diesen beiden Seiten finden Sie die verschiedensten Variationen; mit den erforderlichen Techniken können Sie nahezu alle Motive in Angriff nehmen.

Links ein Porträt in Pastellkreiden (Originalgröße 260 x 220 mm) auf dunkelgrauem Papier

Die Blumen unten (Originalgröße 170 x 205 mm) wurden mit wasserlöslichem Filzstift zuerst linear gezeichnet und dann mit dem Pinsel verwaschen.

Die obenstehende Landschaft (Originalgröße 230 x 160 mm) von Tom Rummonds, einem amerikanischen Illustrator, wurde ausschließlich mit Markern und Filzstiften gemacht.

Rechts zwei Zeichnungen mit Filzstift (Originalgrößen Mädchenkopf 190 x 190 mm, Hummer 170 x 170 mm), Kreide und Buntstift, beides Arbeiten aus der Werbung. Besonders an dem Gesicht sehen Sie, wie gut sich diese vermischte Technik für professionelle Arbeit eignet.

Der malerische Effekt des Stillebens von Ute Stumpp (Originalgröße 145 x 175 mm), einer Zeichnerin aus München, entsteht durch dick aufgetragene Ölkreiden. Durch die ins Abstrakte gezogene Perspektive und die Struktur der Farben wird das Bild sehr lebendig.

Eine nahezu perfekte Technik für den Pavian (Originalgröße 195 x 230 mm) links sind Buntstifte. Die schnellen, frischen Striche lassen das Fell weich erscheinen. Das Bestechende aber sind die bunten, intensiven Farben des Gesichts, die den gesamten Ausdruck bestimmen.

Auch für den Papagei (Originalgröße 150 x 225 mm) bieten sich Buntstifte an. Die feinen Federn lassen sich ebenso herausarbeiten wie – im Kontrast dazu – der Baumstamm. Sie sehen, wie das Weiß dem Vogel eine gewisse Leichtigkeit gibt.

Erinnern Sie sich an dieses Motiv (Originalgröße 230 x 240 mm)? Ich habe es bereits für eine Bleistiftzeichnung verwendet (Seite 64). Durch die Farben erhält es jetzt eine ganz andere Wirkung; verwendet wurden Ölkreide, Buntstift und Feder mit Tusche.

MALEN

Sollten Sie es noch nicht ausprobiert haben: Das Malen gehört zu den aufregendsten Erfahrungen, die man machen kann.
Seit die Menschen begonnen hatten, Pigmente zu mischen, um dann Formen auf – wie auch immer geartete – Oberflächen zu bringen, hat die Malerei eine bunte und abwechslungsreiche Entwicklung durchlaufen. Sie hilft uns heute, Gefühl, Atmosphäre und sogar Lebensweise vergangener Zeiten zu verstehen.
Lange bevor es Kameras gab, haben Maler auf ihren Bildern Stil und Kleidung einer Zeit, Architektur und Landschaften einer Gegend festgehalten. Wie durch ein Fenster können wir deshalb heute Vergangenes betrachten und entdecken. So lernen wir durch die Venezianer des 18. Jahrhunderts das damalige Venedig kennen, und Pieter Bruegel d. Ä. (niederländischer Maler; zwischen 1525 und 1530–1569) vermittelt uns intensive Eindrücke vom holländischen Landleben seiner Zeit, so daß oft das Gefühl entsteht, man müßte nur noch in die Bilder hineinsteigen und könnte sich dann einfach unter die Leute mischen. Später – und besonders mit zunehmender Beliebtheit der Fotografie – kam man von der reinen Wiedergabe der Umgebung ab, und doch können wir selbst durch abstraktere Bilder einiges über Gefühle und Ausdrucksformen einer bestimmten Epoche erfahren. In der heutigen Zeit wiederum stehen einem Maler ohne Einschränkung alle möglichen Ausdrucksformen zur Verfügung.

In diesem Buch haben wir uns bisher mit allen Zeichenarten und der erforderlichen Theorie beschäftigt. Im folgenden sollen Sie den Umgang mit der Farbe erlernen. Sie sollen erfahren, welche Möglichkeiten in ihr liegen und wie man mit ihr experimentieren kann.
Sie sollen Spaß daran bekommen, alles auszuprobieren! Lassen Sie sich vom Geruch der Farbe, ja von Ihrem ganzen Arbeitsmaterial anregen.

Pinsel

Ein altes englisches Sprichwort sagt: »Für schlechte Arbeit kann man nicht das Werkzeug verantwortlich machen.« Das stimmt in den meisten Fällen, bei den Pinseln allerdings ist es nicht mehr ganz so einfach. Qualität und Sauberkeit spielen hier doch eine große Rolle, und davon hängen bis zu einem gewissen Grad auch die Frische und die Qualität Ihres Bildes ab. Gute, gepflegte Pinsel lassen sich mit frischen Blumen vergleichen: Wenn man sie vernachlässigt, kann man sie ziemlich bald wegwerfen.
Der erste »Pinsel« war vermutlich ein Finger oder eine Hand; so haben die Höhlenbewohner Erdfarben auf ihre Wände aufgetragen. Auch Leder tauchten sie in Farben und zeichneten damit. Solche Mühen bleiben uns heute erspart, da es eine fast unüberschaubare Menge von Malwerkzeugen gibt (was Sie nicht daran hindern soll, auch die Finger zu benützen!).
Die Firmen bringen unzählige Arten, Größen und Qualitäten auf den Markt; es empfiehlt sich aber in jedem Fall, wenige teure und qualitativ einwandfreie Pinsel zu kaufen. Eine Ausstattung minderer Qualität, die dafür billig ist, lohnt im Endeffekt nicht.
Woran erkennt man nun die Qualität? Ein guter Pinsel behält seine Form. Wenn Sie ihn flach drücken, muß er, sobald Sie loslassen, wieder seine ursprüngliche Form annehmen.
In nassem Zustand läßt sich das natürlich noch besser feststellen, nur wird das in einem Geschäft kaum möglich sein. Naturhaar ist auf jeden Fall geeigneter als Synthetik, außerdem kann man sich wirklich an den Preisen orientieren; extrem billige Pinsel sind meist keine guten. Werfen Sie aber jetzt bitte nicht gleich alle alten Pinsel weg, man kann sie immer noch für Experimente benützen oder für irgendwelche gröberen Arbeiten, für die die teuren Pinsel zu gut sind. Ich würde Ihnen raten, für den Anfang drei oder vier verschiedene Arten und Größen zu kaufen, mit denen Sie üben und ausprobieren, was Ihnen am meisten liegt.

So weit wie mit dem Pinsel rechts sollten Sie es nicht kommen lassen. Wenn man von einem nassen Pinsel das Wasser abstreift, sollte wieder eine Spitze entstehen.

Die feinen Rundpinsel eignen sich für jede Art von Wasserfarben. Sie sind international standardisiert und haben die Nummern 000 bis 36. Abgesehen von den kostbaren Rotmarderpinseln können Sie Pinsel aus Feh-, Iltis- oder Rinderhaar und Japanpinsel benützen. Es gibt inzwischen recht gute Pinsel aus Nylon, trotzdem würde ich Naturhaar vorziehen. Sie sehen hier (von links) einen China- und zwei Japanpinsel, sie werden aus Bergziegen-, Pony-, Dachs- oder Wieselhaaren hergestellt. Der Griff des vierten, sehr feinen Rundpinsels hat den Vorteil, daß man ihn ablegen kann, ohne daß er wegrollt. Außerdem steht er etwas vom Papier ab, so daß man keine ungewollten Farbkleckse aufs Papier bekommt. Daneben: ein Flachpinsel zum Anlegen größerer Flächen, drei Marderhaar- und drei Nylonpinsel. An den Spitzen können Sie den Unterschied zwischen Naturhaar und Nylon erkennen.

Der Verwaschpinsel, dessen Haare rund nach außen verlaufen, wird ausschließlich dazu benützt, noch feuchte Flächen ineinander zu »verwaschen«.

Er ist meist aus Dachs- oder Marderhaar, wobei das Marderhaar noch feiner verwäscht als das Dachshaar.

Für die Öl- und die Acrylmalerei nimmt man Pinsel aus gebleichten Schweineborsten. Diese haben gespaltene Enden und nehmen daher gut Farbe auf. Mit Marderhaarpinseln bekommt man einen feineren Strich, Schweineborsten sind widerstandsfähiger. Es gibt Flach- und Rundpinsel, auf die Verwendungsmöglichkeiten gehe ich bei den jeweils beschriebenen Techniken ein. Im Bild haben wir von links: runde, flache und konische Schweineborstenpinsel, Marderhaar-Rundpinsel, Synthetik-Flachpinsel und -Rundpinsel, langer und konischer Rinderhaarpinsel, Schweineborsten-Stupfpinsel, Marderhaar- und Schweineborsten-Flachpinsel für große Flächen, Stupfpinsel.

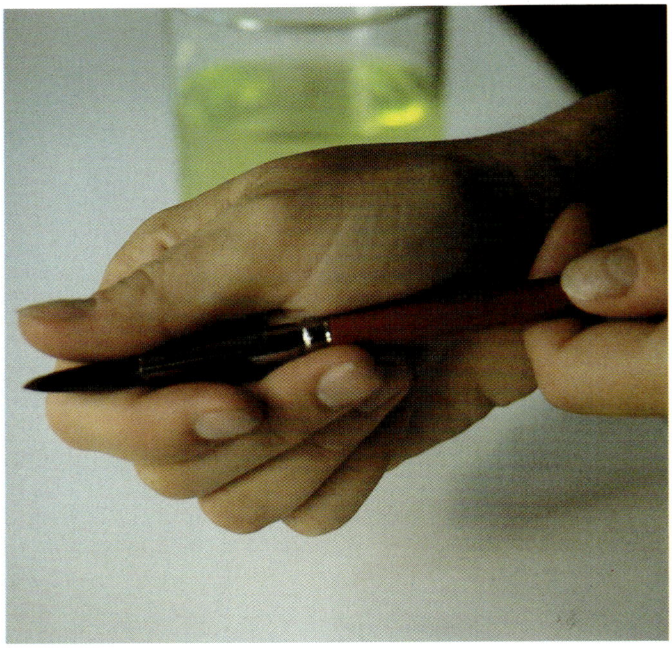

Das Reinigen

Welche Pinsel Sie nun für welche Malart benützen können, erfahren Sie detailliert in den jeweiligen Kapiteln.
Wichtig ist in jedem Fall das Reinigen. Nach der Arbeit mit wasserlöslichen Farben spülen Sie den Pinsel zuerst gründlich in Wasser aus. Dann ziehen Sie ihn rückwärts durch Daumen und Zeigefinger, dabei wird das Wasser herausgepreßt und der Pinsel wieder in Form gebracht. Bei hartnäckigerer Farbe, wie Acryl, nehmen Sie Haushaltsseife oder Spülmittel und verreiben die Seife mit dem Pinsel fest in der Handfläche (wie auf dem Bild rechts mit Pinselreiniger). Danach wird der Pinsel noch einmal gründlich ausgespült und mit Fingern oder Mund wieder in Form gebracht.

Wichtig: Spülen Sie Acrylfarben nie mit heißem Wasser aus. Die Farben verhärten sich und bleiben für immer in Ihrem Pinsel.

Weitere Werkzeuge

Zum Vermischen von Öl- oder Acrylfarben auf der Palette kann man Palett- oder Malmesser, auch Malspachtel genannt, benützen. Die Farben lassen sich damit dick ineinanderspachteln und vermischen, man kann auch damit malen. Ein nach oben gebogener Griff läßt eine freie und lockere Arbeit zu, man berührt die Leinwand oder den Maluntergrund nicht mit der Hand. Ist der Griff nicht gebogen, eignet sich das Malmesser eher dazu, alte oder überflüssige Farbe von der Palette zu schaben. Auch der Spachtel (zweiter von rechts) ohne Spitze wird in erster Linie dazu verwendet.
Mit den kleinen Spachteln können Sie fast wie mit dem Pinsel malen, die größeren eignen sich für größere Flächen und zum Auftragen dicker Farbe. Mit den Malmessern lassen sich also die verschiedensten Strukturen herstellen.

Wurde Ölfarbe verwendet, kann man die Pinsel nicht einfach mit Wasser auswaschen. Statt dessen müssen Sie Petroleum, Pinselreiniger oder Terpentinersatz benützen. Der Pinsel wird darin wie in Wasser gründlich ausgespült und dann in der Handfläche gerieben, damit das Reinigungsmittel ganz bis zum Pinselansatz kommt. Dann wischt man ihn an einem Lappen ab und behandelt ihn so wie nach der Verwendung wasserlöslicher Farben: in lauwarmem Wasser spülen, mit Seife verreiben und nochmals auswaschen. Danach stellt man die Pinsel zum Trocknen mit der Spitze nach oben in ein Gefäß.

Der Malstock dient als Auflage für die Hand, wenn man den Maluntergrund nicht berühren möchte, weil auf Teilen davon die Farbe noch nicht getrocknet ist. Außerdem braucht man den Malstock für die Arbeit an der Staffelei, weil es da nicht immer einfach ist, Halt für die Hand zu finden, wenn man an Feinheiten arbeitet. Auch beim Ziehen gerader Linien ist er praktisch.

Wenn man eine Pause einlegen und nicht sofort auch die Pinsel reinigen möchte, kann man sie in den Pinselwascher (links) hängen. Bei Wasserfarbenmalerei oder Acryl wird der Behälter mit Wasser gefüllt und der Pinsel von oben hineingehängt (beim Ölmalen wird Reinigungsmittel hineingefüllt), er hängt dann locker, ohne die Spitze zu verbiegen, in der Flüssigkeit. Würden Sie die Pinsel einfach mit der Spitze nach unten in ein mit Wasser oder ähnlichem gefülltes Gefäß stellen, würde sich die Spitze verbiegen und Sie könnten nicht mehr damit arbeiten.

Aquarell

Da ist etwas Besonderes um die Aquarellmalerei – ihre Transparenz, ihre Frische, die klaren Farben, die Spontanität geben ihr einen lebendigen, aufregenden Charakter. Sie ist eine Herausforderung, denn gerade das, was so einfach aussieht – die Leichtigkeit, das Fließende –, ist am Schwierigsten. Mit Öl, Acryl oder Gouache gemalte Bilder zeigen immer die Arbeit, die dahintersteckt. Aquarelle dagegen scheinen einfach und mühelos. Doch das Mühelose braucht viel Übung und auch Erfahrung, denn nichts kann man ausbessern oder übermalen.

Das Malen mit Wasserfarbe ist eine der ältesten Maltechniken. Zugesetzt wurde stets das, was zur Verfügung stand: zunächst Pigmente natürlichen Ursprungs wie Mineralien, Ton und Erde, später dann Materialien wie Ei und Gips. Als letztes kam – nach langem Experimentieren das Öl dazu.

Eine Wasserfarbenbasis wurde von den Ägyptern und den Völkern des Mittelmeerraumes für ihre Wandmalereien benützt, und die Japaner malten damit auf Pergamentrollen. Heute bestehen Aquarellfarben aus sehr fein angeriebenen Farbpigmenten in wasserlöslichen Bindemitteln (meist Gummi).

Die glanzvollste Zeit des Aquarells begann im 18. Jahrhundert. Englische Künstler, wie John Cotman (Maler und Radierer; 1782–1842), William Turner, und John Constable, brachten diese Art der Malerei auf ein außergewöhnlich hohes Niveau.

Später beschäftigten sich Impressionisten wie Expressionisten in großem Umfang mit der Aquarellmalerei.

Heute gehört das Aquarell zu den beliebtesten Malarten für Hobbykünstler. Vielleicht deshalb, weil es nicht aufwendig ist und man schnell zu einem vorzeigbaren Ergebnis kommt. So ein Aquarellkasten läßt sich außerdem leicht einstecken, Wasser ist auch nicht schwer aufzutreiben, und wenn ein Bild nichts wird, hat man nicht lange, mühevolle Stunden damit verbracht. Dank der an den Rändern zusammengeleimten Aquarellblöcke hat man auch keine Schwierigkeiten mehr mit sich ständig wellendem Papier, und mit den handlichen Größen kann man gut umgehen.

Die Bilder auf diesen beiden Seiten zeigen Ihnen die große Bandbreite der Aquarellmalerei. Ob man eine schnelle Urlaubsskizze anfertigt oder ein Studiobild ausarbeitet, das Aquarell paßt sich allen Gegebenheiten an.
So wurde es ganz links (Seite 198) zu einer klaren Gewitteratmosphäre benützt, hier dagegen zu einem Bild (von Uwe Neuhaus), bei dem die monochromen Farben eine Herbststimmung hervorrufen. Durch den nassen Verwasch erscheint das Papier uralt.

In der Mitte links sehen Sie, welche eindrucksvollen Verläufe beim Naß-in-naß-Malen entstehen (Ute Stumpp). Links ein griechischer Hafen, der mit schnellen Pinselstrichen von Jörg Hornberger festgehalten wurde. Bei dem auf trockenem Untergrund gemalten Porträt ebenso wie bei dem Hafen sehen Sie, wie wichtig auch die weißen, ausgesparten Flächen sein können. Sie unterstreichen die Wirkung der anderen Farben.

Materialien

Bei jeder Art der Malerei ist die Auswahl des Handwerkzeugs und des Arbeitsmaterials das Wichtigste. Das gilt für die Aquarellmalerei ganz besonders, da man dabei am wenigsten mogeln kann. Kaufen Sie also am Anfang lieber weniger, dafür aber gute Qualität.
Zuerst zu Pinsel und Papier. Auf den Seiten 194 und 195 habe ich schon allgemein über Pinsel gesprochen. Wenn Sie sich für die Aquarellmalerei entschieden haben und sie weiter entdecken wollen, lohnt es sich, etwas mehr zu investieren und Pinsel von hoher Qualität zu kaufen, also Marderhaarpinsel (Rotmarder, Kolinsky). Dabei genügen für den Anfang zwei oder drei verschiedene Größen. Für Bilder in normaler Größe, also keine riesengroßen oder Miniaturen, empfehle ich Nummer 3, 6 und 10. Dazu können Sie ein paar billigere Pinsel kaufen, mit denen Sie vielleicht einmal einen Hintergrund anlegen oder gröbere Teile Ihres Bildes. Sobald Sie mehr Übung haben und wissen, in welcher Art Sie am liebsten malen, können Sie immer noch weitere Pinsel dazukaufen.
Fast so wichtig wie die Pinsel sind die Aquarellpapiere, da sie die Wirkung der Farben erheblich beeinflussen. Ich würde für den Anfang einen Aquarellblock empfehlen, weil man ihn ziemlich problemlos benützen kann.
Nun zu den Farben. Die Farben gibt es in Tuben, in kleinen und großen Näpfchen oder flüssig in Gläsern, man kann sie einzeln oder in Malkästen kaufen. Kaufen Sie die Farben einzeln, können Sie sich Ihre eigene Palette zusammenstellen (Seite 204 f.). Für größere Bilder empfehlen sich Tuben, weil sie ergiebiger sind, ansonsten bleibt es einfach Ihrer Vorliebe überlassen, womit Sie arbeiten. Die flüssigen Farben (farbige Tuschen) sind weniger lichtbeständig, stellen aber eine gute Ergänzung zu den anderen Farben dar. Zu empfehlen: Ecoline, Luma Water Colors, Pelikan, Rotring Arti-Color, Talens Rembrandt.
Malkästen sind sehr praktisch, wenn man die Farben transportieren möchte. Die Deckel haben Vertiefungen, in denen man die Farben mischen kann. Manche Kästen haben zu diesem Zweck eigens eine herausklappbare Metallfläche. Oft ist in den Boden des Kastens ein Ring montiert, mit dem man ihn dann wie eine Palette halten kann. Wenn Sie keinen Kasten benützen, sondern einzelne Farben, brauchen Sie einen Teller oder eine Palette mit Vertiefungen zum Mischen. Ich benütze gerne – wie auf dem Foto abgebildet – einen Schneckenteller.
Zu empfehlende Farben: Lukas, Schmincke Horadam, Rowney, Talens Rembrandt, Windsor and Newton.
Ansonsten brauchen Sie noch ein Papiertuch, um eventuell überschüssige Farbe abzunehmen, einen Bleistift zum Aufskizzieren, einen Wasserbehälter (besser zwei), ein Papierklebeband zum Aufspannen des Bildes und, um ein bißchen zu experimentieren, ein Schwämmchen, Feder und Tusche.

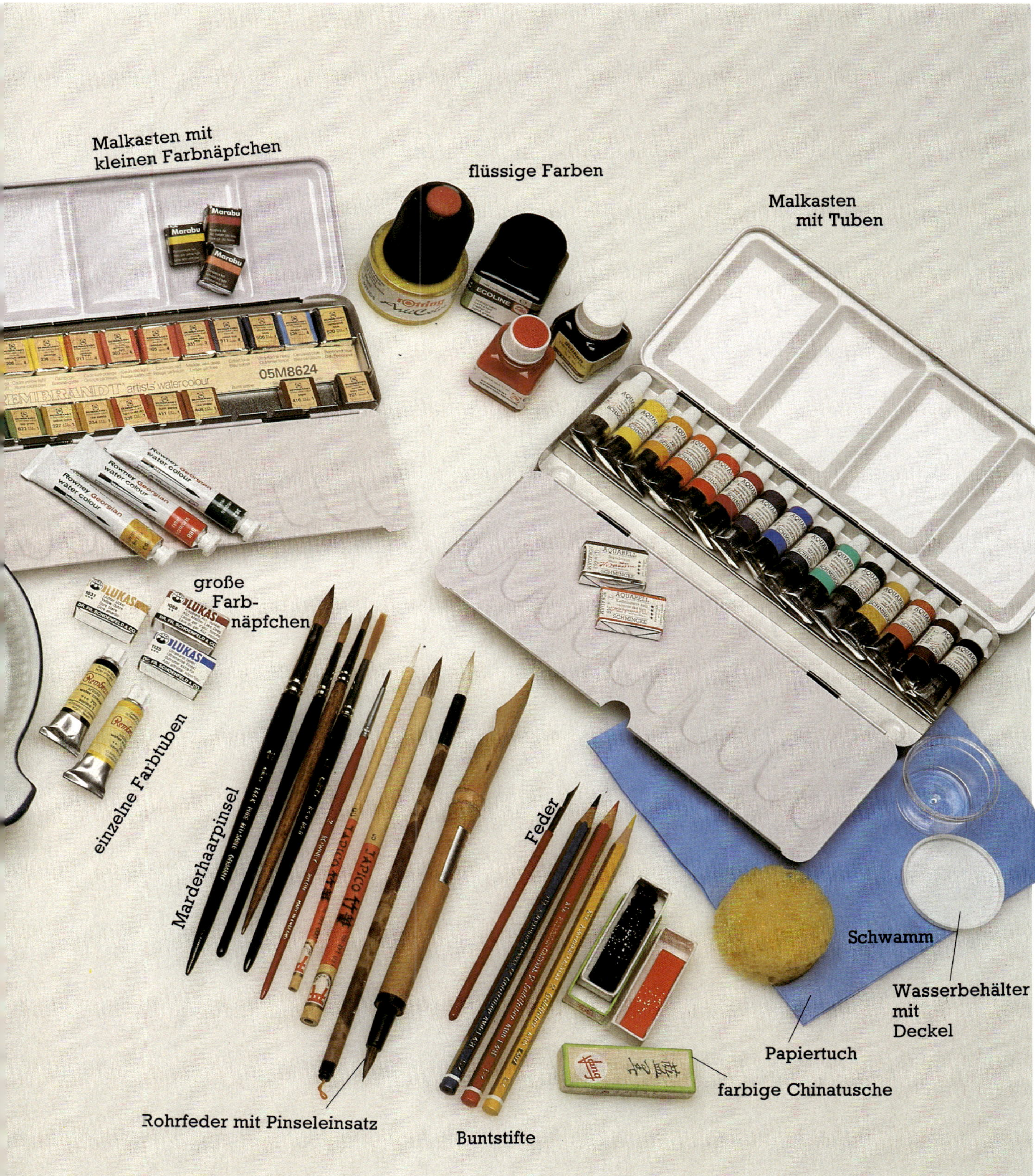
Malkasten mit
kleinen Farbnäpfchen
flüssige Farben
Malkasten
mit Tuben
Marabu
05M8624
REMBRANDT artists' watercolour
Rowney Georgian water colour
ECOLINE
große
Farb-
näpfchen
LUKAS
AQUARELL
SCHMINCKE
einzelne Farbtuben
Marderhaarpinsel
Feder
Schwamm
Wasserbehälter
mit
Deckel
Papiertuch
farbige Chinatusche
Rohrfeder mit Pinseleinsatz
Buntstifte

Das Papier

Das wichtigste Utensil bei der Aquarellmalerei ist zweifellos der Pinsel. Doch auch das Papier spielt eine wichtige Rolle, da die Farbe auf jeder Papierstruktur anders verläuft und anders wirkt. Es ist also unbedingt notwendig, vor Malbeginn verschiedene Papiere auszuprobieren. Die meisten Firmen stellen Papierfächer mit Mustern all ihrer Papiere her, die man in jedem Fachgeschäft (Graphikerbedarf oder Künstlerbedarf) gegen eine Schutzgebühr erwerben kann. Diese Papierfächer sind ideal, um ein paar Farben darauf auszuprobieren, und Sie müssen nicht viel Geld für Papiere ausgeben, die Sie dann vielleicht doch nicht benützen wollen.

Sehr allgemein gesprochen, gibt es drei Arten von Aquarellpapier: fein, mittel und rauh. Doch in diesen drei Kategorien gibt es wiederum viele verschiedene Strukturen und Papierstärken. Je dicker das Papier ist, um so weniger wellt es sich, wenn es mit Wasser in Berührung kommt. Arbeiten Sie mit einzelnen Papieren, so müssen Sie diese aufziehen, wie auf der nächsten Seite besprochen. Auf Aquarellblöcken dagegen können Sie gleich malen, da die Ränder ringsum verleimt sind und sich so das Papier wieder glättet, sobald es trocknet. Für große Bilder ist dickes Papier auf jeden Fall geeigneter, kleinere Bilder lassen sich auch auf dünnerem malen.

Die Blöcke sind auch sehr praktisch, wenn man im Freien arbeiten möchte, weil sie problemlos zu handhaben sind. Versichern Sie sich aber immer, daß Ihr Bild auch wirklich vollkommen trocken ist, bevor Sie es vom Block lösen, da es sich sonst unweigerlich wieder wellt. Während des Arbeitens wird sich das Papier immer wieder wellen. Das darf Sie aber nicht weiter stören, denn in trockenem Zustand wird es sofort wieder glatt.

Bewahren Sie die Papiere stets in flacher Lage (also nie zusammengerollt) an einem sauberen und vor allem trockenen Platz auf.

Sie sehen rechts, wie unterschiedlich gleiche Linien auf den verschiedenen Papieren aussehen.

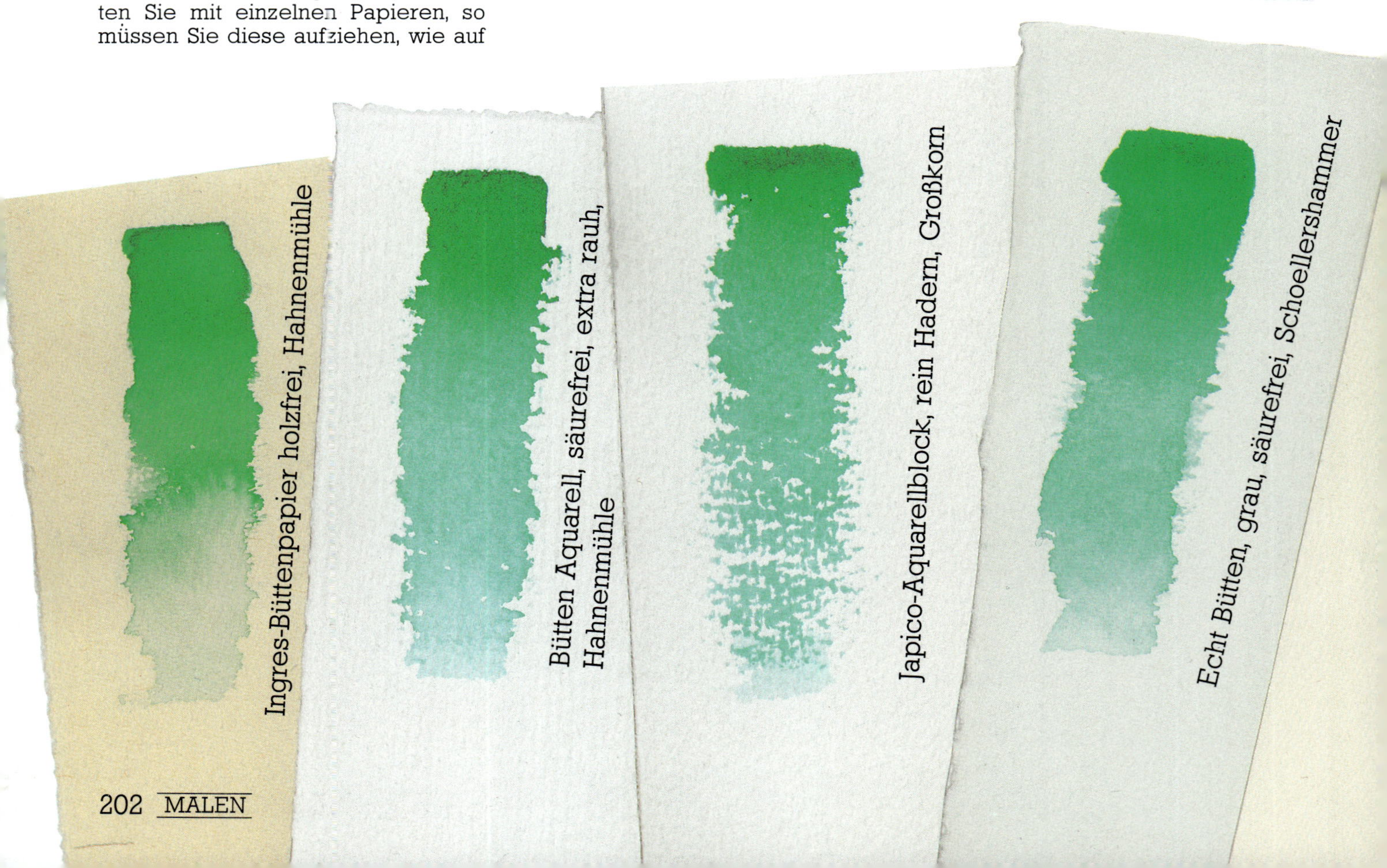

Das Aufziehen

Dicke Papiere müssen nicht unbedingt aufgezogen werden (außer bei großen Formaten), dünne dagegen auf jeden Fall.
Sie brauchen dazu entweder ein Zeichenbrett, eine Hartfaser- oder eine Sperrholzplatte, die ringsum etwa zehn Zentimeter größer ist als das Papier.
Zuerst wird das Papier mit einem Schwamm auf beiden Seiten naß gemacht; man kann es aber auch kurz direkt in Wasser legen (Handwaschbecken oder Fotoschale). Dickeres Papier sollte ein bißchen länger gewässert werden als dünnes.
Das nasse Papier legen Sie nun auf das Brett und streichen es einigermaßen glatt. Nun wird rings um das Papier ein etwa vier Zentimeter breiter Klebestreifen geklebt, und zwar zur einen Hälfte auf das Papier, zur anderen Hälfte auf das Holz. Es muß ein Klebeband sein, das durch Anfeuchten klebt (Paketklebeband), andere stoßen das feuchte Papier ab und halten es nicht fest. Streichen Sie das Klebeband mit den Fingern gut fest, es muß überall glatt aufliegen. Nach dem Trocknen ist das Papier straff gespannt. Sobald Sie darauf malen, wird es sich erneut wellen, um nach dem Trocknen wieder vollkommen plan zu liegen.
Haben Sie Ihr Bild fertiggemalt und es trocknen lassen, schneiden Sie es mit dem Papiermesser an der Innenkante des Klebebandes heraus.

Hier eine kleine Auswahl aus dem großen Angebot von Aquarellpapieren. Die Farbe verläuft anders.

Die Farben

Für den Anfang brauchen Sie nur eine begrenzte Anzahl von Farben. Wenn Sie gleich sehr viele kaufen, wird das teuer und macht das Malen keineswegs einfacher oder gar besser.
Mischt man die falschen Farben zusammen, sieht das Resultat oft sehr schmutzig aus, und man kann nur wenig damit anfangen.
Die begrenzte Farbpalette hilft Ihnen, klare Farben zu behalten und Sie werden schneller mit den Farbmischungen vertraut. Wenn Sie noch keine fertige Auswahl an Farben haben, rate ich Ihnen, sich zuerst drei kalte und drei warme Grundfarben anzuschaffen.
Hier sehen Sie nur einige Mischbeispiele. Mischen Sie diese Farben in allen möglichen Kombinationen, Sie werden erstaunt sein wie viele Farbtöne Sie bekommen.
Für solche kleinen Experimente können Sie Aquarellpapierreste benützen oder die Rückseiten von Bildern, die danebengegangen sind.

ZITRONENGELB · *KADMIUMGELB HELL* · *KRAPPLACK DUNKEL* · *KADMIUMROT HELL* · *COELINBLAU* · *ULTRAMARINBLAU*

Wenn Sie noch weitere Töne dazukaufen, probieren Sie sie immer zuerst aus, und mischen Sie sie untereinander.
Welche Farben Sie noch zu Ihrer Grundausrüstung nehmen, bleibt Ihrem Geschmack und Ihren Vorlieben überlassen. Ich schlage Ihnen hier noch einige Farben vor, die sich gut in die Grundpalette einfügen. Bei einem Aquarell sind jedoch nicht nur die farbigen Flächen wichtig, sondern auch die weißen. Dazu wird das weiße Papier eingesetzt, es sei denn, Sie verwenden das deckende Gouacheweiß, wobei das Ergebnis aber nie so klar und leuchtend wird wie die ausgesparte Fläche. Das bedeutet, daß Sie sich schon zu Beginn Ihrer Arbeit darüber klar sein müssen, wo die weißen Flächen liegen sollen. Auch andere helle Töne müssen Sie stehen lassen, da Sie mit Aquarell zwar immer dunkler werden, aber nie mit einem hellen Ton auf einen dunklen malen können.

KADMIUMORANGE · *LICHTER OCKER* · *UMBRA GEBRANNT* · *PAYNESGRAU*

CHROMOXIDGRÜN FEURIG · *HOOKERSGRÜN* · *VIOLETT FEURIG* · *ELFENBEINSCHWARZ*

Zur Anregung noch einige Mischungen mit der erweiterten Palette. Natürlich kommen beim Mischen nicht immer nur schöne Töne heraus. Schneiden Sie sich aber die gelungenen heraus, und schreiben Sie dazu, wie Sie sie gemischt haben. Auf diese Weise bekommen Sie einen Überblick über die Kombinationsmöglichkeiten und können auch einmal nachschauen, wenn Sie einen besonderen Ton brauchen und nicht mehr wissen, wie er herzustellen ist.

In der erweiterten Palette ist auch ein Grau angegeben. Grautöne können die Leuchtkraft der anderen Farben verstärken, sie können die Stimmung eines Bildes beeinflussen. Schöner noch als fertige Grautöne sind, meiner Meinung nach, diejenigen, die man selbst mischt (wie schon beim Farbkreis auf Seite 126 besprochen, mischt sich Grau aus den Komplementärfarben). Rot und Grün ergeben zusammen Grau, ebenso Gelb und Violett, Blau und Orange. Aber auch durch andere Kombinationen entsteht Grau, wie Sie an den Beispielen rechts sehen.

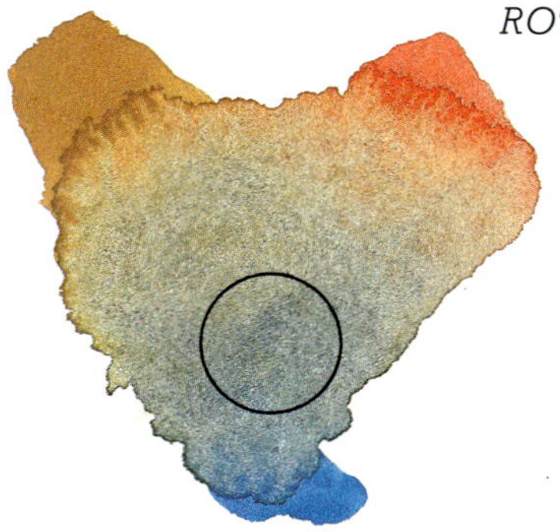

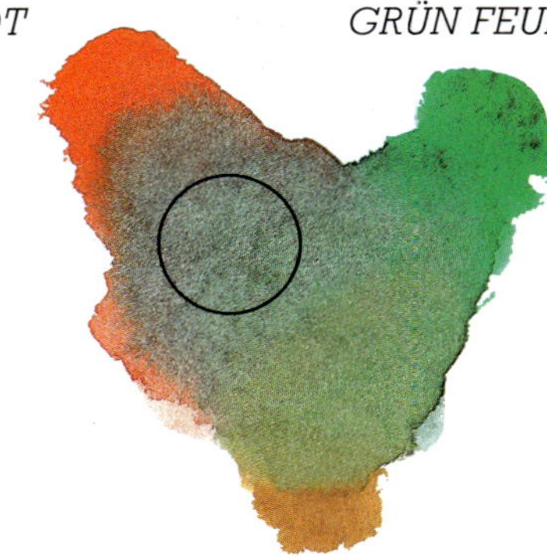

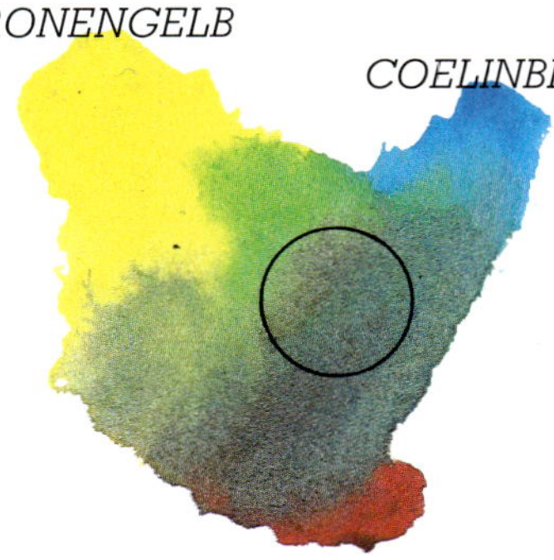

Wichtig für die Aquarellmalerei ist das Herstellen eines gleichmäßigen Farbverlaufes. Man kann so einen Verlauf als Untergrund nehmen oder auch als Himmel. Wie das Wort »Verlauf« schon sagt, läßt man dabei die Farbe verlaufen, und zwar sehr naß. Zuerst wird das Papier angefeuchtet, man kann das mit einem Schwamm oder mit einem breiten Pinsel machen. Nimmt man einen Schwamm oder ein nasses Tuch, muß man sehr vorsichtig über das Papier gehen, damit man es nicht aufreibt und dann später an diesen Stellen Flecke bekommt.

Durch das feuchte Papier verläuft die Farbe leichter. Sie beginnen nun oben mit einem dicken Pinsel die Farbe aufzutragen; mit gleichmäßigen Bewegungen, wie das Diagramm zeigt, arbeiten Sie nach unten zu. Je nachdem, wie hell oder dunkel, wie stark oder schwach Sie den Kontrast haben wollen, müssen Sie mehr oder weniger Farbe dazugeben. Das aufgezogene Papier oder den Block halten Sie dabei schräg oder legen etwas darunter, damit die Farbe leichter nach unten fließt. Eine Schräge von ungefähr dreißig Grad ist am günstigsten.

Man arbeitet immer vom Dunklen zum Hellen. Wenn Sie den dunkleren Teil unten in Ihrem Bild haben wollen, drehen Sie das Blatt eben einfach um, sobald der Verlauf fertig ist.

Üben Sie zuerst mit kleinen Flächen! Auch mit gemischten Farben ist ein Verlauf möglich, nur ist es da schwieriger, ihn vollkommen gleichmäßig zu bekommen.

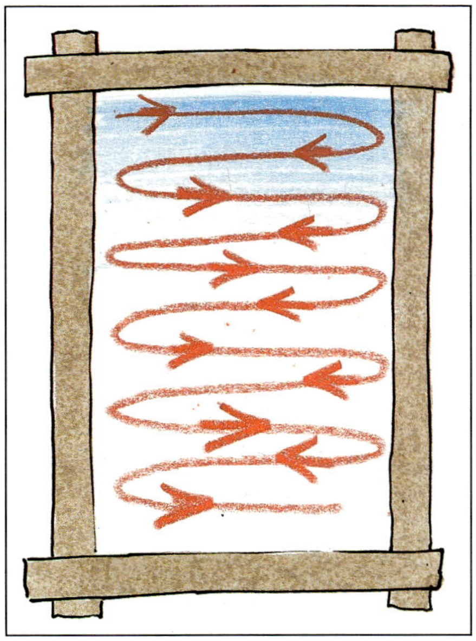

Schoellershammer Korn

Schoellershammer echt Bütten weiß

Schoellershammer T

Verwaschen, Verläufe und Himmelsstrukturen – diese Techniken kann man eigentlich nur durch Üben erlernen und vervollkommnen. Probieren Sie das Verwaschen auf nassem, feuchtem und trockenem Papier aus, die Farben laufen immer wieder auf andere Art zusammen.

Ob Sie zu Hause oder in der Natur malen, machen Sie sich kleine Farbskizzen, mit denen Sie die wichtigsten Punkte Ihres Bildes festhalten, in denen Sie Farbkombinationen und Strukturen ausprobieren. Manchmal kommt dabei etwas Undefinierbares, eher Schmutziges heraus, doch dann wissen Sie, welchen Fehler Sie bei Ihrem richtigen Bild nicht machen dürfen. Heben Sie sich gelungene kleine Skizzen auf, sie können oft, wie der Skizzenblock, Anregungen für weitere Bilder sein.

Hier einige Möglichkeiten, einen Himmel zu malen. Sie sehen, wie wichtig dabei die weißen, also frei gelassenen Stellen sind. Eine solche Wirkung könnten Sie nie mit Deckfarben erzielen. Haben Sie keine Angst, Farben in den Himmel zu bringen, er ist selten nur blau.

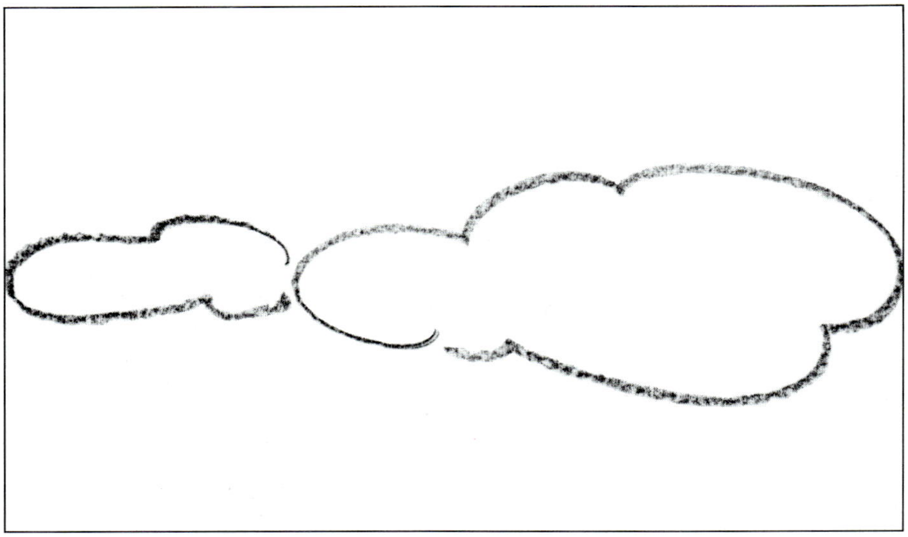

Oft sieht man die herrlichsten Wolkengebilde, und auf dem eigenen Blatt werden sie zu einem weißen Etwas, das mit der prachtvollen Wirklichkeit nichts mehr zu tun hat. Natürlich helfen hier in erster Linie Üben und Ausprobieren am ehesten weiter. Doch vielleicht ist Ihnen auch dieses Beispiel, bei dem wir Schritt für Schritt vorgehen.

Sehen Sie sich zuerst einmal Wolken genau an. Auch hier werden Sie Grundformen finden, Formen, die besonders typisch sind. Manche sind lang und schwer, andere klein und duftig, oder es handelt sich um einfache Haufenwolken wie in diesem Beispiel. Versuchen Sie so wenig wie möglich vorzuzeichnen, da man die Bleistiftstriche durch helle Farbe hindurch sieht, und das kann, gerade bei zarten Wolken, sehr unschön sein. Ich zeichne die kräftige Linie hier nur, um die Grundform der Wolke zu zeigen. Feuchten Sie das Papier zuerst an, und verwaschen Sie darüber mit dem Pinsel ein leichtes Blau, wobei Sie die Wolke aussparen. Ich habe hier Ultramarinblau benützt und ein bißchen Indigoblau für die dunkleren Stellen. Das Weiche der Wolke entsteht durch den feuchten Untergrund, in den die Farbe hineinläuft. Wenn mehr Farbe verläuft, als Ihnen lieb ist, dann tupfen Sie sie mit einem Papiertaschentuch oder einem trockenen Pinsel vorsichtig ab. Sie müssen verhältnismäßig schnell arbeiten, damit das Papier nicht zu früh trocknet.

Wenn die Grundform der Wolke steht und Sie auch mit dem Umfeld zufrieden sind, können Sie der Wolke mehr Form geben, mehr Tiefe und mehr Farbe.

Ich habe zuerst den Himmel hinter dem Weiß dunkler gemacht (damit tritt die Wolke mehr nach vorne) und die Unterseite der Wolke, immer noch naß in naß, mit gebranntem Siena leicht eingefärbt. Dadurch erhält die Wolke eine wärmere und auch weichere Kontur. Kurz bevor die Farben getrocknet waren, bin ich noch leicht mit Coelinblau hineingegangen, das gut mit dem Siena harmoniert. Probieren Sie ein paar Wolken in verschiedenen Formen und Farben aus, das gibt Ihnen mehr Sicherheit für Ihr späteres Bild.

Oben links: Ich bin mit den nassen Farben auf das trockene Papier gegangen und habe sie nach innen untereinander verlaufen lassen, nicht aber nach außen. Dadurch bleibt die äußere Form des Baumes erhalten. Sobald er ein bißchen mehr getrocknet war, habe ich etwas Farbe daraufgespritzt, die am Boden allerdings auf den völlig getrockneten Grund.
Der Baum rechts dagegen wurde auf einen bereits angefeuchteten Untergrund gemalt, die Schatten auf einen immer trockeneren; zuletzt bekommt der Stamm seine Rundung durch trockene Pinselstriche.

Unten links: Die Frucht habe ich auf getrockneten Untergrund gemalt. Highlights und Blattstruktur wurden mit weißem Fettstift gezeichnet, der dann die Farbe abstößt und den Untergrund wieder sichtbar werden läßt. Statt Fettstift kann man auch Wachs- oder Ölkreiden verwenden.
Unten rechts: naß in naß; alle Farben verlaufen. In die nasse Farbe habe ich mit Feder und Farbtuschen (flüssiger Aquarellfarbe) die Formen gezeichnet. Es bleibt die ins Papier gekratzte Federlinie stehen, während die Farbe ausläuft.

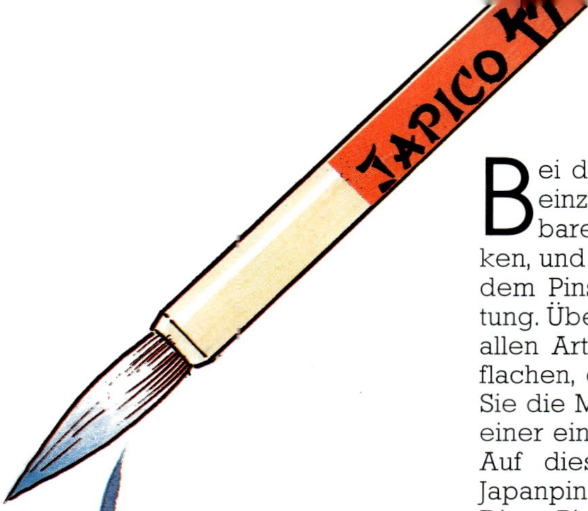

Bei der Aquarellmalerei sind die einzelnen Pinselstriche oft sichtbarer als bei anderen Techniken, und deshalb ist der Umgang mit dem Pinsel von besonderer Bedeutung. Üben Sie soviel wie möglich mit allen Arten von Pinseln, mit runden, flachen, dicken oder dünnen, lernen Sie die Möglichkeiten kennen, die in einer einzigen Linie stecken.
Auf dieser Seite habe ich einen Japanpinsel (Japico Nr. 3) benutzt. Diese Pinsel sind nicht nur zum Malen von Bildern bestimmt, sondern auch zum Schreiben kunstvoller Schriftzeichen, wie es in asiatischen Ländern auch heute noch üblich ist. Je nach Druck der Hand, die dabei völlig lokker und unverkrampft bleibt, verändert sich die Form der Linie.
Rechts habe ich nun diese Linien auf einen durch Verwaschen entstandenen Untergrund gemalt. Oben war der Untergrund noch nicht trocken, deshalb sind die Linien verlaufen. Je trockener der Untergrund wurde, um so klarer erscheinen die Linien.
Im unteren Bild habe ich den Untergrund vollständig trocknen lassen, erst dann wurde darübergemalt.
Wenn Sie Ihr Bild beginnen, hilft es sehr, sich ein Stückchen Aquarellpapier zurechtzulegen, auf dem Sie locker die Striche üben, sich also ein bißchen einmalen, bevor Sie in Ihr Bild gehen.

Mit jedem neuen Bild lernen Sie, was alles möglich ist, aber auch, und das ist fast noch wichtiger, was nicht möglich ist. Wenn Ihnen ein Bild danebengerät, versuchen Sie, sich zu merken, warum es danebenging und was Sie falsch gemacht haben. Das wird Ihnen bei Ihrem nächsten Bild weiterhelfen. Werfen Sie aber verunglückte Bilder nicht weg, Sie können die Rückseiten immer für Experimente benützen.

Bei aller Spontanität sollte man doch die Komposition ein bißchen planen. Für die Blumen habe ich zuerst kleine Bleistiftskizzen angelegt, um die hellen und die dunklen Formen festzulegen, und auch einige Farbproben gemacht. Auf dem Bild selbst sehen Sie noch ein paar feine Bleistiftlinien, mit denen ich die Grundkomposition ganz leicht festgehalten habe. Mit einem Rundpinsel Nr. 10 (Marderhaar) legte ich zuerst auf trockenem Papier mit viel Wasser den hellgelben Hintergrund an. Kurz bevor dieser völlig getrocknet war, kamen die rosaroten Blüten hinein, wobei ich auch zufällige Formen gelten ließ.

Die verschiedenen Strukturen entstanden durch die unterschiedliche Feuchtigkeit des Untergrundes, auf dem ich gearbeitet habe. Für die feineren Formen benützte ich einen Marderhaar-Rundpinsel Nr. 5, mit dem ich auch – naß in naß – den violetten Hintergrund angelegt habe. Dabei sparte ich die weißen Formen der Blüten aus.

Techniken der Blüten: Für die weiße Blüte wurden zuerst Gelb und Blau verwaschen, dann der Hintergrund dunkel aufgetragen und die Form der Blüte dabei ausgespart. Wenn alles getrocknet ist, kann man noch Konturen hineinmalen. Die rote Blüte: Auf den feuchten Untergrund kamen Rot und Schwarz, durch das Verlaufen werden die Konturen weich. Die schärferen Ränder wurden gemalt, als der Untergrund trocken war.

Die gelbe, buschig wirkende Blume erhält ihre Fülle durch Farbspritzer, die in verschiedenen Trockenstadien hineingetropft wurden.

Sie sehen, daß sich das Gelb durch das ganze Bild zieht und überall reflektiert wird. Dadurch bekommt das Bild einen Zusammenhalt, es wird zu einer geschlossenen Einheit.

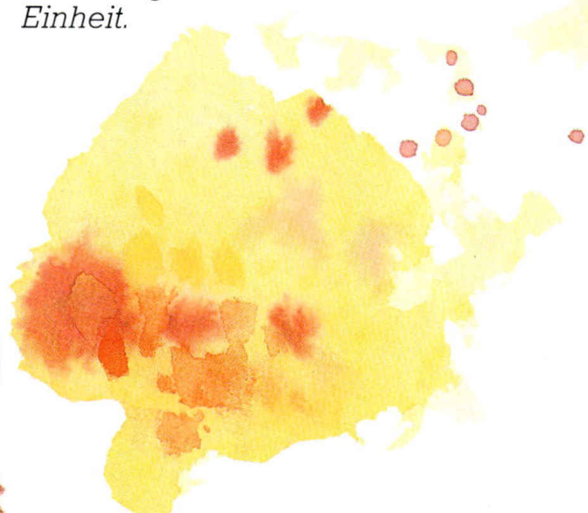

Benützen Sie Ton oder Weiß des Papiers, um helle Töne zu schaffen. Ich habe einen Teil des Hintergrundes weiß gelassen, um die Schattenseite der Vase zu betonen. Ebenso blieben eine Seite der Vase und die Tischoberfläche weiß, um ein Gefühl von Leuchtkraft zu vermitteln.

Diese kleinen Vorskizzen (links) helfen auch, die negativen und die positiven Flächen festzulegen, die ja gleich wichtig sind. Besonders in der Aquarellmalerei, bei der man das Helle nachträglich nicht hineinmalen kann, ist Planung notwendig. Farbintensität und Farbwert spielen eine wichtige Rolle beim Anlegen der verschiedenen Farbverläufe.

Folgende Farben wurden hier verwendet: Zitronengelb, Kadmiumgelb, Kadmiumrot hell, Krapplack dunkel, Siena gebrannt, Umbra gebrannt, Coelinblau, Hookersgrün, Chromoxidgrün.

Die Pinsel: Rundpinsel Marderhaar Nr. 10 und Nr. 5, Japanpinsel.

Das Papier: Torchon rauh, Aquarellblock Vang.

Schritt für Schritt

Das Papier: leicht grünlich getönt, mit feinem Korn. Aufgezogen wie auf Seite 203 erklärt.
Die Pinsel: Marderhaar-Rundpinsel Nr. 6 und Nr. 10, sehr feiner Japanpinsel und eine alte Zahnbürste.
Die Farben: Zitronengelb, Kadmiumgelb, lichter Ocker, Umbra gebrannt, Coelinblau, Ultramarinblau, Siena gebrannt, Kadmiumrot hell, Kadmiumorange hell, Alizarinrot, Chromoxidgrün, wenig Violett und Paynesgrau.
Die Atmosphäre dieser Landschaftsszene ist eher kühl, daher benützte

ich in den Grundmischungen verstärkt Coelinblau und Zitronengelb, für die warmen Töne der Büsche im Vordergrund dagegen lichten Ocker. Mit wenigen, leichten Bleistiftstrichen legte ich die Komposition fest, mit einem alten Pinsel und Fixogum malte ich die Stellen aus, die weiß bleiben sollten: den Turm und das Haus. Fixogum ist eine Gummilösung, die man, sobald sie trocken ist, wieder leicht vom Papier abreiben kann. Sie muß trocken sein, bevor man mit dem Malen beginnt.

Der Himmel sollte tiefer wirken als auf der Vorlage, um den Eindruck größerer Entfernung hervorzurufen. Der erste Verwasch wurde mit Coelinblau und Pinsel Nr. 10 gemacht. Um Himmel und Landschaft nicht so scharf zu trennen, kam noch etwas Violett dazu. Dann trennte ich Vordergrund und Hintergrund mit lichtem, sehr hell verwaschenem Ocker und Grau.

Nun ließ ich das Ganze trocknen und überlegte mir, was stehen bleiben, wo mehr Gewicht und wo mehr Struktur sein sollte. Ich vervollständigte die bereits angelegten Flächen, malte Haus und Bäume in den Hintergrund, den Vordergrund links und rechts machte ich dunkler. Sie sehen selbst, daß das Bild nun schon mehr Tiefe bekommen hat. Während ich das Trocknen abwartete, wechsle ich das Wasser und säubere die Pinsel, damit keine ungewollten Töne entstehen.

Das Fixogum auf Turm und Haus stößt jede Farbe ab. Die Tropfen, die jetzt darauf zu sehen sind, kommen vom Darübermalen und werden sich später mit dem Kleber ablösen.

Langsam wurden nun die Farben und Formen der entfernten Hügel sowie der Bäume hinter den Häusern mit weiteren, ziemlich naß aufgetragenen Farben aufgebaut. Die dunkleren Tonwerte bringen Häuser und Turm weiter nach vorne, sie geben dem Bild mehr Tiefe. Es werden nun Hintergrund, Mitte und Vordergrund des Bildes deutlich.

Nachdem ich die Bäume hinter den Häusern dunkler gemacht hatte, malte ich die Dächer. Vergleichen Sie diesen Schritt mit Schritt zwei auf der vorhergehenden Seite. Sie werden feststellen, um wieviel lebendiger das Bild bereits ist.

Mit dem Hintergrund war ich nun einigermaßen zufrieden. Somit wurde es Zeit, am Vordergrund, nämlich den Büschen, zu arbeiten. Versuchen Sie immer, das ganze Bild im Auge zu haben, und verlieren Sie sich nicht in Details.

Die Büsche erschienen mir für die Atmosphäre des gesamten Bildes wichtig. Ich legte verschiedene Farben übereinander und spritzte noch einige hinein, bevor alles getrocknet war. Ich wollte verschiedene warme Grün- und Brauntöne haben, um den Kontrast zum Himmel hervorzuheben. Dieser Kontrast erzeugt eine neblige Stimmung hinter Haus und Kirche.

Jetzt wurde es Zeit, das Fixogum abzureiben. Dazu mußte die Farbe vollständig getrocknet sein. Man muß sehr vorsichtig reiben, damit das Papier nicht beschädigt wird. Immerhin kann es sein, daß man noch mit einer hellen Farbe leicht über das Weiß gehen möchte.

Mit Alizarinrot malte ich nun die Zwiebelturmspitze. Dieses Rot hat eine kühle Wirkung und harmoniert mit dem Himmel, in den ich zu Beginn ganz leicht Violett hineingewaschen habe. Das gleiche Rot findet sich, sehr sparsam, in den Büschen wieder und gibt dem Bild Zusammenhalt.

Um dem Turm mehr Form zu geben, bekam er etwas Ultramarinblau. Ich ließ den zarten Blauton etwas mit dem Rot zusammenfließen, damit die Formen weicher wurden. Nun mußte ich mich noch einmal mit den Büschen beschäftigen, sie sollten lebendiger werden. Ich nahm eine alte Zahnbürste und spritzte fast unverdünnte Farbe über die rechte Seite des Vordergrunds. Kirche und Hügel habe ich mit einem Stück Papier abgedeckt.

Einige der Halme malte ich mit einem feinen Japanpinsel, dann ließ ich alles trocknen.

Als ich mir das Bild länger ansah, fand ich, daß der Kontrast von Hintergrund und Vordergrund stärker sein könnte, daß der Vordergrund noch mehr Struktur brauchte. Ich zerknitterte ein Stück Papier, tauchte es in vorher angemischte, sehr nasse Farbe und drückte es vorsichtig auf die Stellen, die noch mehr Struktur bekommen sollten.

In diesem Stadium muß man sehr aufpassen, daß man nicht plötzlich zuviel macht und das Bild womöglich ruiniert. Ich war versucht, auch der Straße noch mehr Struktur zu geben, entschied mich aber dann dafür, ihre weiche Struktur neben der lebendigen der Büsche stehen zu lassen.

ANREGUNGEN

Motive gibt es überall. Nur, wenn man gerade ein Bild malen möchte, findet man überhaupt nichts, was sich abbilden ließe. Das liegt aber oft nur daran, daß wir einfach nicht richtig hinschauen. Ein Aquarium zu Hause kann so interessant sein wie Tiere im Zoo, im Kinderzimmer findet sich ebenso leicht etwas wie im Fotoalbum. Je mehr Sie sich mit dem Malen beschäftigen, um so eher wird auch Ihr Auge geschult, Dinge zu entdecken, die sich umsetzen lassen. Was ich hier vorschlage, dient nur zur Anregung. Wenn Sie Spaß daran haben, können Sie auch ein Motiv, das ich bei Öl vorschlage mit Aquarellfarben malen.

Das Stilleben rechts könnte behandelt werden wie auf Seite 213 gezeigt. Beginnen Sie mit den hellen Tönen und viel Wasser, und werden Sie nach und nach dunkler. Denken Sie auch an die weißen Flächen, die einfach stehenbleiben können.

Bei dem Pfau könnte man naß in naß beginnen und die feine Zeichnung sowie die Strukturen auf den getrockneten Untergrund malen.

Wer Landschaften malt, muß sich – einmal mehr, einmal weniger – mit dem Himmel auseinandersetzen. Beobachten Sie eine Zeitlang einen Wolkenhimmel und seine Veränderungen, seine Bewegungen und seine Farben. Hier ein paar Beispiele. Sie können ruhig die Farben verändern und andere Stimmungen schaffen. Schauen Sie sich auch in Galerien oder Büchern an, wie andere Künstler einen Himmel malen.

Ein ideales Motiv, um das ganze Spektrum der Aquarellmalerei auszunützen, sind Blumen und andere Pflanzen. Beginnen Sie mit möglichst einfachen Formen, bleiben Sie locker, lassen Sie sich auch einmal von Zufällen anregen, und versuchen Sie auf keinen Fall, absolut naturgetreu abzumalen – dafür gibt es ja die Fotografie. Der Pinsel in Ihrer Hand ist lebendig und erzwingen können Sie nichts. Wenn etwas mißglückt, ist nur ein Papier verdorben.

Galerie

»Ehrenbreitstein« (Originalgröße 248 x 303 mm). Auf seiner Rheinreise 1817 sah William Turner zum ersten Mal den mächtigen Felsen mit der Festung Ehrenbreitstein. Er machte davon verschiedene Studien in immer wieder neuem und anderem Licht. Man sieht an der unregelmäßigen rechten Kante des Bildes, daß es aus einem der vielen Skizzenblöcke Turners herausgenommen wurde. Das Bild ist sehr typisch für ihn und seine Art, mit den verschiedenen technischen Möglichkeiten des Aquarells umzugehen. Der leicht hingewaschene Himmel steht im Kontrast zu dem Felsen, bei dem er wahrscheinlich die braune Farbe mit den Fingern über den rosaroten Verlauf gemalt hat. Brücke und Boote wurden zuletzt mit Feder oder sehr feinem Pinsel eingezeichnet.

Saul Steinberg (amerikanischer Graphiker rumänischer Herkunft; geboren 1914) begann Psychologie und Soziologie zu studieren, arbeitete aber später als Architekt in Italien. Heute lebt er in New York.

Links ein Ausschnitt: »Das weiße Haus, Chelsea« (Originalgröße 514 x 298 mm). Die wichtigsten Arbeiten von Thomas Girtin (englischer Maler; 1775–1802) sind Aquarellmalereien. Er schuf den Übergang zwischen den Federzeichnungen des 18. und der Aquarellmalerei des 19. Jahrhunderts. Die größte Neuerung Girtins war der Verzicht auf das althergebrachte Grundieren. Statt dessen malte er als Untergrund breite Verläufe in starken Farben.

Bei der Vase mit Blumen rechts (Originalgröße 312 x 229 mm) haben mich in erster Linie die farbigen und die weißen Formen interessiert, das Bild ist ohne große Vorskizze entstanden.

Die regnerische Landschaft unten (von Ursula Bagnall, Originalgröße 210 x 153 mm) zeigt das kontrollierte Einsetzen vieler Farben naß in naß. Wie die weißen Blumen ist auch hier das Weiß des Hauses Papieruntergrund.

Auch eine begrenzte Anzahl von Farben muß nicht monoton sein, wie Sie an den Fjorden von Kurt Preis sehen (Originalgröße 204 x 306 mm). Die fast abstrakte Szenerie hat Tiefe, man möchte gerne »um die Ecke« schauen.

Oben rechts eine Komposition von Ute Stumpp (Originalgröße 190 x 197 mm), in der die weiß gelassene Fläche, nämlich die Figur, eine dominierende Rolle spielt. Die sie umgebenden Muster rücken in den Hintergrund und heben dadurch den weißen Körper noch stärker hervor.

Interessant umgesetzt: Die Lofoten (von Ellis Kaut, Originalgröße 152 x 111 mm). Das Weiß des Wassers ist Papieruntergrund, die Wolken dagegen weiße Gouachefarbe, die weich in die Blautöne der Berge verläuft.

Gouache

Im Gegensatz zur Aquarellfarbe ist Gouache eine deckende Wasserfarbe. Sie wird bei uns oft fälschlicherweise als Tempera bezeichnet, besteht aber aus Farbpigmenten, weißen Füllstoffen und denselben Bindemitteln wie die Aquarellfarbe.
Gouache ist einfacher und flexibler als Tempera, man kann eine Arbeit leicht ändern oder übermalen, da die weißen Füllstoffe bewirken, daß die Farbe deckt. Außerdem gibt es die Farben überall zu kaufen.
Gouache wirkt nicht so zart und leicht wie Aquarell, hat dafür aber sehr klare und tiefe Töne. Auch die Leuchtkraft ist geringer, dafür kann man mit dunklen Farben beginnen und helle darübersetzen, was beim Aquarell ja nicht möglich ist.
Während der Aquarellmaler sein Bild möglichst an einem Tag fertigstellen muß, da er nur begrenzt auf das getrocknete Bild malen, helle Töne nachträglich überhaupt nicht auf dunklere setzen kann, kann man mit Gouache freier umgehen und durchaus verschiedene Farben übereinanderlegen.
Auch der Untergrund spielt bei Gouache keine zentrale Rolle. Man kann ihn als Bildelement benützen, aber auch so übermalen, daß er unwichtig wird. Beim Aquarell dagegen verändert sich mit dem Untergrund die gesamte Struktur eines Bildes.
Viele moderne Maler haben mit Gouache gearbeitet, wie zum Beispiel Pablo Picasso (spanischer Künstler; 1881-1973), Paul Klee oder Graham Sutherland (englischer Maler; 1903-1980).
Heute wird es meist für kommerzielle Illustrationen verwendet, für Zeichnungen, die als Druckvorlagen dienen sollen sowie graphische Arbeiten. Man erreicht durch die Deckkraft der Farben sehr glatte, saubere Flächen, die bei vielen Drucktechniken benötigt werden.

Links: Paul Klee »Der neu angelegte Garten« (Originalgröße 244 x 310 mm). Gemaltes muß nicht immer den Charakter einer Fotografie haben. Gouache hier einmal abstrakt eingesetzt, um Muster und Struktur eines Gartens zu zeigen.

Unten eine schnelle Skizze aus meinem Skizzenblock. Ich plante eine Reihe von Bildern über Waldstimmungen. Solche Skizzen helfen mir, Farben und Komposition festzulegen und mich an Farbstimmungen zu erinnern.

Links: »Mondschein über Venedig« von Hercules Brabazon (belgisch-französischer Maler; 1821-1906). Gouache ist hier transparent und deckend eingesetzt worden. Die hellen Teile wurden über die getrockneten Verwaschpartien gemalt (Originalgröße 171 x 180 mm).

Bei der Landschaft unten von Ute Stumpp wurde sehr frei mit trockenem Pinsel und Hineinkratzen gearbeitet.

Materialien

Die Grundausstattung für Gouache ist eigentlich genauso wie die für die Aquarellmalerei. Lediglich das Papier ist anders und natürlich die Farben. Diese sind in Tuben oder Näpfchen zu haben, wobei es für die Näpfchen ganze Malkästen gibt. Außerdem gibt es Farben in Flaschen, entweder in Pulverform oder von cremeartiger Beschaffenheit.

Plakatfarben, Pulver und Schultempera sind etwas preiswerter als die Tuben, doch die Malqualität ist nicht so fein, und die Pigmente sind weniger haltbar.

Etwas Verwirrung stiften die Bezeichnungen Plakatfarbe, Gouache und Tempera, Sie können aber mit allen dreien malen. Plakatfarben lösen sich nicht mehr auf, wenn man nach dem Trocknen noch einmal mit Wasser darankommt und eignen sich deshalb gut zum Malen von Dekorationen und größeren Plakaten. Man kann sie in großen Mengen kaufen, was man aber wirklich nur tun sollte, wenn man die Farben auch aufbraucht, da sie schnell trocknen und dann nicht mehr zu verwenden sind.

Was in Deutschland unter »Tempera« angeboten wird, ist nach internationalem Standard Gouache und nicht die ursprüngliche mit Ei verbundene Farbe. Am besten sind Designer-Gouachefarben in Tuben, sie lassen sich am differenziertesten verarbeiten. Zu empfehlen: Caran D'Ache, Faber, Lukas, Marabu, Pelikan, Talens, Windsor and Newton sowie Schmincke.

Der Unterschied zu Aquarell besteht hauptsächlich darin, daß man mit Gouache deckend arbeiten kann, es ist auch möglich, beides gemeinsam in einem Bild zu verwenden. Sie können die gleichen Pinsel benützen – also Marderhaar-Rundpinsel, aber auch Borstenpinsel – wie zur Ölmalerei. Wenn Sie ein bißchen experimentieren wollen, können Sie Malspachteln nehmen, wobei man die Farbe allerdings nicht zu dick auftragen darf, weil sie sonst abspringt.

Zum Mischen der Farben eignen sich Plastik- oder Blechpaletten mit Vertiefungen, aber auch Teller, Palettenblöcke oder Kartonreste. Es empfiehlt sich, nicht zuviel Farbe auf die Palette zu drücken und die Tuben immer gleich zu verschließen, da die Farben schnell trocknen.

Als Untergründe eignen sich dicke Aquarellpapiere ebenso wie Kartons. Man kann auf getöntem Untergrund arbeiten, auf rauhem und auf glattem, nur zu weich darf das Papier nicht sein. Saugt es die Farbe zu sehr auf, ist es ratsam, zuerst zu grundieren.

Schneidemesser, Schwamm, Kohle und Klebeband braucht man, wenn man experimentieren möchte, wie wir auf den nächsten Seiten sehen werden. Mit Temperamittel läßt sich die Farbe verdünnen, man kann dann lasierend malen.

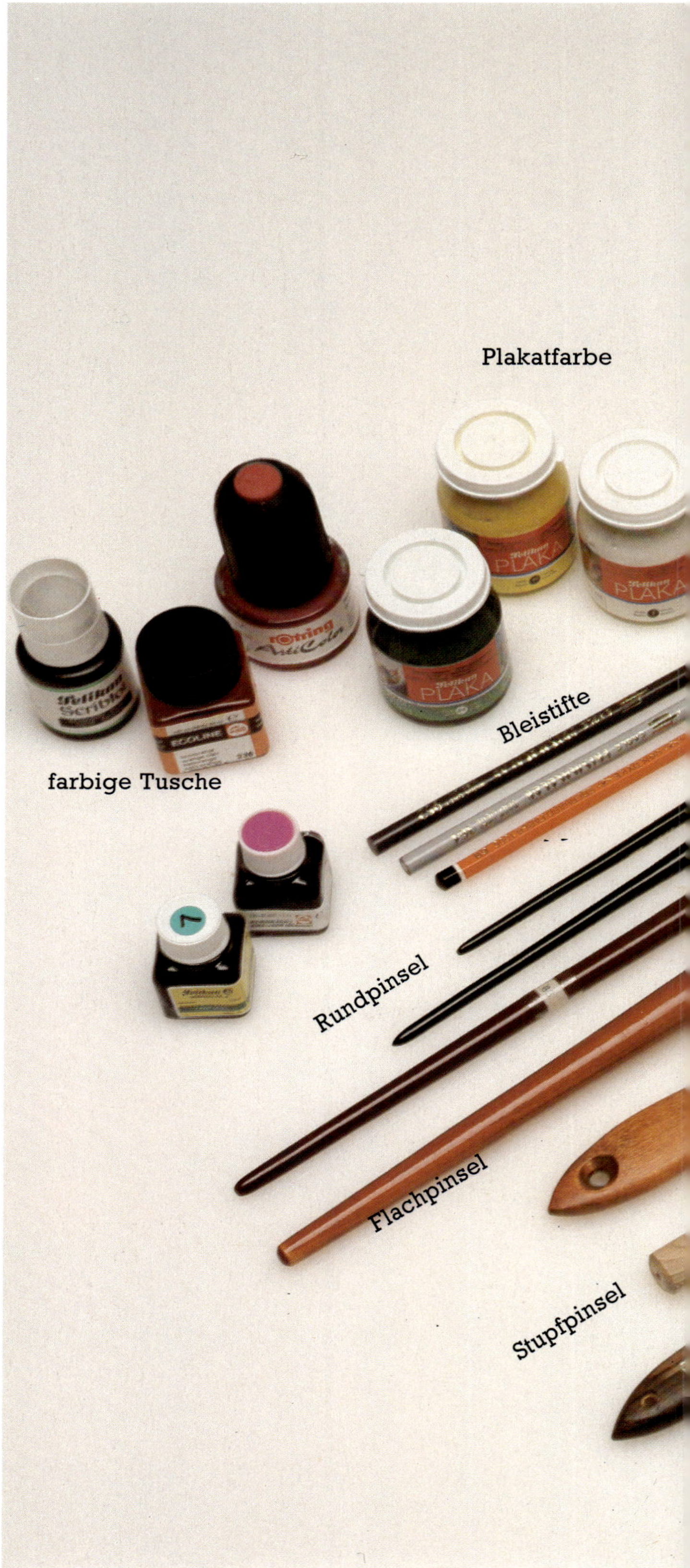

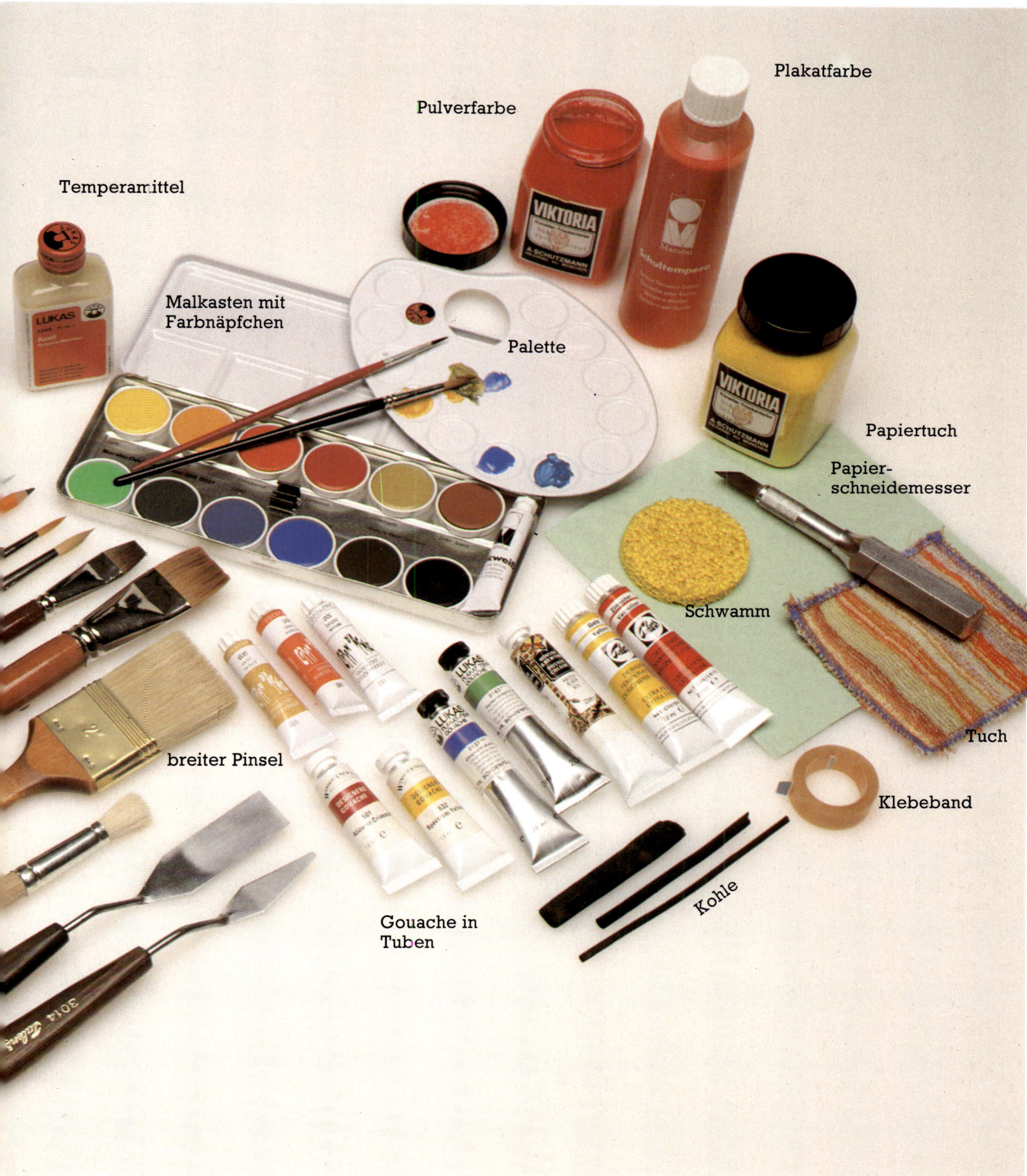
Plakatfarbe
Pulverfarbe
Temperamittel
Malkasten mit
Farbnäpfchen
Palette
Papiertuch
Papier-
schneidemesser
Schwamm
Tuch
breiter Pinsel
Klebeband
Kohle
Gouache in
Tuben

Die Farben

Viele Firmen bieten Anfängern fertige Farb-Sets für alle Techniken an. So hübsch diese Kästen auch aussehen mögen, so enthalten sie doch oft Farben, die nicht notwendig sind. Ihnen als Anfänger rate ich, sich ein Minimum an Farben anzuschaffen, das aber alle Farben enthält, die für die Grundfarbpalette nötig sind. Mit diesen Grundfarben können Sie bereits die meisten Farbtöne mischen, die Sie brauchen. Später können Sie weitere Farben dazukaufen. Hier eine Auswahl mit der Sie beginnen können, natürlich brauchen Sie auch noch Schwarz und Weiß dazu.

ALIZARINROT

KADMIUMROT HELL

KADMIUMGELB HELL

LICHTER OCKER

SIENA GEBRANNT

UMBRA NATUR

CHROMOXIDGRÜN FEURIG

COELINBLAU

PREUSSISCHBLAU

WEISS

KAD-
MIUM-
ORANGE

ZITRONENGELB

WEISS

COELIN-
BLAU

ALIZARINROT

ZITRONENGELB

SIENA
GEBRANNT

ULTRAMARINBLAU

WEISS

SCHWARZ

ZITRONENGELB

CHROMOXIDGRÜN

WEISS

KADMIUMGELB HELL

LICHTER OCKER

KADMIUMROT
HELL

PREUSSISCH-
BLAU

Um ein Gefühl für die Konsistenz dieser Farben im Vergleich zu Aquarellfarben zu bekommen, hilft es sehr, kleine Übungen zu machen. Benützen Sie die Farben direkt aus der Tube, und mischen Sie sie in allen Variationen zusammen. Haben Sie einen Kasten mit kleinen Farbnäpfchen, lösen Sie die Farben mit Wasser so auf, daß eine cremeartige Paste entsteht, und mischen Sie die Farben verhältnismäßig dick ineinander. Auch wenn manche Mischungen schmutzig und uninteressant werden, hilft es Ihnen doch, die Mischmöglichkeiten und auch deren Grenzen zu entdecken.

Manchmal hat man das Gefühl, nur noch Grau- und Brauntöne zu bekommen, verlieren Sie dann nicht den Mut. Suchen Sie sich die schönsten Mischungen heraus, und kleben Sie sie auf ein Blatt. Schreiben Sie sich dazu, wie diese Töne entstanden sind. Sie werden über diese Unterlagen froh sein, wenn einmal die Töne gar nicht so kommen wollen, wie Sie sich das vorstellen.

ZITRONENGELB

KADMIUMORANGE

CHROMOXIDGRÜN STUMPF
ODER OLIVGRÜN

LICHTGRÜN

MAGENTA

ULTRAMARINBLAU

Die Farben oben können Sie sich noch zusätzlich zu der Grundpalette anschaffen, wenn Sie über ein noch breiteres Spektrum verfügen wollen. Natürlich sind noch viel mehr Farbnuancen auf dem Markt. Es ist dann Sache des Geschmacks und auch der Erfahrung, was man sich dazukaufen möchte.

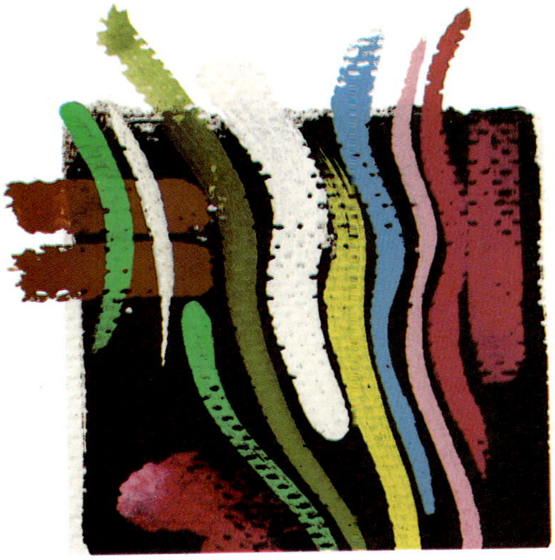

Der Untergrund

Mit Gouache können Sie auf allen Aquarellpapieren, aber auch auf Karton und auf getönten Papieren arbeiten. Da Sie jeden Untergrund mit der Farbe überdecken können, spielt er eine untergeordnetere Rolle als bei den Aquarellfarben. Trotzdem sollte es Papier sein, das sich bei Nässe nicht wellt, dünnes Papier müssen Sie wie beim Aquarell aufspannen.

Das Malen

Wenn Sie das Aquarellmalen gewöhnt sind, werden Ihnen die dicken und undurchsichtigen Farben am Anfang vielleicht Schwierigkeiten machen. Doch jede Technik hat ihren eigenen Reiz, hier liegt er unter anderem in der Möglichkeit des Übermalens, und zwar auch noch mit stark verdünnten Farben. Durch die Wasserlöslichkeit lassen sich auch Aquarell, Tuschen und Gouache in einem Bild zusammenbringen, probieren Sie das einmal aus!
An den drei Bildern oben sehen Sie deutlich, wie einfach sich hell über dunkel legen läßt, wie dicht und auch leuchtend die Farben sein können. Der Streifen in dem Beispiel oben rechts wurde mit Tesafilm rechts und links abgedeckt und übermalt. Dann wurde der Klebestreifen abgezogen (Sie sehen das genauer auf Seite 234).
Die vielen kurzen Pinselstriche (links Mitte) sind auf sehr rauhem Papier gemacht. Dort, wo die Farbe dicker aufgetragen ist, sieht man die Papierstruktur nicht mehr, bei den wäßrigeren Farben scheint sie durch.

Links unten wurden über die stark verdünnten Farben trockene Pinselstriche gelegt.
Rechts habe ich die Farbe wie bei einem Aquarell verlaufen lassen und bin mit Tusche über die noch nassen Stellen gegangen. Wichtig: Gouache trocknet immer etwas heller auf.

Noch ein paar Versuche zur Anregung: Oben sehen Sie nasse und trockene Farbe auf stark strukturiertem Papier. Trägt man die Farbe dicker auf, verschwindet die Struktur natürlich.

Hier wurde Pulverfarbe auf den noch feuchten Farbuntergrund gestreut. Sie verbindet sich mit der Farbe und bleibt dadurch haften.

Rechts oben wurde die Farbe dick mit dem Spachtel aufgetragen, dann wurde hineingekratzt.

Wie Farbstriche naß in naß übereinandergezogen aufeinander reagieren, sehen Sie unten links. An den nassen Stellen verlaufen sie ineinander, an den schon getrockneten überdecken sie sich. Sie sehen, daß auch das Transparente noch deckt.

Rechts habe ich die Farbe ziemlich verdünnt aufgetragen und dann Lukas-Tempera-Malmittel hineinlaufen lassen (Schlieren!). Danach zog ich mit farbiger Tusche Linien in die noch feuchte Farbe.

Um sich mit der Technik vertraut zu machen, helfen kleine Skizzen und Kompositionen. Hier habe ich mit einem Papiertuch in den noch nassen Himmel hineingetupft, Grün und Gelb sind von einem anderen Papier abgedruckt.

Oben rechts habe ich alle Bildelemente von einem anderen Papier abgedruckt (Abklatsch), nur Bäume und Regenbogen sind gemalt. In der Skizze darunter ist der Himmel dünn mit dem Spachtel aufgetragen, das Grün dick. Gemalt sind der Baum und die gelbe Hügellinie.

Wie intensiv sich hell auf dunklen Untergrund malen läßt, sehen Sie links. Zuerst habe ich den Hintergrund angelegt, und zwar mit Grau und Violett, danach wurden die Gegenstände auf den getrockneten Untergrund gemalt. Die später hinzugefügten hellen Töne erscheinen besonders leuchtend.

Das Malen eines Untergrundes kann hier eine ebenso wichtige Rolle spielen wie später in der Ölmalerei. Bei der Skizze unten habe ich Himmel und Vordergrund erst mit einem dunklen Rotviolett unterlegt. Nachdem das getrocknet war, bin ich mit den helleren Farben darübergegangen. Besonders im Vordergrund sehen Sie, wie das Rot durch die dunkleren Töne hindurchleuchtet. Dieses Bearbeiten des Untergrundes gibt der Farbe Tiefe und macht sie lebendiger.

Der Umgang mit dem Pinsel ist hier sehr wichtig. Machen Sie – wie ich – kleine Experimente, bei denen Sie auch die unterschiedliche Konsistenz der Farbe durch Zugabe verschiedener Wassermengen ausprobieren. Sehr reizvoll kann das Überarbeiten bestimmter Details mit dem trockenen Pinsel sein. Die Sicherheit im Umgang mit Pinsel und Farbe ist für Ihre ganze spätere Malerei wichtig.

Die Wasserstruktur links wirkt sehr effektvoll und ist ganz einfach: Himmel und Wasser entstanden mit viel und weniger Wasserzugabe aus einem Farbverlauf. In die noch nasse Farbe sprühte ich Fixativ, dadurch bildeten sich die Tropfen im Vordergrund. Bevor der Himmel ganz trocken war, habe ich noch leicht mit einem Papiertuch hineingetupft (besonders deutlich rechts oben im Bild). Boot und Boje kamen zuletzt. Die dick aufgetragene Farbe blieb auf dem Fixativ haften, ist mehr Wasser darin, franst die Linie aus. Sie sehen das an dem Weiß in der Boje.

Gouache eignet sich sehr gut für kleine Farbskizzen, nach denen man dann vielleicht ein Ölbild oder ein Gemälde in einer anderen Technik machen möchte. Die Farben lassen sich leicht verarbeiten und trocknen schnell. Versuchen Sie auch – bevor Sie mit einem größeren Bild in dieser Technik anfangen –, erst einige solcher Farbskizzen zu machen. Wie beim Zeichnen sollten Sie sich dabei entspannen und vollkommen locker arbeiten. Diese Skizzen helfen Ihnen, ein besseres Gefühl für Farbzusammenstellungen und Kompositionen zu bekommen.

Um klare Formen wie in der großen Abbildung (über den Bäumen) zu bekommen, deckt man einen Teil des Bildes mit Abdeckfolie oder einfach Tesafilm ab. Man umklebt die zu bemalende Fläche, schneidet mit dem Papiermesser die genaue Form aus und malt dann darüber. Sobald die Farbe getrocknet ist, kann man den Film abziehen und hat nun exakte Kanten. Vorsicht! Ist das Papier zu weich, zieht es sich zusammen mit dem Film ab, und man bekommt unschöne Rißstellen. Die Farbe muß wirklich trocken sein, wenn Sie das Klebeband entfernen, denn feuchte Farbe verschmiert oder läuft aus.

Die Schlieren entstehen, wenn man in das noch nasse Weiß Tusche hineintropfen läßt.

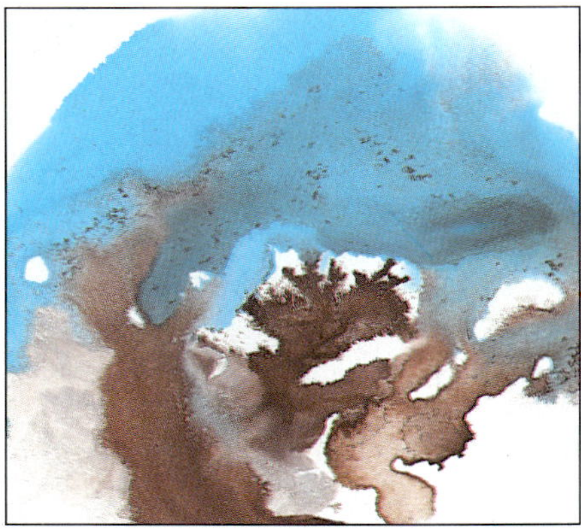

Wenn Sie mit Farbtuben arbeiten, sollten Sie es vermeiden, zu viele Farben auf die Palette zu drücken, da sie schnell trocknen und dann nur noch schwer zu verwenden sind. Sie können ja immer Farbe dazugeben, wenn Sie mehr benötigen. Trotzdem rate ich Ihnen, auch eingetrocknete Farben aufzuheben. Sie lassen sich, ähnlich wie im Malkasten, mit Wasser wieder auflösen und etwas dünner weiterverarbeiten.

Bei dem großen Bild rechts habe ich mit dem Hintergrund angefangen, die Farbe wurde stark verdünnt aufgetragen, zum Teil mit einem Papiertuch abgetupft. Die roten Spritzer entstanden mit der Zahnbürste, eine Technik die schon bei Tusche erklärt wurde. Dabei habe ich natürlich den Himmel mit einem Stück Papier abgedeckt, damit sich die Spritzer nicht über das ganze Blatt verteilen.

Strukturen wie am Himmel hier lassen sich durch Abklatschen erreichen. Oft regen die so entstehenden Formen auch zu weiteren Motiven an.

Ich habe hier folgende Farben benutzt:

Weiß
Kadmiumgelb hell
Kadmiumrot hell
Umbra natur

Magenta
Kadmiumorange
Coelinblau
verschiedene farbige Tuschen

Schritt für Schritt

Der Untergrund: dicker, weißer Zeichenkarton.
Die Pinsel: Marderhaar-Rundpinsel Nr. 6 und Nr. 12, Bristol Flachpinsel Nr. 6 und Nr. 12.
Die Farben: Kadmiumrot, Rosarot, Coelinblau, Ultramarinblau, Zitronengelb, Kadmiumgelb, Chromoxidgrün, Weiß und Schwarz.
Wenn Sie ein Porträt beginnen, egal in welcher Technik, empfiehlt es sich, zuerst einige Bleistiftskizzen zu machen. Dadurch werden Sie lockerer und bekommen ein Gefühl für die

Formen und den Charakter des Gesichts. Auch können Sie so feststellen, welche Komposition am geeignetsten und von welcher Seite das Gesicht am interessantesten ist. Um Farben und Tonwerte in den Griff zu bekommen, sollten Sie dann auch noch kleine Farbskizzen anfertigen. Wenn Sie unsicher sind, machen Sie lieber ein paar Skizzen mehr, oft werden diese kleinen Skizzen frischer als ein fertiges Bild.

In diesem Porträt sollte die Mischung aus warm und kalt festgehalten werden. Ich begann, mit einem Bristol Flachpinsel Nr. 12 stark verdünntes Ultramarinblau locker über die Fläche zu verwaschen, dann legte ich mit etwas dickerer Farbe die Basisschatten fest. Bevor alles vollständig getrocknet war, malte ich mit einem Rundpinsel Nr. 6 die Grundformen von Gesicht, Hut und Schultern auf.

Im zweiten Schritt verstärkte ich Form und Farbe der Bluse und beschäftigte mich mit den Seidenblumen des Hutes. Damit letztere nicht zu dominierend werden, habe ich sie stark vereinfacht. Später werden einige dieser Farben im Gesicht wiederholt. Mir gefiel die spontan entstandene Struktur der Pinselstriche, und so beschloß ich, sie nicht zu verändern. Nun legte ich in großen Zügen die Hautfarbe an. Sie wurde aus Weiß, Kadmiumgelb, Kadmiumrot und Ultramarinblau gemischt. Die dunklen Gesichtspartien ließ ich blau stehen, die Grundformen von Augen, Nase, Mund und Ohren mußten noch durchscheinen, damit ich später daran weiterarbeiten konnte.

Sie können fertige haut- oder fleischfarbene Töne ausprobieren, werden aber wahrscheinlich nur schwer die Flexibilität erreichen, die Sie mit den gemischten Tönen bekommen.
Nun war es an der Zeit, sich mit dem Gesichtsausdruck zu befassen. Mit dem Flachpinsel setzte ich die dunkleren Teile des Hutes ein und legte den Schatten zwischen Hut und Stirn an. Mit etwas vermischtem Rot und Blau kamen Schatten auf Nase, Mund und Kinn, die Grundlinien schimmerten noch vom ersten Schritt durch die Hautfarbe hindurch. Die Augen malte ich dann mit dem Rundpinsel und vervollständigte Augenbrauen und Mund.

Noch fehlte dem Bild Tiefe, Hintergrund und Vordergrund waren sich zu ähnlich. Mit Zitronengelb und Weiß ging ich also über den Hintergrund und brachte so Hut, Kopf und Schultern weiter nach vorne.
Wie schon beim Aquarell ist es auch hier schwierig zu wissen, wann man aufhören soll, und es kann leicht pas-

sieren, daß man zuviel macht. Schauen Sie sich ein Porträt immer wieder kritisch an, vergleichen Sie Teile des Bildes miteinander, überlegen Sie, was hervorgehoben werden müßte und was vielleicht reduziert werden sollte.
Ich habe hier den Schatten des Hutes und die linke Gesichtsseite mit Blau verstärkt. Am wichtigsten ist natürlich die Gesamtheit des Gesichtsausdrucks, wobei besonders viel von den Augen abhängt und davon, wie genau Sie beobachten. Da zwei

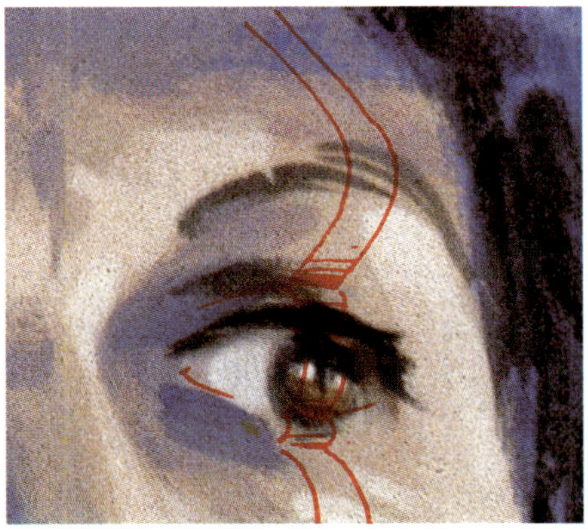

Augen zwar ähnlich, aber nie gleich sind, ist das oft der schwierigste Punkt, wenn man einen Gesichtsausdruck richtig erfassen will. Denken Sie daran, daß Augen immer Lichtreflexe haben, die sie lebendig machen und ihnen Ausdruck verleihen. Beobachten Sie genau, welche Teile hervortreten und welche tief liegen. Vielleicht sehen Sie sich dazu noch einmal auf Seite 105 an, was wir über die Form der Augen gesagt haben.

ANREGUNGEN

Die Motive auf diesen beiden Seiten bieten sich für Gouache ebenso an wie für Öl oder Acryl, da mit allen lasierend und auch deckend gemalt werden kann. Nicht nur die Intensität der Farben, sondern auch die Möglichkeit, mit dick aufgetragener Farbe Oberflächenstrukturen herstellen zu können, erhöhen den Reiz dieser Techniken.
Die Steinstruktur rechts ist in sich fast schon ein Gemälde. Mit Hineinkratzen, Übermalen und Abklatschen läßt sich hier so richtig experimentieren. Die Ente mit ihren feinen Strukturen ist ein ausgezeichnetes Objekt für feine Malereien mit trockenem Pinsel. Dazu der Kontrast des Wassers, das seinen schimmernden Effekt durch Arbeiten mit sehr stark verdünnter Farbe erhält. Sehen Sie sich auch nach ausgefalleneren Objekten um, wie zum Beispiel einem Kinderspielzeug oder irgendeinem Schnickschnack. Die Puppe im Stiefel ist ein gutes Motiv, Sie können sich statt des dezenten Hintergrundes auch etwas Verrücktes ausdenken.

Gefällt Ihnen das verrostete Auto besser in einem Gemüsebeet, dann malen Sie eben Gemüse darum herum!
Wie würden Sie den Kontrast zwischen Himmel, Gras und rostigem Metall umsetzen?
Die große, strukturierte Fläche neben den zarten, aber strengen Linien der roten Bank ist ein interessantes Motiv. Es läßt sich malerisch lösen, aber auch mit Abklatschen oder Spachteln.
Fast abstrakt wirken die dekorativen Blätter im Wasser. Ein malerisches Motiv für die Dick-dünn-Effekte, die mit Gouache erzielt werden können. Sie könnten daraus ein Muster entwickeln, aber auch eine romantische oder mystische Komposition, die nicht realistisch sein muß.

Galerie

Besonders leuchtend wirken die Farben des Vogels (von Ellis Kaut, Originalgröße 241 x 176 mm), weil sie auf Schwarz gemalt wurden.

Eine Mischung aus dick und dünn aufgetragenen, warmen Farben zeigt das Bild oben (Originalgröße 190 x 175 mm). Der gesprenkelte Effekt entsteht durch das rauh strukturierte Aquarellpapier.

»Pflanzen und Baumformen vor Hügeln I« (Ausschnitt, Originalgröße 330 x 430 mm) von Graham Sutherland, links. Der britische Maler ist berühmt für seine Stimmungslandschaften. Hier eine Kombination von Primär- und Sekundärfarben, die eine ausdrucksstarke Stimmung zeigen.

Rechts: Samuel Palmer (englischer Künstler; 1805–1881) »In a Shorham Garden« (Originalgröße 222 x 295 mm). Eine Landschaft mit nostalgischer Atmosphäre. Beachten Sie, wie sich das Rot des Kleides – ein zentraler Punkt des Bildes – in den Bäumen, im Hintergrund und im Vordergrund wiederholt.

Acryl

Eine der jüngsten Techniken ist das Malen mit Acrylfarben, die ursprünglich aus Südamerika stammen. Dort sollten in den zwanziger Jahren mexikanische Maler große Wandgemälde anfertigen, die zum Teil auch Außenwände schmücken und somit der Witterung standhalten mußten. Dafür war Öl ungeeignet, auch mit Freskofarben hatten die Maler wenig Erfolg. Man kam auf Kunstharz, das bis dahin noch nicht mit Pigmenten in Verbindung gebracht, aber von der Industrie schon lange für wetterfeste Anstriche benützt wurde. Nach längerer Laborentwicklung entstand eine Farbe, die schnell trocknete, die mit Wasser verdünnt lasierend und dekkend aufgetragen werden konnte, die weder oxidierte, noch sich chemisch zersetzte. Mitte der zwanziger Jahre wurden die Versuche in New York fortgesetzt, und man sah, daß sich die Farben nicht nur für die Wandmalerei, sondern auch für andere Arten der Malerei eigneten.

In den fünfziger Jahren kamen die Acrylfarben (es handelt sich um Farbpigmente in wässerigen Dispersionen von Polyacrylharzen) in den USA auf den Markt und wurden von den Künstlern sehr verschieden eingesetzt. Jackson Pollock (amerikanischer Maler; 1912–1956) z. B. arbeitete viel mit Lasuren und Impastos, Kenneth Noland (amerikanischer Maler; geboren 1924) dagegen legte scharf abgegrenzte Farbflächen an.

In Europa kamen die Acrylfarben erst Mitte der sechziger Jahre auf den Markt, wurden aber auch bald von vielen Künstlern verwendet, wie z. B. David Hockney (englischer Maler und Graphiker; geboren 1937) oder Peter Blake (englischer Maler; geboren 1932).

Man kann mit Acryl auf fast allen Untergründen arbeiten. Selbst Metalluntergründe wie Kupfer und Zink sind geeignet, nur muß man da die Oberfläche vorher etwas aufrauhen.

Einziges Verdünnungsmittel ist Wasser, die Farben lassen sich damit zu jeder Konsistenz verdünnen. Da sie schnell trocknen, ist es leicht wieder darüberzumalen.

Acryl ist lichtbeständig und behält seine Farbintensität, die im getrockneten wie im nassen Zustand gleich ist.

Das Porträt ganz links (von Tom Rummonds) zeigt, wie intensiv Farben und Strukturen bei der Acrylmalerei sein können. Das spontane Porträt verzichtet auf die herkömmlichen Hauttöne. Dennoch wird eine Ähnlichkeit erreicht.

Mit dünnen Farblagen, die immer wieder übereinandergemalt wurden, ist der Löwenkopf entstanden. Teile der Strukturen wurden durch Übermalen der noch feuchten Stellen mit trockenem Pinsel geschaffen.

Bei Baum und Wiese (oben, von Ellis Kaut) kommt der Impasto-Effekt deutlich heraus. Die Struktur ist der einer Ölmalerei sehr ähnlich. Doch während bei Öl das Trocknen dieser dick ineinander gemalten Farben Wochen dauern würde, geht es bei Acryl ziemlich schnell (hier etwa 10 Minuten).

Rechts ein »Skilanglauf« (von Tom Rummonds), der in schnellen Strichen gemalt wurde. Durch das versetzte Übereinandermalen der Farben entsteht der Eindruck von starker Bewegung.

Materialien

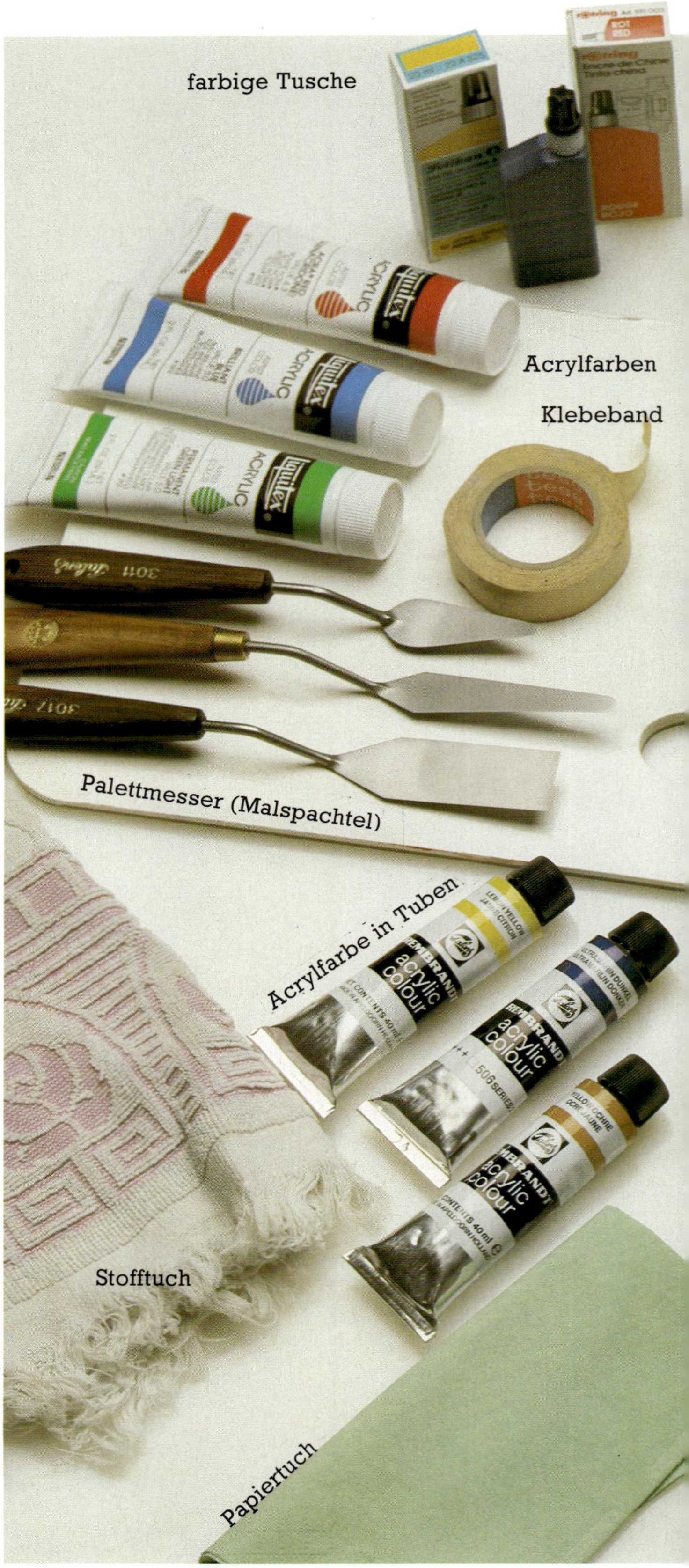

Die Ausstattung für die Acrylmalerei unterscheidet sich nicht allzusehr von der für die Ölmalerei. Das Wichtigste: Sie brauchen viel Wasser, also am besten mehrere, nicht allzu kleine Wassergefäße. Da die Farben schnell trocknen und sich in den Pinseln festsetzen, ist es nötig, diese immer wieder auszuwaschen. Als Pinsel sind Borstenpinsel oder Synthetikpinsel zu empfehlen, da Naturhaar das Acryl aufsaugt und dann ziemlich unbeweglich wird. Für den Anfang genügen auch hier zwei oder drei Rundpinsel sowie ein größerer und ein kleinerer Flachpinsel.
Empfehlenswerte Farben werden von folgenden Firmen angeboten: Talens Rembrandt, Lukas Cryl, Binney & Smith Liquitex, Windsor and Newton. Mit welchen Farben Sie beginnen sollten, besprechen wir auf den folgenden Seiten. Auch hier genügt für den Anfang eine kleinere Auswahl. Meistens braucht man von Weiß mehr als von den anderen Farben, deshalb ist die Anschaffung einer größeren Tube ratsam. Sie können Acryl in fertigen Sets und einzeln kaufen. Zum Verdünnen der Farbe genügt Wasser, wer möchte, kann aber auch ein Verdünnungsmittel dazugeben, das den Trockenvorgang verlangsamt. Wenn man mit farbigen Tuschen und Acryl arbeiten möchte, kann man die Tuschen mit Acryl-Bindemittel mischen, damit sie sich nicht von den Acrylfarben trennen.
Papier- oder Plastikpaletten (ohne Vertiefungen!) eignen sich besser als Holzpaletten. Acryl läßt sich nämlich nur schwer von Holz entfernen, da es leicht in die Poren eindringt. Die Palette sollte relativ groß sein, damit genügend Platz zum Mischen der Farben vorhanden ist. Wenn man keine Palette in der Hand halten möchte, genügt zum Mischen auch eine einfache Glasplatte, von der die Farbe leicht abgeschabt werden kann, wenn sie getrocknet ist.
Zum Säubern der Pinsel werden Sie auch einige Lappen brauchen; außerdem müssen Sie die Pinsel während der Arbeit immer wieder auswaschen, da die Farben leicht und schnell trocknen. Angetrocknete Pinsel können Sie mit einem Spezial-Pinselreiniger wieder sauber bekommen.
Wie bei der Ölfarbe sind die Palettmesser oder Malspachteln zum Mischen der Farben ebenso geeignet wie zum dicken Auftrag auf den Malgrund.
Ansonsten gehören zur Grundausrüstung wie immer Bleistift oder Kohle zum Aufskizzieren, Schwämmchen zum Abtupfen der Farbe sowie zum Anlegen von Strukturen und eventuell ein Lineal oder ein Klebeband für genaue Kanten.
Wer mag, kann dem Bild zum Abschluß einen feinen Klarlacküberzug geben. Sollte der Malgrund aufgezogen sein, braucht man ein Papiermesser, um ihn herausschneiden zu können.

Klarlack
Bindemittel
farbige Tusche
Acrylfarben-Set
Pinselreiniger
Schwämmchen
Papierpalette
Borsten-Rundpinsel
Stupfpinsel
Flachpinsel
Bleistift
Papiermesser
Lineal

Die meisten Techniken der Ölmalerei lassen sich auch bei Acryl anwenden. Die Acrylfarben sind etwas flüssiger als Ölfarben und trocknen wesentlich schneller. Sollten Sie vorher mit Öl gemalt haben, empfiehlt es sich, mit den Acrylfarben ein bißchen zu experimentieren, bevor Sie mit dem eigentlichen Bild beginnen.
Ich bin sicher, daß die Acrylmalerei Ihnen viel Spaß machen wird. Man muß nicht lange auf ein Ergebnis warten, die Farben trocknen schnell, und man kann immer wieder darübermalen, wenn einem etwas nicht ganz gefällt. Acrylfarben können sowohl dick als auch stark verdünnt aufgetragen werden. Man kann hineinkratzen und sie ineinandermalen. In kurzer Zeit entstehen interessante Effekte.

Die Farben

Es empfiehlt sich auch hier, mit einer kleineren Auswahl von Farben zu beginnen, bis man genau weiß, was man mit dieser Technik erreichen möchte. Verglichen mit Öl sind die Acrylfarben leuchtender, sie wirken künstlicher. Besonders sieht man das bei den Rot-, Gelb- und Orangetönen, die in Öl dunkler sind, in Acryl etwas greller. Hier zwölf Farben, die sich gut mischen lassen.

Der Untergrund

Ein großer Vorteil von Acryl ist, daß man damit auf fast jedem Untergrund arbeiten kann, auf Leinwand ebenso wie auf Karton, auf Holz wie auf dikkem Papier (dünnes Papier wellt sich zu leicht), sogar auf Wänden läßt sich mit Acryl malen. Das einzige, was die wasserhaltige Acrylfarbe abstößt, ist ein ölhaltiger Untergrund. Doch heute werden fertig zu kaufende Leinwände auch mit Dispersionsgrundierung angeboten und nicht nur mit Ölgrund, so daß auch da kein Problem entstehen dürfte. Was immer Sie auch als Untergrund wählen, versichern Sie sich also lediglich, daß er nicht ölhaltig ist.

Die Pinsel

Sie können die gleichen Pinsel benützen, die Sie für die Ölmalerei verwenden, also runde und flache Borstenpinsel. Die teuren Marderhaarpinsel nützen sich durch die Acrylfarbe sehr schnell ab. Die preiswerteren Fehhaar-, Rinderhaar- oder Nylonpinsel genügen vollkommen.
Auswaschen müssen Sie die Pinsel besonders gründlich, da einmal eingetrocknete Farbe nicht mehr herauszubekommen ist.

Verdünnen

Wasser reicht eigentlich vollkommen als Verdünnungsmittel aus. Sie können damit eine cremeartige Konsistenz der Farben ebenso erreichen wie eine wässrige, die der Aquarellfarbe ähnelt. Es gibt aber auch Malmittel, die die Farben je nach Wunsch glänzender oder matter werden lassen.
Außerdem gibt es noch eine Modellierpaste, die in Gläsern oder Dosen zu kaufen ist. Sie enthält Marmormehl und ermöglicht einen dicken Farbauftrag. Diesen legt man aber am besten in mehreren Schichten an, damit keine Risse entstehen.

Mischen

Als Palette können Sie jeden Teller benützen, Holz- und Plastikpaletten sind geeignet, aber auch die sehr praktischen Papierpaletten. Je nach Verdünnung ändert sich natürlich auch die Struktur des Farbauftrags. Auch hier sollten Sie zuerst einige Mischungen probieren und die besten davon – mit der Anmerkung, wie sie entstanden – aufzuheben.

Nimmt man die Farbe direkt aus der Tube, wird sie verhältnismäßig grob. Man kann sie sehr sorgfältig mischen, aber auch nur locker und mit den so entstehenden Schlieren arbeiten. Sie sehen das an dem weißroten Streifen.

Durch Abdecken mit Tesafilm oder Abdeckfolie lassen sich scharfe Kanten erreichen. Ich habe hier die einzelnen Elemente nacheinander gemalt, also eine Farbe trocknen lassen und dann darauf die neue Form angelegt. Natürlich muß die Farbe vollkommen trocken sein, bevor Sie den Film darüberkleben.

Oben habe ich mit dicker Farbe auf die rosarote Grundierung gemalt und dann hineingekratzt.

Links ein Beispiel für die Leuchtkraft der Farben, wenn sie auf Schwarz gemalt werden. Für den Kreis habe ich einen Tubendeckel in das Gelb gedrückt und dann auf dem Schwarz abgedruckt.

Rechts habe ich die Farben mit kurzen Pinselstrichen dick übereinandergelegt. Auch die durch die Borsten des Pinsels entstehende Struktur ist noch zu sehen.

Rechts wurde die Farbe dick mit dem Spachtel aufgetragen. Während das Trocknen dieser Impasto-Malerei in Öl Wochen, ja Monate dauern kann, trocknet Acryl in wenigen Stunden. Das schnelle Trocknen macht es auch ratsam, nicht zuviel Farbe auf die Palette zu pressen, da die einmal eingetrocknete Farbe nicht mehr zu gebrauchen ist, auch nicht in verdünnter Form wie es etwa bei Gouache der Fall ist. Verschließen Sie die Tuben immer gut, denn selbst wenn nur die oberste Schicht in der Tube trocken ist, wird es schwierig die Farbe herauszudrücken.

Oben noch drei Varianten:
Links wurde das Weiß auf das Gemalte abgeklatscht, es wurde also von einem anderen Papier abgedrückt.
In der Mitte habe ich die verdünnte Farbe auf stark strukturiertes Papier aufgetragen, ganz rechts die Farbe stark mit Wasser verdünnt und ineinandergemalt.

Bei dem Baum wurde das Rosarot lasierend aufgetragen. Dann bin ich mit dem Spachtel darübergegangen, und zwar so, daß das Rosa noch durchschimmern konnte. Der Baum selbst ist mit der reinen Tubenfarbe gemalt.
Links eine Mischung aus mehr und weniger trockenen Pinselstrichen. Die Kreise habe ich wieder mit dem Tubenverschluß gedruckt, die Blüten mit zurechtgeschnittenen Kartoffelstückchen. Experimentieren Sie selbst noch weiter. Abgesehen von den verschiedenen Arten zu malen, kann man mit Acrylfarben durch Abklatschen und Abdrucken unterschiedlicher Materialien interessante Strukturen bekommen.

Bei dieser »Figur im Zimmer« können Sie den deckenden und den transparenten Effekt der Acrylfarben sehr gut erkennen.
Die Grundidee dieses Bildes ist eine Komposition von drei Bildern, die dann zu einem werden. Ich habe diesen etwas komplizierten Weg gewählt, um die Atmosphäre des Raums in Verbindung mit dem Mädchen darstellen zu können. Einen ganzen Raum zusammen mit der Person zu erfassen, scheint zunächst etwas schwierig, und hier besonders, da in diesem Mädchenzimmer alle möglichen Formen, Farben und Objekte zusammenkommen. Bei all dem sollte aber die Figur selbst noch immer der wichtigste Teil des Bildes sein.

Ich habe versucht, den Hintergrund möglichst einfach zu halten. Heizung, Boden, Bett und Hut bekamen zunächst fast abstrakte Formen, die Bettfalten vereinfachte ich ebenfalls und hielt sie in dem gleichen Blau wie die Jeans.
Im Hauptbild wurden nun Kopf und Hut fast naturalistisch. Ich wollte den abstrakten Hintergrund als Kontrast gegen das realistische Porträt setzen. Auch den »Snoopy« des Posters wollte ich integrieren, und so sind einige der dunklen Linien von Nase und Augen des Mädchens den Linien von Kopf und Ohren des Hundes ähnlich. Für den Warm-kalt-Kontrast sorgt das Gelb des Hintergrundes.

Scharfe Kanten sind mit Acryl leichter und schneller herzustellen als in den meisten anderen Techniken. Versichern Sie sich, daß der Untergrund hart und glatt genug ist, um den Abdeck- oder Tesafilm leicht wieder abziehen zu können. Bei weichem und faserigem Untergrund löst sich die Oberfläche ab und reißt Teile Ihres Bildes mit sich. Auf sehr stark strukturiertem Untergrund kann es passieren, daß der Film nicht ganz dicht damit verbunden ist und die Farbe dann ausläuft. Bei runden Formen kleben Sie den Abdeckfilm eckig über die Form und schneiden dann die Rundung heraus. Gemalt wird dann über die nicht abgedeckten Stellen, hier erst violett, später grün. Wenn die Farbe vollkommen trocken ist, zieht man den Film ab.

Mit Acryl kann man dick, dünn, naß und trocken arbeiten. Durch die mehr oder weniger trockenen Linien wird der Kopf hier lebendiger.

Durch die gestupfte Farbe auf Kissen und Socken entsteht eine wollartige Struktur. Sie steht im Kontrast zu der verwaschenen Farbe der Jeans. Pinselstrukturen, trocken und naß, die sich zum Teil erst auf dem Papier vermischen, sind sehr typisch für die Acrylmalerei.
Probieren Sie einmal aus, was sich allein mit diesen einfachen Mitteln schon alles machen läßt. Man kann die Pinselstruktur stehen lassen, aber auch die Farbe fein verreiben wie in der Ölmalerei. Die Schlieren, die durch Vermischen auf dem Papier entstehen, ergeben oft einen schimmernden, lebendigen Effekt.

Die verwaschenen Farben von Hinter- und Vordergrund habe ich mit einem breiten Pinsel und sehr stark verdünntem Weiß über die schwarzen Flächen gelegt, wie es auch an dem unteren Beispiel zu sehen ist. Manchmal lief die Farbe nach unten. Ich habe das einfach gelassen und in die Komposition einbezogen. (Auch Sie können kleine »Unfälle« oft belassen oder mit in das Bild einbauen.)

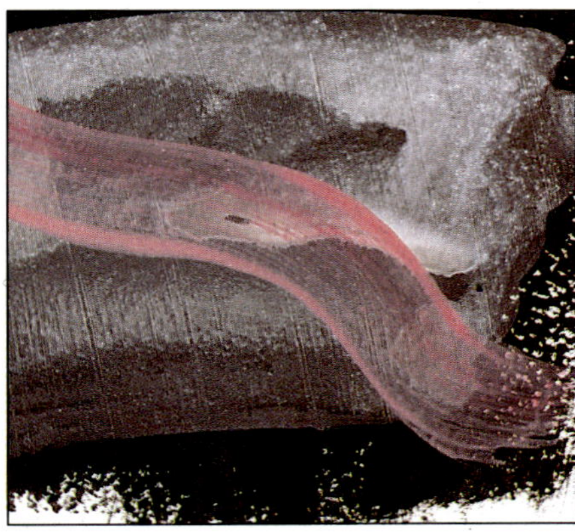

13

Schritt für Schritt

Der Untergrund: dicker Zeichenkarton (Schoellershammer).
Die Pinsel: Flachpinsel Naturhaar Nr. 14, Rundpinsel Naturhaar Nr. 3, Borstenpinsel flach Nr. 8.
Die Farben: Zitronengelb, Indischgelb, Kadmiumrot, Karminrot, Goldocker, Coelinblau, Chromoxidgrün, Elfenbeinschwarz, Titanweiß.
Außerdem: Acryl-Malmittel, Abdeckfilm und Malspachtel.

Die irische Landschaft hat mich schon immer fasziniert. Ihre Farben und Strukturen lassen sich gut in Acryl umsetzen, da man damit sowohl flächig als auch strukturiert arbeiten kann. Hier interessierte mich der Kontrast von Gras und Feldern zu den sehr strengen und graphischen Verkehrsschildern.

Zuerst habe ich die Komposition etwas verändert, um eine stärkere Spannung von Schildern und Landschaft zu bekommen. Dazu habe ich zwei schnelle Skizzen gemacht und mich dann für diese einfache Komposition entschieden. Mit einem dicken Pinsel legte ich die Schilder an. Das half mir bei der Entscheidung, ob die Häuser näher rücken und welche Teile der Landschaft hervortreten sollten. Wie Sie sehen, habe ich mich dafür entschieden, alles etwas mehr zusammenzuziehen als auf der Vorlage. Mit dem gleichen dicken Pinsel habe ich dann die Landschaft und ihre Proportionen aufgemalt. Beim nächsten Schritt kamen Häuser und Hügel dazu.

Nachdem nun alle Grundformen festlagen, hellte ich den Himmel mit Weiß etwas auf und gab den Schildern den richtigen Tonwert. Dann fing ich an, die Grasstruktur im Vordergrund aufzubauen. Ich beschloß, die braune Pinselstruktur dahinter stehen zu lassen, um später einen Kontrast zu dem freien lockeren Gras und den kantigen Schildern zu haben.

Für eine stärkere Einheit des Bildes sorgt die Wiederholung des Karminrots der Dächer im Vordergrund.

Die Grundformen der Komposition hatte ich ja schon am Anfang festgelegt und brauchte sie jetzt nur noch weiter zu überarbeiten. Ich wollte, daß in dem Bild mehr Tiefe entsteht, daß Hügel und Häuser in weiterer Entfernung liegen, also habe ich sie aufgehellt. Die Intensität von Himmel, Hügeln und Häusern wurde reduziert, und schon entsteht der Eindruck, als seien sie tiefer in das Bild gerückt.

Nun malte ich das Grün von Bäumen und Feldern hinter den Häusern. Die Grasstruktur im Vordergrund war inzwischen auch getrocknet, und so bin ich mit dem Malspachtel locker darübergegangen und habe die Strukturen verstärkt. Beachten Sie, wie sich das Gelb der Schilder im ganzen Bild wiederholt, wie es sich – ebenso wie das Blau des Himmels und ganz leicht auch das Rot der Dächer – im Gras reflektiert. Probieren Sie verschiedene Arten von Grasstrukturen aus, damit Sie feststellen können, welche am besten zu Ihrem Bild passen. Gras läßt sich mit gemischten nassen und trockenen Pinselstrichen darstellen, es läßt sich ganz penibel malen oder auch einfach abklatschen, wobei man bei der letzten Technik nicht die abgeklatschte Struktur belassen, sondern sie etwas ausarbeiten sollte.

Bis jetzt hatte ich den Pfosten der Schilder noch nicht gemalt, damit ich leichter an der Grasstruktur arbeiten konnte. Die scharfen Kanten und genauen Flächen kommen zuletzt auf das getrocknete Bild, was ja kein Problem ist, da die Farben decken.

Nun wird es Zeit, die letzten Feinheiten auszuarbeiten, wozu auch die scharfen Kanten der Straßenschilder gehören. Wenn Sie mit Masken aus Abdeckfolie oder Tesafilm arbeiten, müssen Sie sich vergewissern, daß die Farbe, auf die Sie den Film kleben, auch wirklich trocken ist. Ich habe den Tesafilm entlang der gelben Ränder geklebt. Zuerst außen, auf Himmel, Feld und Gras, dann innen auf das Gelb, und zwar mit einem Abstand von etwa 3 mm zu dem äußeren Film. Über den so entstandenen, nicht abgedeckten Zwischenraum, der einer drei Millimeter starken Linie entspricht, habe ich mit Braun, Blau und Schwarz gemalt. Schwarz allein hätte die Kanten zu hart erscheinen lassen.
Übrigens habe ich, bevor ich mit dem Bild begonnen habe, auf einem kleinen Stück des Zeichenkartons ausprobiert, ob der Tesafilm sich auch wieder abziehen läßt, ohne das Papier aufzureißen.
Jetzt kam auch der Pfosten an die Reihe. Er sollte wieder malerischer sein, damit sich das streng Grafische auf die Schilder beschränkt.
Auch die auf der gelben Fläche liegenden Zeichen habe ich frei hineingemalt, ebenso die Lichtreflexe, durch die der Pfosten rund und plastisch wird.
Denken Sie immer daran, daß es einzig und allein wichtig ist, wie Sie ein Motiv sehen und daß Sie nur das wiedergeben sollen. Inwieweit das Ergebnis dann mit der Natur übereinstimmt, ist unwichtig.

ANREGUNGEN

Für den hängenden Kasper eignen sich die leuchtenden Acrylfarben besonders gut. Sie können ihn in abstrakte Flächen auflösen und Kontraste schaffen, ähnlich wie bei dem Bild auf Seite 253. Er läßt sich aber auch ganz naturalistisch, ein bißchen märchenhaft darstellen.

Da sich Acryl für die unterschiedlichsten Arten des Farbauftrags eignet, gibt es eigentlich kaum ein Motiv, das sich nicht in diese Technik umsetzen ließe. Zur Anregung hier einige Bilder, bei denen man auch experimentieren kann und sich nicht einschränken muß.
Die Wiese im Gegenlicht (oben) läßt sich ähnlich wie bei »Schritt für Schritt« auflösen, Sie können mit dem Material richtiggehend spielen. Im Kontrast dazu ließe sich die Windmühle mit scharfen Kanten und Abdeckfilm herausarbeiten. Aus dem Motiv rechts kann ein völlig abstraktes Bild werden. Das Malmesser und auch Abklatschen kann hier interessant sein.

Vielleicht haben Sie Lust, einmal ein Porträt auszuprobieren. Die Weichheit des Mädchengesichts läßt sich durch weiche Untergrundbearbeitung von Haut, Hintergrund und Bluse betonen, Augen und Haare könnten mit dickerer Farbe gemalt werden und so einen reizvollen Kontrast bilden.

Buntes Spielzeug, wie hier der Kopf des Blechclowns, läßt sich sehr unterschiedlich darstellen. Denken Sie sich ruhig Hintergründe aus, die nicht auf dem Foto sind. Welche Umgebung könnte zu diesem Clown passen?

Ein sehr stimmungsvolles Bild könnte aus dem Stilleben links werden. Die Ente könnte mit trockenen Pinselstrichen auf eine getönte Grundierung gemalt werden. Es ist interessant, auch einmal mit wenigen Farben zu arbeiten, probieren Sie es aus! Achten Sie dabei in verstärktem Maß auf Licht und Schatten, auf die Rundungen und die weichen Formen der Gegenstände.
Vielleicht helfen Ihnen die Fotos auch, ähnliche Motive bei sich zu Hause zu finden; aus zunächst ganz unscheinbaren Kleinigkeiten können oft kleine Kunstwerke werden.

Galerie

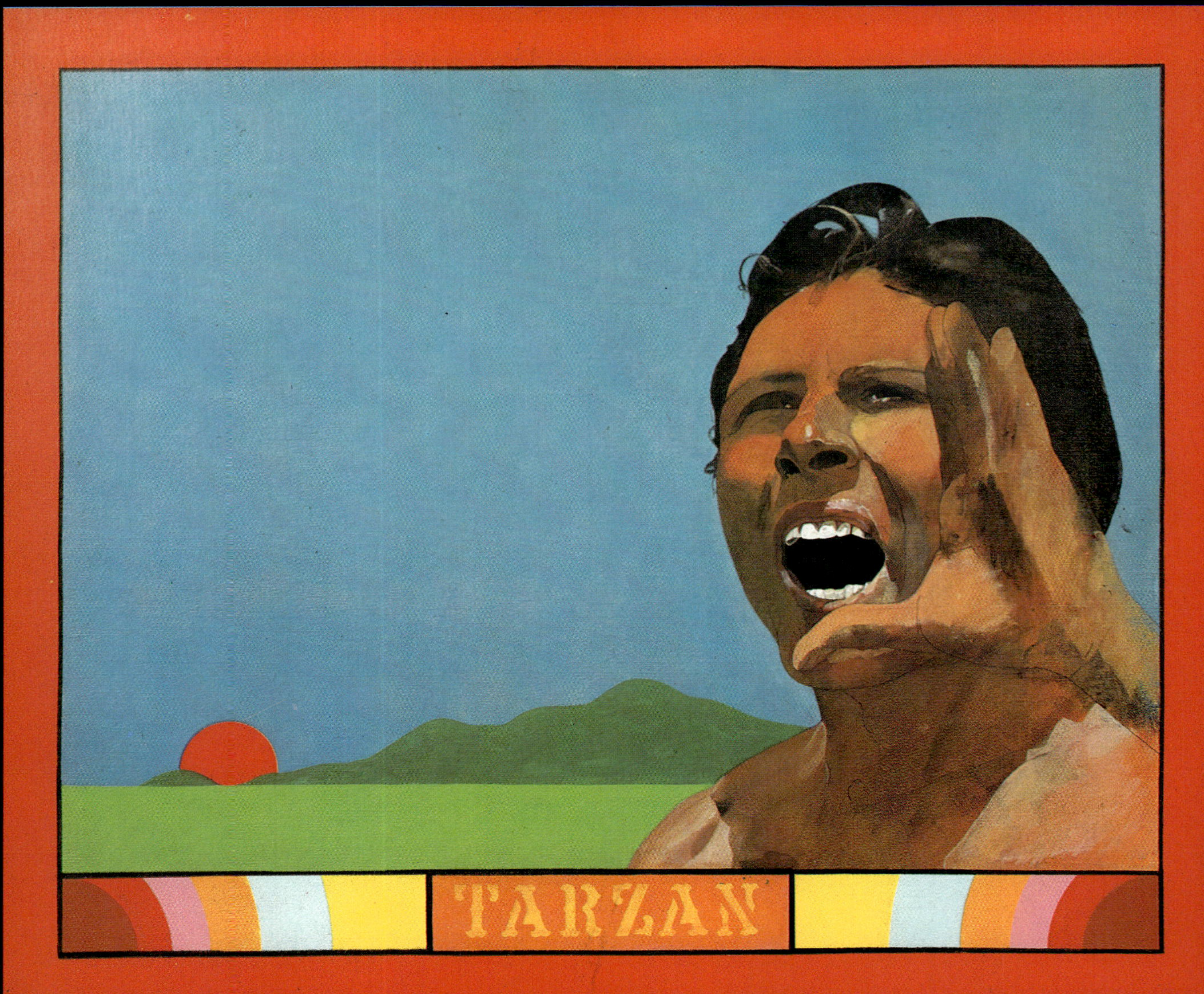

Der Engländer Peter Blake ist ein bekannter Pop-Künstler, der sich häufig von Star-Fotos, Postkarten und Pin-up-girls inspirieren ließ, was hier an »Tarzan« deutlich zu sehen ist. Kopf und Hand stehen in Kontrast zu den weichen Farben des Hintergrundes (Originalgröße 600 x 500 mm).

Herbert Klee (München) zeigt in den beiden Bildern oben rechts, wie fein Farbe und Pinselstriche eingesetzt werden können. Trotz Perspektive rückt der Stuhl in den Vordergrund und das Mädchen nach hinten (Originalgröße 1200 x 500, Ausschnitt). Die Anwendung von kalten und warmen Farben sticht bei der Komposition mit den drei Figuren gleich ins Auge (Originalgröße 1200 x 900 mm). Eine eigenartige Atmosphäre entsteht zwischen dem Rot der Figur im Hintergrund und den kalten Farben der beiden im Vordergrund.

Terence Milligans »Sofa« (unten) zeigt, wie wirkungsvoll die Farbe bei einem alltäglichen Motiv eingesetzt werden kann (Originalgröße 508 x 812 mm). Obwohl das Sofa statisch im Raum steht, wirkt es durch die warmen Töne einladend.

Öl

Bei dem Wort »Malen« denken viele sofort an die Ölmalerei, die wohl populärste Maltechnik. Als Großväter der Ölmalerei kann man wohl die niederländischen Brüder Hubert (um 1370–1426) und Jan van Eyck (1390–1441) betrachten, die im 15. Jahrhundert viel zur Verbreitung dieser Malweise beigetragen haben.
Zuerst malte man auf Holzpaneele mit besonderer Oberflächenbehandlung, doch sie waren zu starr und die Farbe bekam bei Temperaturwechsel Sprünge. So entstand die Idee, auf gewebtem Untergrund zu malen. Man webte Flachs und spannte ihn in einen Rahmen. Diese Leinwand nun dehnte sich oder schrumpfte je nach Luftfeuchtigkeit, sie war also flexibel. Das Malen auf Leinwand fand immer mehr Anhänger, denn sie war nicht nur elastischer, sondern auch wesentlich leichter zu transportieren als Holz.
Die Künstler begannen, mit eingefärbten oder getönten Untergründen zu experimentieren. In Florenz wurde im 15. Jahrhundert auf kühlem, grünem Grund gearbeitet, der auch in den fertigen Arbeiten noch durchschimmerte. Beispiele für diese Malerei sind Künstler wie Sandro Botticelli (italienischer Maler; 1445–1510) und Michelangelo.
Zur gleichen Zeit benützten Künstler wie Tizian (italienischer Maler; ca. 1487/90–1576) und Giorgione (italienischer Maler; 1477–1510) starke rotbraune Grundierungen, die eine tiefe, warme Atmosphäre schufen.
Die Impressionisten später arbeiteten auf weißem Untergrund, wodurch in den Bildern Licht und Farbigkeit entstand.
Bis zum 17. Jahrhundert stellten die

Maler, besser ihre Assistenten, das Malmaterial selbst her. Als sich aber immer weniger Maler Lehrlinge leisten konnten und immer mehr »Hobbymaler« auftauchten, begann man, die Farben in Fabriken herzustellen. Diese Farben setzten sich sehr schnell durch, da sie eben jederzeit verfügbar waren.
Bis zur Erfindung der Farbtube im 19. Jahrhundert wurden die Farben in Schweinsblasen verkauft. Turner, zum Beispiel, pflegte diese aufzuhängen und ein Loch hineinzustechen, durch das er dann die Farbe quetschte.
Auch heute noch ist die Ölfarbe sehr lebendig. Der besondere Geruch von Farbe, Terpentin und Malmittel, die Leinwand auf der Staffelei, animieren und stimulieren jeden, der anfängt, sich damit zu beschäftigen. Wenn man am liebsten in die Farbe hineinbeißen möchte, ist man auch in der richtigen Stimmung, damit zu malen.

Links ein Stilleben von Ursula Bagnall, oben Landschaften von Hartmut Blank.

Materialien

Die Ausrüstung für die Ölmalerei ist ziemlich umfangreich, das kann am Anfang etwas verwirrend sein. Wenn Sie anfangen, sich mit Öl zu beschäftigen, versuchen Sie, solange mit möglichst wenig Material auszukommen, bis Sie Ihr Verständnis und Ihre Fertigkeit so weit entwickelt haben, daß Sie wissen, worauf Sie sich konzentrieren möchten. Zur Grundausstattung gehören eine begrenzte Zahl von Farben, eine kleine Auswahl von Pinseln verschiedener Formen – wie einige Bristol Flach- und Rundpinsel, ein oder zwei feine Marderhaarpinsel – und ein Malspachtel. Dazu kommen noch reines Terpentin zum Verdünnen (Terpentinersatz eignet sich besser zum Reinigen der Pinsel als zum Verdünnen der Farbe), Lein- oder Mohnöl und Malmittel, durch das die Farbe schneller trocknet.
Zum Mischen der Farben brauchen Sie eine Palette; sie kann aus Holz, Papier oder Plastik sein, manche Künstler nehmen auch einfach eine Glasplatte. Zuletzt brauchen Sie noch Lappen und Papiertücher, damit halten Sie während der Arbeit die Pinsel sauber. Ich würde Ihnen auch raten zum Malen einen Kittel oder eine Schürze anzuziehen, da Ölfarbe und auch Terpentin usw. Flecken machen, die nicht leicht zu entfernen sind.
Welche Farben Sie sich für den Anfang kaufen sollten, besprechen wir auf den nächsten Seiten, es gibt sie einzeln oder in Kästen. In den Kästen befinden sich meistens auch Pinsel, Terpentin und Malmittel sowie Palette und Näpfchen. Achten Sie dabei aber auf die Farben, oft enthält so ein Kasten Farbtöne, die Sie weniger brauchen können.
Wenn Sie an einer Staffelei arbeiten wollen, hängt die Art der Staffelei von dem Platz ab, den Sie haben. Es gibt kleine Tischstaffeleien, schmal zusammenklappbare und große feststehende Staffeleien. Scheuen Sie sich nicht, eine Staffelei im Laden auf- und zuzuklappen, nur so können Sie feststellen, ob es ein für Sie handliches System ist oder nicht.

Rechts zwei Formen von Tischstaffeleien; eine große, zusammenklappbare Staffelei.

großer
Malkasten
Pinselreiniger
Malmittel 3
Verwasch-
pinsel
Einzeltuben
Ölfarbe
Rundpinsel
Nylon
weiße Borste
Marderhaar
vasserlösliche
Ölfarbe
Malspachtel
Malstock
Flachpinsel
weiße Borste (Bristol)
Rindshaar

Pinsel und Spachtel

Die Wahl der Pinsel hängt natürlich von Größe und Art Ihres Bildes ab. In erster Linie werden für die Ölmalerei Borstenpinsel verwendet. Für sanftere und weichere Stellen aber kann man durchaus Haarpinsel nehmen. Ganz allgemein bekommt man mit längeren Borsten weichere Striche, mit den kurzen Borsten wird im Strich eher die Pinselstruktur sichtbar. Mit Flachpinseln lassen sich genaue Linien und Kanten malen, fließende weiche Linien dagegen mit runden Haarpinseln.

Mit dem Verwaschpinsel (Abbildung Seite 195) lassen sich feine Übergänge und weiche Verläufe schaffen. Mit dem Palettmesser können Sie die Farben auf der Palette mischen, aber auch überflüssige Farbe vom Bild abkratzen.

Für den Anfang genügen auch hier drei oder vier verschiedene Pinsel, zum Beispiel ein langer Rundpinsel, ein Flachpinsel und ein feiner kurzer Flachpinsel, dazu kommt noch ein mittelgroßes Palettmesser.

Maluntergründe

Am weitesten verbreitet ist wohl die Leinwand als Untergrund. Leinwände gibt es in allen Größen auf Keilrahmen zu kaufen. Natürlich kann man auch selbst einen Rahmen bespannen und ihn grundieren. Das ist jedoch ziemlich aufwendig und bei dem großen Angebot von fertigen Malgründen eigentlich nicht notwendig. Wenn es Sie aber trotzdem interessieren sollte, finden Sie die Anleitung dazu auf Seite 326.

In Geschäften für Malbedarf, aber auch in Kaufhäusern, finden Sie neben Leinwänden auch grundierte Malplatten oder Malblöcke. Sie selbst müssen herausfinden, was Sie bevorzugen. Auf der Leinwand werden die Pinselstriche weicher, und die Farbe verschmilzt leichter.

Manche Künstler bevorzugen es, auf Holz zu arbeiten. Heute wird dazu meist eine Hartfaserplatte genommen, die man bereits grundiert kaufen kann. Sie können die Holzplatte aber auch leicht selbst grundieren. Im Fachhandel erhalten Sie eine dicke weiße Farbe, Gesso, die mit einem dicken Pinsel auf den Malgrund aufgetragen wird. Mit Wasser kann diese Grundierung verdünnt werden. Die beim Grundieren entstehenden leichten Pinselmarkierungen bleiben als Struktur auf Ihrem Bild, es sei denn, Sie malen mit so dicker Farbe, daß die Struktur überdeckt wird.

Insgesamt wird das Bild auf Holzgrund glatter als auf Leinwand.

Unten sehen Sie verschiedene Leinwandstrukturen, die es fertig zu kaufen gibt.

Die Farben

Wie ich schon bei anderen Malkapiteln erwähnte, ist es für den Anfang ratsam, mit einer kleineren Farbauswahl zu beginnen und diese dann zu erweitern.

Rechts sehen Sie die wichtigsten Grundtöne, sie ähneln denen, die bei anderen Maltechniken vorgeschlagen wurden.

Wichtig ist nun auch, wie Sie die Farben auf der Palette anordnen, damit Sie sich nicht im Laufe des Malens in die Quere kommen. Ich würde Ihnen empfehlen (siehe auch das Beispiel rechts), die warmen Farben oben, die kalten an der Seite zu plazieren. Natürlich können Sie die Reihenfolge der Farben ändern, wenn Sie wissen, wie oft Sie welche benutzen oder wenn Sie noch weitere Farben dazunehmen.

Sie sehen, daß zweimal Weiß aufgetragen wurde. Da es immer überraschend schnell verbraucht wird, ist das obere Weiß für die Gelb- und Rottöne, das untere für die Blau- und Grüntöne gedacht. Für den allgemeinen Gebrauch ist Titanweiß zu empfehlen. Es deckt besser als Zinkweiß und Kremserweiß. Sollten Sie Kremserweiß verwenden, müssen Sie sehr vorsichtig sein. Es darf nicht an kleine Hautverletzungen oder ähnliches kommen, da es sehr giftig ist. Lassen Sie sich in Farbgeschäften Farbkata-

von rechts: ALIZARINROT (KARMIN)
KADMIUMROT
LICHTER OCKER
KADMIUMGELB
TITANWEISS
CHROMOXIDGRÜN FEURIG
COELINBLAU
ELFENBEINSCHWARZ
TITANWEISS

loge der verschiedenen Firmen geben, oft finden sich darin Angaben über die Zusammensetzung der einzelnen Farben.
Kaufen Sie sich keine allzu kleine Palette, da Sie viel freie Fläche zum Mischen brauchen. Aus dem gleichen Grund sind auch Paletten mit Vertiefungen nicht sehr geeignet.
Zweifellos ist die Qualität der Farben wichtig, doch Sie müssen nicht die teuersten kaufen. Probieren Sie Einzeltuben von verschiedenen Herstellern aus, und entscheiden Sie sich erst dann. Unten noch ein paar Farben, die sich zur Erweiterung Ihrer Farbskala eignen.

Wenn Sie beim Malen die Palette in der Hand halten, sind aufsteckbare Näpfchen für Malmittel und Terpentin sehr praktisch. Es gibt einzelne oder doppelte Näpfchen, die ganz einfach auf der Palette zu befestigen sind (Abbildung links).

CHROMORANGE *SIENA GEBRANNT* *KADMIUMGRÜN HELL* *PARISERBLAU* *KRAPPLACK DUNKEL* *MAGENTA*

Mischen

Der beste Weg, ein Gefühl für die Ölmalerei zu bekommen, ist das Mischen verschiedener Farben. Beginnen Sie damit, zwei Farben und Weiß zu mischen. Wie Sie an diesen Beispielen sehen können, entstehen allein dadurch schon viele Farbnuancen. Allgemein kann man sagen, daß Farben kühler werden, wenn man sie mit Weiß mischt. Fügt man dagegen Schwarz dazu, werden sie wärmer. Solange Sie mit einer begrenzten Farbauswahl arbeiten, werden Sie sich die meisten Töne auf der Palette ermischen, und das hilft Ihnen sehr, in der Wahl Ihrer Farben sicherer zu werden.

Um nicht nach kurzer Zeit lauter schmutzige Farben auf der Palette zu haben, rate ich Ihnen, die Farben am äußeren Rand aufzutragen und in der Mitte zu mischen. Bevor Sie mit dem Pinsel in eine frische Farbe gehen, wischen Sie ihn an einem Lappen ab. Wenn die Farben auf Ihrer Palette zu dick oder zu schmutzig werden, kratzen Sie sie einfach mit dem Palettmesser ab. Mischen Sie nicht zu viele Farben ineinander, zwei bis drei Farben plus Weiß genügen.
Wenn Sie einmal einfach nicht den richtigen Farbton erreichen, hören Sie am besten auf und beginnen neu. Da die Ölfarbe sehr langsam trocknet, können Sie verunglückte Töne auch aufheben.
In den Streifen finden Sie mit Weiß vermischt: Coelinblau und Kadmiumgelb (oben), darunter Kadmiumrot und Kadmiumgelb, dann Kadmiumrot und Coelinblau.

Hier noch ein Mischbeispiel mit drei Farben, Schwarz und Weiß.

Wir haben hier jeweils in der Mitte Titanweiß. Hinzu kommen (oben links im Uhrzeigersinn beginnend): Kadmium dunkel und Kadmiumgelb hell, Chromorange und Chromoxidgrün, Chromorange und Coelinblau, lichter Ocker und Coelinblau, Krapplack dunkel und Chromoxidgrün.

Selten werden Sie die Farben vollkommen rein benützen, deshalb ist das richtige Mischen wirklich sehr wichtig. Besonders Grautöne, die ohne Schwarz gemischt werden und dadurch sehr feine Nuancen haben, sollte man vorher ausprobieren. Wenn Ihnen das einfache Mischen zu langweilig ist, können Sie die Mischmöglichkeiten auch in kleinen Kompositionen herausfinden. An welchen Stellen in diesen Beispielen Grau entsteht, habe ich jeweils mit einem Ring angezeichnet.
Natürlich können Sie auch Schwarz und Weiß zu Grau vermischen. Probieren Sie beides. Sie werden merken, welche Möglichkeit Ihnen liegt.

Die Konsistenz der Ölfarbe ähnelt der von Acryl, nur trocknet sie langsamer. Das kann von Vorteil sein, da man leicht etwas wegwischen oder neue Farben in die aufgetragenen mischen kann.

Oben sehen Sie drei verschiedene Arten, wie man mit der Farbe umgehen kann. Links wurde sie stark mit Malmittel verdünnt, so kann man sie zum Lasieren verwenden. Als Kontrast wurde dickere Farbe daraufgesetzt. Bei dem Beispiel in der Mitte wurden die Farben dick aufgetragen, so daß die Struktur des Borstenpinsels noch deutlich zu erkennen ist.

Rechts sehen Sie, wie fein sich Öl vermalen läßt. Für den Verlauf habe ich einen flachen Haarpinsel benützt, weil er weicher ist als ein Borstenpinsel. Ich rate Ihnen, verschiedene Pinselstriche auszuprobieren, bevor Sie mit einem Bild beginnen. Sie können sich in einem Fachgeschäft Leinwandmuster besorgen und ein bißchen darauf üben.
Links in der Mitte noch weitere Verläufe von dunkel nach hell, bei denen man die Pinselstriche sieht.

Der Baum wurde frei mit dem Malspachtel aufgetragen. Durch das Spachteln entstehen verschiedenartige Strukturen, die man bewußt einsetzen kann. Sie müssen hier nichts dem Zufall überlassen. Das gilt auch für das Beispiel links.

Die dicken Linien oben wurden mit einem Flachpinsel gemacht. Zuerst entstanden die waagerechten Linien, dann bin ich mit dem Pinsel einmal vom Rot nach unten und vom Grün nach oben gefahren, wodurch sich die Farben vermischten.

In der Mitte oben der Impasto-Effekt durch dick aufgetragene Farbe. Solche mit dem Spachtel aufgetragenen Teile können den Kontrast zu weich gemalten Bildelementen darstellen, wie links in der Mitte.

Unten links habe ich Malmittel zum schnelleren Trocknen sowie ein bißchen Gips in die Farbe gemischt und das Ganze mit dem Spachtel aufgetragen. Durch Einritzen oder Abschaben entstehen neue Effekte.

Oben ein Abklatsch mit verschiedenen Farben auf strukturiertem Untergrund.
Unten verschiedene Arten, deckend zu malen. Durch die unterschiedlich großen Punkte und Striche entsteht ein sehr lebendiger »Pointillismus«.

Mit der Ölfarbe kann man in nahezu unendlichen Variationen malen, da man sie sehr unterschiedlich auftragen kann. Vom naturgetreuen Stilleben bis zu einer völlig abstrakten Farbkomposition ist alles möglich. Manchmal bekomme ich einfach durch den Geruch von Farbe und Terpentin Lust, irgendwie etwas auf die Leinwand zu bringen. Zu diesem Bild inspirierte mich ein blaues Cognacglas, das mit getrockneten Blüten gefüllt war und im hellen Sonnenlicht am Fenster stand. Die vom Glas reflektierten Formen und die dabei entstandenen Farbkombinationen wirkten an sich schon wie eine abstrakte Komposition. Hauptsächlich wurden die Farben durch das Licht beeinflußt, das durch das blaue Glas fiel und so anderes verfremdete.

Um das sich verändernde Licht festzuhalten, habe ich mit einem dicken Bleistift eine schnelle Skizze gemacht, bei der die Komposition festgelegt, und die hellen und dunklen Flächen notiert wurden.

Danach habe ich mehrere Skizzen mit Ölkreiden gemacht, weil ich damit verhältnismäßig schnell die richtigen Farben anlegen konnte.
Wie Sie sehen, habe ich die Formen stark vereinfacht.
Wenn Sie eine abstrakte Komposition machen, lassen Sie ruhig Ihren Gefühlen freien Lauf, Sie drücken sich ja mit Farben und Formen aus und nicht durch erkennbare Gegenstände.
Sollten Sie zwischendurch einmal abstrakt malen, wird Ihnen das sehr dabei helfen, Ihre Maltechnik zu verbessern, weil Sie sich dann ausschließlich mit Farben und Formen beschäftigen können und sich nicht auch noch um Ähnlichkeit oder genaue Wiedergabe eines Gegenstandes kümmern müssen. Hier bilden die Stengel und Blätter oben im Bild einen interessanten Kontrast zu den Reflexen im Glas, die mit dicker Farbe (Pinsel und Spachtel) aufgetragen wurden.
Natürlich ist das hier eigentlich kein vollkommen abstraktes Bild, da es sich nach einem Vorbild richtet und somit die Formen nur eine Übersetzung sind. Den hellen Hintergrund oben links habe ich mit einem feinen Rundpinsel gemacht und dabei Farbe von cremiger Konsistenz verwendet.

Mit dem Spachtel kann man die Farbe sowohl dünn als auch sehr dick auftragen. Das Palettmesser habe ich bei den feinen roten Linien rechts im Bild, bei den rosaroten Linien links und bei den dunkelblauen Teilen eingesetzt.

Die Struktur oben rechts im Bild ist abgeklatscht. Sie können diese Technik auch an dem Beispiel unten sehr deutlich erkennen.

Vermeiden Sie es immer, die Farbe schmutzig werden zu lassen, und setzen Sie ruhig einmal einen hellen Punkt in eine dunkle Fläche. Zum Aus-

probieren: Malen Sie eine dunkelviolette Fläche, und setzen Sie einen kleinen hellrosa Fleck hinein. Sie werden erstaunt sein, wie lebendig die Fläche plötzlich wird.

Schritt für Schritt

Der Untergrund: Ölmalblock, da ich wußte, daß ich dieses Motiv nicht mit dick aufgetragenen Farben malen wollte.
Die Pinsel: Marderhaar-Rundpinsel Nr. 2, Marderhaar-Flachpinsel Nr. 4, Borstenpinsel flach Nr. 8 und Nr. 14.

Die Farben: Titanweiß, sehr wenig Elfenbeinschwarz, Alizarinrot, Kadmiumrot, Anilinviolett (Magenta), Kadmiumgelb und -orange, Siena und Umbra gebrannt, Kobaltblau hell, Pariserblau, Chromoxidgrün feurig.

Die Ölmalerei eignet sich sehr gut für Stilleben, die mit den Gegenständen, die Sie gerne malen möchten, arrangiert werden können. Da Gegenstände sich nicht bewegen, haben Sie viel Zeit, die richtige Komposition zu finden.
Die klassischen Äpfel mit Flasche lassen sich ebenso interessant darstellen wie eine Coca-Cola-Flasche mit einem Fotoapparat. Mir hat hier die Kombination von Holz (die Ente) und Früchten gefallen. Mit Kohle habe ich kurz die Grundkomposition aufskizziert. Damit sich die Kohle später nicht in die Farbe mischt, wird sie nach dem Aufzeichnen vorsichtig abgewischt, so daß nur noch zarte Linien zu sehen sind. Tupft man die Kohle nicht ab, vermischt sich der Kohlestaub mit der Farbe und macht sie grau und schmutzig.
Mit einem großen Flachpinsel habe ich dann die Grundflächen und -töne angelegt. Zum Verdünnen der Farbe habe ich etwas reines Terpentin und sehr wenig Schnelltrockner benützt. Die großen Flächen lege ich möglichst schnell an, um festzustellen, wie ich mein Bild weiter aufbaue.
Da ich die Leinwand nicht durchscheinen lassen wollte, habe ich nun die hellen Stellen der Ente mit Weiß und etwas Blau und Schwarz bemalt. Dann machte ich die Tischoberfläche dunkler, versuchte, die gemalte Holzstruktur durch dunklere und hellere Flächen herauszuarbeiten. Bereits in diesem Stadium sollte man dem Bild Tiefe geben. Schon jetzt sollten die Gegenstände fest stehen und nicht optisch umfallen.

Die Ausarbeitung der Tischoberfläche ist sehr wichtig, um dem Ganzen mehr Tiefe zu geben, um die Gegenstände richtig »stehen« zu lassen. Gerade bei Stilleben stimmt das ganze Bild nicht, wenn Licht und Schatten falsch angelegt sind, das Umfeld ist ebenso wichtig wie die Gegenstände selbst. Lassen Sie sich Zeit, über Farben und Strukturen nachzudenken, malen Sie nicht einfach darauf los.

Ich habe nun die Beine und Füße der Ente ausgearbeitet, der Metalleffekt sollte herauskommen. Ich wollte diese Formen im Kontrast zu Körper und Früchten möglichst fein darstellen.

Noch nicht ganz einverstanden war ich mit Form und Rundung der Granatäpfel. Um ein besseres Gefühl für diese Form und deren Licht und Schatten zu bekommen, habe ich mit Bleistift eine Skizze gemacht. Daran konnte ich nun erkennen, wo die Formen in der gemalten Frucht nicht stimmten und wie ich den Fruchtansatz besser darstellen konnte.

Vergessen Sie nie, das Bild als Ganzes zu sehen. Wenn Sie ein Detail ausgearbeitet haben, treten Sie am besten etwas von Ihrer Arbeit zurück und sehen sich dieses Detail im Zusammenhang mit dem gesamten Bild an. Achten Sie dabei auf Farbreflektionen und -kombinationen. So beeinflußt hier das Rot der Granatäpfel das kühle Gelb der Zitrone und umgekehrt. Versuchen Sie, solche Farbveränderungen in Ihrem Bild festzuhalten, dadurch bekommt die Komposition mehr Zusammenhalt, die einzelnen Bildelemente stehen nicht einfach nebeneinander, sondern bekommen einen Bezug.
Um die Struktur des Tisches zu vereinfachen, habe ich Linien gezogen. Ich habe sie mit dem Palettmesser in die Farbe hineingekratzt, wobei ich ein Lineal benützt habe.
Mit einem sehr feinen Flachpinsel aus Marderhaar habe ich dann die Formen und Farbstrukturen weiterentwickelt. So bekam die Zitrone mit Hilfe von etwas Grün und etwas Orange mehr Schatten. Auch den Hintergrund habe ich vervollständigt. Durch die dunkleren Stellen rücken vorne die Gegenstände näher zusammen. Die weiche Struktur macht die Stimmung des Bildes ruhiger. Sehen Sie sich den Hintergrund einmal genau an. Er besteht aus vielen Farben, die auch im Vordergrund erscheinen. Da ich auf keinen Fall wollte, daß Pinselstriche sichtbar werden, habe ich den sehr feinen Marderhaarpinsel benützt. (Den gleichen Effekt bekommt man auch mit einem Verwaschpinsel).

Schritt für Schritt

Der Untergrund: dicke Leinwand.
Die Pinsel: Borstenpinsel flach Nr. 6 und Nr. 12, Borstenpinsel rund Nr. 6, Marderhaar-Rundpinsel Nr. 4 (sehr fein), Malspachtel kurz und lang.
Die Farben: Titanweiß, Kadmiumrot und -gelb, Chromorange, lichter Ocker, Umbra gebrannt, Anilinviolett (Magenta), Kobaltblau hell, Chromoxidgrün feurig.

Die Inspiration für dieses Bild gab mir mein Skizzenblock, in dem sich die Buntstiftzeichnung einer ruhigen Landszenerie fand. Die Farben des Nachmittagslichtes hatten einen schimmernden Effekt, still, aber doch ausdrucksstark. Das Violett und das Rosarot der Wand im Kontrast zu den leuchtenden Dächern machen die Szene interessant und zum Blickpunkt des Bildes.

Wieder habe ich die Umrisse mit Kohle aufskizziert, die dann abgetupft wurde. Die Grundflächen habe ich in nassem Verwasch angelegt, die Farben dabei mit reinem Terpentin und etwas Schnelltrockner gemischt. Versuchen Sie schon in diesem frühen Stadium, die Komposition richtig festzulegen. Sobald die Grundform des Bildes steht, können Sie sich intensiv mit dem Ausdruck und den Farbkombinationen beschäftigen.

Im nächsten Schritt habe ich nun alle Farben angelegt, die den Untergrund für die weitere Malerei bilden.

Manche Teile dieses Untergrunds werden später wieder heller werden, wobei aber der dunkle Untergrund durchschimmern kann. Wenn Sie diese Landschaft mit dem Stilleben der vorhergehenden Seiten vergleichen, werden Sie feststellen, daß dieses Bild freier und spontaner gemalt ist als das erste. Ich wollte einmal die verschiedenen Arten von Pinsel- und Palettmesserstrukturen auf einem Bild zusammenbringen. Landschaften eignen sich dazu natürlich sehr gut, da man viele Strukturen finden und Eindrücke spontan wiedergeben kann.

Da ich in diesem Stadium noch nicht genau wußte, wie der Himmel werden sollte, habe ich mich zuerst mit den Häusern und den Bäumen beschäftigt. Im Hintergrund wie im Vordergrund wurden die Bäume mit dicker Farbe dunkler gemacht. In die Farbe habe ich etwas Schnelltrockner gemischt, damit sie beim späteren Darübermalen nicht zu naß ist.

Der Weg, der im Kontrast zur Wand steht, erhielt mit Hilfe eines dicken Pinsels Farbstruktur und Bewegung. Die schwungvollen Linien führen das Auge in den Mittelpunkt der Komposition und um die Ecke in den Hintergrund hinter die Häuser. Vergleichen Sie diesen Schritt mit dem ersten, Sie werden nun sehen, wie bestimmend die Grundkomposition auch für das jetzige Stadium ist.

Mit Pinselstruktur und Spachtel habe ich dann langsam die Wand aufgebaut. Die farbigen Punkte (mit dem Palettmesser aufgetragen) wirken wie Stein, was später einen interessanten Kontrast zu den schrägen Linien des Laubes ergibt. Beachten Sie die im Bild verstreuten Punkte. Wenn ich zum Beispiel an dem Hausdach male, lege ich mit der gleichen Farbe ein paar Punkte auf die Wand oder die Bäume im Hintergrund. Dadurch kommt es wieder zu einer stärkeren Einheit des Bildes, die Punkte verbinden die einzelnen Bildelemente. Haben Sie keine Angst, auch einmal Farben in einen Gegenstand zu setzen, die nicht unbedingt typisch für ihn sind.

Nun habe ich festgestellt, daß der Himmel etwas heller werden muß, um einen angenehmen Kontrast zu den Bäumen zu bilden. Ich habe Coelinblau mit Weiß gemischt und bin mit dem Spachtel in weichen Strichen über das dunklere Blau gegangen. An manchen Stellen schimmert das Dunkle noch durch und gibt so dem Himmel mehr Tiefe und mehr Intensität.

Nun schien es mir, als fehlten dem Bild dunklere Blautöne, also malte ich mit dem Spachtel reines Blau in das Laub des Baumes. Plötzlich wirkt er lebendiger, er hat mehr Licht und dadurch auch wesentlich mehr Tiefe. Außerdem weichen die Häuser mehr in den Hintergrund zurück und verleihen dem gesamten Bild mehr Tiefe.

Die dunkle Form der Wand rechts gefiel mit eigentlich sehr gut, sie benötigte lediglich etwas mehr Struktur. Mit einem kleinen Pinsel malte ich grüne Stellen hinein, die die Fläche belebten und mehr Verbindung zu dem restlichen Bild schufen. Die senkrechten Pfosten des Tores habe ich mit den scharfen Kanten des Malspachtels darübergelegt. Durch die so entstehenden, leicht durchbrochenen Linien bleiben Lebendigkeit und Spontanität erhalten. Ich würde Ihnen raten, den Umgang mit dem Malspachtel ein bißchen zu üben, da man damit auch sehr leicht unschöne Patzer fabrizieren kann. In der Anwendung ist ein Malspachtel sehr vielseitig, es lassen sich sogar feine Strukturen damit herausarbeiten.

ANREGUNGEN

Die Frische eines klassischen Stillebens oder die Schönheit eines Sonnenunterganges warten nahezu darauf, in Öl gemalt zu werden. Ich habe hier ein in Licht und Schatten fast dramatisches Bild herausgesucht, das wirklich eine Herausforderung an Ihr Können ist. Aus einer Komposition wie dieser kann nicht nur ein aufregendes Bild werden, es eignet sich auch gut dazu, einmal alle Möglichkeiten der Ölfarben anzuwenden. Sehen Sie sich Licht und Schatten genau an und auch die sich wiederholenden Farben. Natürlich können Sie die Größenverhältnisse verändern oder einen Gegenstand besonders herausheben.

Den Sonnenuntergang können Sie mit dem Malspachtel ebenso wie mit dem Borstenpinsel malen. Von fein verwaschenen Farben bis zu wilden Spachtelstrukturen ist hier alles möglich. Sie werden feststellen, daß Gelbtöne und Chromorange in Öl eine eigene Leuchtkraft haben und so die Wärme und die Kraft der Sonne gut zeigen können. Aus diesem Motiv läßt sich sowohl ein ruhiges, friedvolles als auch ein düsteres und geheimnisvolles Bild entwickeln.

Bei Pflanzen und Bäumen kann man so richtig mit der Technik spielen, ein Spachtel kann ebenso Verwendung finden wie ein Borstenpinsel. Wichtiger als das Detail sind Stimmung und Atmosphäre des ganzen Bildes. Vielleicht erinnert es Sie an einen Sommernachmittag, den Sie selbst erlebt haben. Bringen Sie Ihre eigenen Empfindungen ruhig in das Bild ein.

Struktur und Licht dieser irischen Landschaft laden zu kontrastreichen Malarten ein. Teile der Landschaft lassen sich mit dick aufgetragenen Farben wiedergeben, andere können dagegen weich verlaufen. In der Geschichte der Porträtmalerei hat die Ölfarbe immer eine große Rolle gespielt, denken Sie an Francisco de Goya, an Vincent van Gogh oder an Francis Bacon (englischer Maler, geboren 1910). Beobachten Sie Gesichter in Ihrer Umgebung, achten Sie dabei auf Lichtspiele und Formen. Ausgeprägte Gesichter, wie das des Griechen unten, lassen sich natürlich leichter malen als jugendliche, glatte.

Dieser Felsen links ist an sich schon fast ein abstraktes Bild. Lassen Sie sich von den Formen und Schatten anregen, und denken Sie immer daran, es ist Ihr Bild. Wenn Sie also gelbe Flächen dazwischensetzen oder den Hintergrund rot machen wollen, tun Sie es!

Wenn Sie Freude am Malen und am Ausprobieren verschiedener Techniken haben, sollten Sie auch manchmal eine Kunstausstellung besuchen. Sie werden die Bilder nun mit ganz anderen Augen sehen, da Sie ja mit den Problemen der »Kollegen« vertraut sind und schon das Analysieren eines Bildes kann Sie weiterbringen. Sehen Sie sich Farbzusammenstellungen und Flächenaufteilungen an, Sie werden feststellen, wie unterschiedlich verschiedene Künstler ihre Ideen ausdrücken und welche Mittel sie dazu verwenden. Oft inspirieren andere Bilder zu eigenen Ideen, und man kann es kaum erwarten, nach Hause zu kommen und selbst zu malen. Wenn Sie noch einen Schritt weiter gehen wollen, versuchen Sie einmal, ein Bild zu kopieren. Ihr Verständnis für Tonwert und Farbintensität wird dadurch wachsen. »La Luzerne, Saint Denis« (von Georges Seurat, Originalgröße 810 x 640 mm) gibt den Eindruck einer Landschaft wieder. Die Struktur ist fast abstrakt, die vielen Pinselstriche sind locker. Es handelt sich um eine frühe Arbeit von Seurat, bei der sein Pointillismus, das Auflösen des Bildes in lauter kleine Punkte (siehe auch Seite 27), noch nicht extrem ausgeprägt ist. Vergleichen Sie den groß angelegten Vordergrund mit dem Himmel und den Bäumen. Wenn Sie sich das Bild aus weiterer Entfernung ansehen, vermischen sich die Farben zu einer einheitlichen Fläche, sehen Sie sich aber Details aus der Nähe an, finden Sie eine Kombination vielfältiger Farben.

Einen starken Kontrast zu den anderen beiden Bildern bildet das Porträt »André Derain« (von Henri Matisse, Originalgröße 239 x 394 mm). Es zeigt den typischen Effekt einer Pinselstrichtechnik, bei der die Farben in cremiger Konsistenz auf die Leinwand gebracht wurden.
Matisse scheute sich nicht, die Striche und Strukturen fast roh zu belassen und damit Ausdruck in das Gesicht zu bringen. Das Bild wirkt so lebendig, daß es auch heute noch aussieht, als sei es eben erst gemalt worden, als seien die Farben noch naß.
Ich habe oben die Augenpartie herausgegriffen, um Ihnen die Art der Pinselführung deutlicher zu zeigen.

Fernand Léger (französischer Maler; 1881–1955) zeigt hier in seiner »Dorflandschaft« (Originalgröße 810 x 910 mm) nicht nur die Anwendung von Tonwert und -intensität, sondern auch das Auflösen eines Motivs in seine Grundformen (Erinnern Sie sich noch an die Seiten 10 und 11?). Paul Cézanne sagte einmal: »Alles in der Natur ist geformt wie ein Globus, ein Kubus oder ein Zylinder«, und Légers Bild scheint ihm Recht zu geben. Hier wird deutlich, wie ein Kubist eine Landschaft sieht: Es entsteht der Eindruck, als würde man durch ein in Segmente geteiltes Fenster schauen. Kubisten pflegten ihre Bilder stets in Grundformen aufzulösen.

Register

Fette Zahl = ausführlichere Informationen zum Stichwort
Kursive Zahl = Abbildung

Für das freundlicherweise zur Verfügung gestellte Arbeitsmaterial möchte ich den folgenden Firmen herzlich danken:
Akachemie, Artcolor, Bähr, Binney & Smith, Brause, Elco, Eberhard Faber, Habico, Hahnemühle, Japico, Koh-i-noor, Krauss (Firma Hoesch), Kreul, Kreuzer, Letraset, Lukas, Lyra, Marabu, Pelikan, PWA, Wolfgang Rayher, Schleicher & Schuell, Schmincke, Schoellershammer, Staedtler, Stotz, Trident Toy, Vangerow, Zahn, Zanders.

Mein besonderer Dank für großzügige Hilfe und Zusammenarbeit gilt den Firmen:
Hermann Bödecker (Caran d'Ache), Faber Castell, Rotring, A. Schutzmann, Schwan-Stabilo.

Bei diesem Buch handelt es sich um eine neue Ausgabe des bereits unter dem Titel »FALKEN Handbuch Zeichnen und Malen« (4167) erschienenen Buches.

Die Deutsche Bibliothek – CIP-Einheitsaufnahme

Zeichnen und Malen / Brian Bagnall. – Niedernhausen/Ts. : FALKEN, 1995
ISBN 3-8068-4820-3
NE: Bagnall, Brian

ISBN 3 8068 4820 3

Text: Ursula Bagnall, München
Nachauflagenredaktion: Regine Felsch
Titelbild: Brian Bagnall, München
Umschlaggestaltung: Peter Udo Pinzer
Grafische Gestaltung: Bagnall Studios, München

Abbildungen und Abbildungsquellen:
Bagnall, Sue 9, 11 (© b.K.*);
Bagnall, Ursula 16 re.o., 26 u., 52 o., 62, 63 u., 83, 85 li.o., 136 o., 187 u., 189 re.u., 222 u., 241 li.u., 258 li.o., 262 (© b.K.*);
Beardsley, Aubrey 17 o.;
Blake, Peter 260 (© Daler-Rowney Ltd., Bracknell);
Blank, Hartmut 263 (© b.K.*);
Borsche, Peter, 40, 41, 66, 67, 88, 89, 96, 138, 139, 197 li.u., 200, 201, 226, 227, 246, 247, 264, 265 (© b.K.*);
Brabazon, Hercules 224;
Dürer, Albrecht 86;
Gauguin, Paul 135 o.;
Giacometti, Alberto 100 li.u. (© A.D.A.G.P., Paris/1985; COSMOPRESS, Genf; Museum Ludwig, Köln);
Girtin, Thomas Ausschnitt: 221 li.o. (The Tate Gallery, London);
van Gogh, Vincent 87 u. (Museum of Art, Rhode Island, School of Design);
Greco, Giovanni 65 li.o., 119 li.u. (© b.K.*);
Holzach, Erika 241 o., 258 u., (© b.K.*);
Hornberger, Jörg 5 (zweites Bild v. li.o.), 199 li.u. (© b.K.*);
Itten, Johannes 127 (Otto Maier, Ravensburg);
Kaut, Ellis 44 u. 47, 48, 49, 57, 58, 73, 75, 160 u., 161 li.o., 175 li.o., 214 re.o., 219, 223 u., 240 re.u., 242 li.o., 245 o., 282 o., 283 o. (© b.K.*);
Klee, Herbert 261 o. (© b.K.*);
Klee, Paul 10 M., (Paul Klee Stiftung, Kunstmuseum Bern; © Cosmopress, Genf), 225 o. (Privatsammlung Bern; © COSMOPRESS, Genf);
Klimt, Gustav 100 re., (© Galerie Welz, Salzburg; Graphische Sammlung Albertina, Wien);
Krahwinkel, Rudolf 26 o. + re.u. (© b.K.*);
Kraus, Carla 63 o., 85 re. + u., 194, 195, 196 u. (© b.K.*);
Léger, Fernand 285 re.u. (© SPADEM, Paris; BILD-KUNST, Bonn/1985; Museum Moderne Kunst des 20. Jahrhunderts, Wien; Dauerleihgabe des Kunsthistorischen Museums, Wien);
Matisse, Henri 285 re.o. (© SPADEM, Paris; BILD-KUNST, Bonn/1985);
Millington, Terence 261 u. (© Phaidon Press Ltd., Oxford);
Neuhaus, Uwe 199 o., 312 li.u. (© b.K.*);
Palmer, Samuel 243 (Victoria and Albert Museum, London);
Preis, Kurt 223 li.o. (© b.K.*);
Rummonds, Tom 190 li.M., 244 li.u., 245 re.u., 253 (in Zusammenarbeit mit Brian Bagnall), (© b.K.*);
Sajtinac, Borislav 17 li.u. (© b.K.*);
Santi, Raffaelo 100 li.o. (Graphische Sammlung Albertina, Wien);
Seurat, Georges 27 li.o. (Courtauld Institute Galleries, Courtould Collection, London), 27 u. (Archiv für Kunst und Geschichte, Berlin), 284 o. (National Galleries of Scotland, Edinburgh);
Sutherland, Graham Ausschnitt: 242 u. (© COSMOPRESS, Genf; Marlborough Fine Art, London);
Stark, Ewald 175 u., 182 o., 186 re.o., 187 re., (aus »Das Schöne als Ziel«, FALKEN Verlag);
Steinberg, Saul 221 u. (aus Saul Steinberg »Der Inspektor«, © Rowohlt Verlag GmbH, Reinbek 1965);
Stumpp, Ute 5 li.o., 119 re.o., 191 M.o., 199 M., 223 re.o., 225 li.u. (© b.K.*);
Titze, Heidi 69 li.o. (in Zusammenarbeit mit Brian Bagnall) (© b.K.*);
Turner, William 220 (© Trustees of the British Museum, London);
unbekannt 37, 119 li.o. + re.u.
Alle anderen Abbildungen: Brian Bagnall.

Satz: Libro, Kriftel
Gesamtkonzeption:
Falken-Verlag GmbH,
D-65527 Niedernhausen/Ts.

(817 2635 4453 6271)

*b.K. = beim Künstler